現代多媒體實務與應用

視覺文創工作室　編著

作者序

多媒體是一種包括多種視聽模式的創作表現，它是藉由文字、影像、音訊、視訊及動畫等媒介，將設計者的創意及理念清楚地表達出來。今日多媒體的發展更是一日千里，隨著通訊網路的普及，多媒體技術及相關應用已深入包含日常生活食衣住行育樂及社會活動層面。

多媒體有關的學習已變成為現今各大專及技職院校爭相開設的科系，以及學生爭相學習的焦點課程。筆者以多年從事多媒體設計的經驗，融入技職體系重視實作的精神，挑選多媒體領域各種素材最熱門的軟體，希望引導讀者具備這些軟體的操作實務經驗，以養成具備製作成熟多媒體作品的專業能力。

為了兼顧學生了解各種媒體素材的基礎理論，本書中一開始先介紹多媒體的各種素材及相關設備，讓各位概略了解多媒體領域等相關資訊，接著針對各種媒體結合理論與軟體實作，逐一專章作精要理論介紹及軟體功能介紹，包括：文字媒體與Word、PDF文件與Adobe Acrobat、影像媒體與PhotoImpact、Photoshop、Illustrator、音訊媒體與Goldwave、Audacity、視訊媒體與會聲會影、威力導演、多媒體簡報、2D動畫媒體與Flash、3D免費動畫軟體-Blender及多媒體網頁製作-DreamweaverCS6等。除了幾套較為普及的知名軟體外，本書某些章節，也會以免費軟體為主，來示範該素材的編輯與實作。

本書提綱挈領地介紹多媒體理論，並竭盡所能將多年來的經驗轉化成文字，期望幫助新手快速掌握多媒體的觀念與實作經驗，以其將個人的創意與構想應用於學校作品或未來職場當中。筆者寫作風格透過圖解說明，以step by step的操作方式，由淺入深、循序漸進的教學引導，結合眾多精彩的範例，帶領讀者熟悉各套軟體的重要功能，並在短期內掌握多媒體的內涵與軟體工具，以成為職場競爭不可多得的利器。

我們期盼本書能為各位建立起良好的多媒體背景知識，並藉由本書介紹的各種媒體素材的編輯軟體，舉一隅而三隅反，讓您能夠在短時間內，成為一個真正的多媒體作品的製作達人。

目錄

CH01　認識多媒體

CH02　文字媒體簡介與Word

CH03　PDF文件與Adobe Acrobat

CH04　影像媒體簡介與PhotoImpact

CH05　Photoshop CS6與Illustrator CS6輕鬆學

CH06　音訊軟體簡介與Goldwave

CH07　Audacity輕鬆學

CH13 多媒體網頁製作-Dreamweaver CS6

01

認識多媒體

電腦技術發展到現在，已經成為現代社會不可缺少的技術工具，同時，由於電腦對各種媒體的處理能力大為增加，今日多媒體的發展更是一日千里，隨著通訊網路的普及，多媒體技術及相關應用已深入包含日常生活食衣住行娛樂及社會活動層面。早期的多媒體功能只能單方面的向觀眾表達資訊，如：電視節目、廣告、音樂或電影等，皆為此類，並無法和觀眾產生互動的效果。隨著現代生活的高度資訊化，多媒體不再只是單方面的傳遞訊息而已，像是博物館導覽功能、Flash技術及虛擬實境的網頁、互動式多媒體的教學光碟等，每一種都可以和使用者產生互動的效果，範圍涵蓋網路遊戲、視訊會議、遠距教學、電子通勤、電子商務、電玩娛樂、網頁呈現、資料庫等。

➡ 數位學習網站與屋仲介網的虛擬實境場景都是多媒體技術的應用

1-1　何謂多媒體

　　什麼是「多媒體」呢？先來談談媒體（Media），它是介於中間來傳遞或溝通事物的一種東西或概念，也可視為是一種傳播、傳輸和控制訊息的材料和工具。電腦是最普遍用來呈現多媒體資訊的工具，「多媒體」（Multi Media）則是指使用電腦結合文字、圖形、聲音和影像等資料做展示，可以稱為是一項包括多種視聽（Audio Visual）表現模式與媒介的創作集合。

　　對於目前的資訊社會而言，多媒體是一個集合很多傳播媒體的溝通系統和方法。簡單來說，凡是可以讓人感受到聲光影音效果的傳播媒體，都可統稱為多媒體。以電腦與各種輸入和輸出設備做整體控制處理，其內容主要包含文字（Text）、影像（Images）、音訊（Audio）、視訊影片（Video）及動畫（Animation）等媒介，並且以數位內容的形式來儲存。

⇨ 1-1-1　文字媒體

　　文字在多媒體是最普遍與最基本的溝通媒介，在石器時代第一次出現人類文明時，山頂中出現的記號壁畫，到後來的楔形文字與象形文字，就是文字媒體的起源。文字的功用具有解釋與說明的效果，是一種符號體系，主要是記錄和表示語言。文字的性質是工具，不同的字型與不同的字體均有其獨特性。一個多媒體產品，如果文字處理不恰當，也無法有效地傳達訊息。

➡ 文字媒體是一份多媒體產品設計的靈魂

⇨ 1-1-2 影像媒體

　　人類的視覺很容易受到外界絢爛的色彩所吸引，而影像是由形狀和色彩所組合而成，更能表達人物、物體或景象的實況，影像媒體運用的範圍相當廣泛，在現實生活中有非常大的影響力，不管是書籍、海報、電視、遊戲…等，透過影像來傳達的效果，遠比文字來得快速又搶眼。

➡ 美美的影像能夠產生吸睛的效果

⇨ 1-1-3　音訊媒體

　　聲音是透過物體振動產生的聲波,音訊媒體就是由聲音所呈現的媒體,用物理的概念來看,它就是一段連續的類比波形訊號。在現今的電腦應用領域中,隨著時代的變遷,如今市面上流通著各種不同的音訊檔案格式。例如,網路電話(IP Phone)就是利用VoIP(Voice over Internet Protocol)技術將類比的語音訊號經過壓縮與數位化(Digitized)後,以數據封包(Data Packet)的型態在IP數據網路(IP-based data network)傳遞的語音通話方式。Skype是一套使用語音通話的軟體,它以網際網路為基礎,讓線路兩端的使用者都可以藉由軟體來進行語音通話,透過Skype可以讓你和全球各地的好友或客戶進行聯絡,甚至進行視訊會議和通話。

➡ Skype可以讓你和全球各地的好友或客戶進行聯絡(資料來源:http://skype.pchome. com.tw/download.html)

　　LINE是由韓國最大網路集團NHN的日本分公司開發設計完成,NHN母公司位於韓國,主要服務項目為搜尋引擎NAVER與遊戲入口HANGAME,就好像是電腦上的MSN / Skype即時通訊軟體的功能一樣,也可以打電話與留訊息。

➡ 用Line打國際電話，不但免費，音質也相當清晰

⇨ 1-1-4　視訊媒體

　　視訊媒體是由一連串影像（Images）所組成的集合，每張影像稱之為一個頁框（Frame），並透過螢幕等裝置播放的連續性序列影像，或者也稱為影片。隨著攝影機與智慧型手機的普及，現在越來越多人利用手機來記錄日常生活影片。其中，最具代表性的視訊網站就是YouTube，這個網站可以讓使用者上傳、觀看及分享影片，這樣的網上影片的分享平台，成為任何一位網友創作的最佳平台。

➡ 優酷網是中國最大的影音網站

1-2　認識多媒體相關設備

　　工欲善其事，必先利其器！今日的多媒體電腦系統，主要以個人電腦為製作及展示的核心，為了滿足多媒體素材編輯過程中的要求與輸出的影像聲光效果，因此，在個人電腦的相關設備上，必須符合某些特定規格。國際多媒體PC行銷學會（National Multimedia PC Marketing Council）曾經多次為多媒體個人電腦定出最低的標準規格，至少包括了麥克風、光碟機、喇叭以及高解析度顯示器等組件。所謂的All-in-One電腦，就是把將螢幕和主機整合在一起，使主機與螢幕結合的桌上型電腦。在一體成型的電腦裡放入一切，具有省電、省空間、富整體造型感。蘋果iMac是最早掀起這股All-in-One風潮的品牌，目前已經成為個人電腦的新潮流。

➡ 造型十分優美的iMac電腦（圖片來源：http://store.apple.com.tw）

　　不過，隨著電腦硬體技術的快速進步，多媒體電腦規格隨著多媒體相關技術的發展而水漲船高。此外，多媒體產品的設計過程之中，一定都會需要用到如影像、圖形、音樂、視訊、動畫等相關資料，這時候就要藉助一些週邊設備的幫忙來取得。

⇨ 1-2-1　平板電腦

平板電腦（Tablet PC）是下一代移動商務PC的代表，也是新興的多媒體電腦裝置，外型類似平板狀的小型電腦，透過觸控螢幕的概念，取代了滑鼠與鍵盤。平板電腦具備近似於筆記型電腦的功能，除了可儲存大量電子書外，還可讓使用者隨時隨地方便地貼身攜帶，而且能接受手寫觸控螢幕輸入或使用者的語音輸入模式來使用，讓莘莘學子不必再像從前一樣，好像忍者龜似的，背個大背包上學。

以iPad為首的平板電腦是「後PC時代」的代表產品，不但能完成傳統PC產品能做的任務，更能真正實踐行動上網與雲端運算服務的新趨勢，除了可以上網、查閱電子郵件、閱讀電子書和玩遊戲，還具有更精準的衛星技術和更豐富的街景圖庫，透過Maps就能輕鬆搜尋鄰近地區的重要地標。

➡ 蘋果最新推出的平板電腦-iPad Air（圖片來源：http://store.apple.com.tw）

⇨ 1-2-2　變形電腦

近年來隨著行動裝置的快速興起，現在還有一種結合桌上型電腦、筆記型電腦及平板電腦，可以拔插組合或者轉軸式的多合一變形金剛（Transformers）版本，同時兼具平板電腦的智慧行動力和筆記型電腦的高效作業力。顯示螢幕與鍵盤可以分拆與組合，對只需滿足輕度工作需求並且兼顧娛樂體驗的消費者而言，這種變形金剛電腦從2013年起似乎成了個人電腦的主流趨勢之一。

　　例如華碩推出的Transformer Book T100，整體效能媲美筆記型電腦，只要觸控式螢幕拆卸後，立即可變身爲平板電腦。

➡ 華碩推出的Transformer Book T100（資料來源：華碩網站）

⇨ 1-2-3　螢幕

　　螢幕的主要功能是將電腦處理後的資訊顯示出來，以讓使用者了解執行的過程與最終結果，因此又稱爲「顯示器」。螢幕最直接的區分方式是以尺寸來分類，顯示器的大小主要是依照正面對角線的距離爲主，並且以「英吋」爲單位。螢幕依照工作成像原理，可以區分成以下兩種：

➡ 映像管螢幕（左）及液晶螢幕（右）（圖片來源：http://www.viewsonic.com.tw/）

目前市場上液晶螢幕已經全面取代映像管螢幕，而成為市場上的主流產品。特別是目前最新型的「彩色薄脈型液晶顯示螢幕」（TFT-LCD）則為其中的佼佼者。

選購液晶螢幕時，除了個人的預算考量外，包括可視角度（Viewing Angle）、亮度（Brightness）、解析度（Resolution）、對比（Contrast Ratio）等都必須列入考慮。另外「壞點」的程度也必須留意，「壞點」會讓螢幕顯示的品質大受影響。

⇨ 1-2-4　智慧型手機

智慧型手機（Smartphone）就是一種運算能力及功能比傳統手機更強的手機，不但配備有高畫素的數位相機與視訊功能，多具備高規格的多媒體功能，最近全球又再次掀起了 iPhone 6 的搶購熱潮，這款超人氣的蘋果智慧型手機，簡直具備了一台小型電腦的功用。

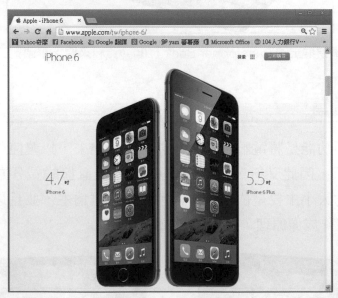

➡ iPhone 6 上市就造成空前採購（圖片來源：http://store.apple.com.tw）

⇨ 1-2-5　多媒體儲存裝置

隨著個不斷驚人成長的多媒體資料儲存需求，必須有輔助的儲存裝置來補足電腦內建記憶體的不足。我們將會介紹到目前常見的多媒體儲存媒體主流及未來的趨勢。

硬碟

　　硬碟（Hard Disk）是目前電腦系統中主要的儲存裝置，包括一個或更多固定在中央軸心上的圓盤，像是一堆堅固的磁碟片。每個圓盤上面都佈滿了磁性塗料，而且整個裝置被裝進密室內。目前市面上販售的硬碟尺寸，是以內部圓型碟片的直徑大小來衡量，常見的 3.5吋與 2.5吋兩種。其中 2.5英吋，多用於筆記型電腦及外置硬碟盒中，個人電腦幾乎都是 3.5吋的規格，而且儲存容量在數百 GB 到 2 TB 之間，且價格相當便宜。

光碟

　　光碟機是目前電腦的基本設備，可用來儲存在光碟上的各種資料。光碟機讀取光碟片資料的原理，主要就是利用光碟片上佈滿著「平面」（Land）與「凹洞」（Pit）。這些凹凸不平的光碟表面經過光碟機的雷射光照射後，就會產生不同的反射結果。近年來由於消費者對影音的需求不斷提高，650MB 左右的 CD 光碟片已經無法滿足市場需求，於是漸漸地在電腦系統上由唯讀數位多功能影音光碟機（Digital Versatile Disc-Read-Only-Memory, DVD-ROM）所取代。通常一片 CD 光碟片最多只能儲存 640 MB 的資料，但是若以 DVD 光碟片來儲存，其最大容量高達 17GB，相當於 26張 CD 光碟片的容量。

➡ 光碟燒錄機與光碟片的外觀圖

可攜式隨身碟

　　在此還要特別介紹目前相當流行一種以 USB 為介面的隨身碟，它的外型相當輕巧。使用者只要將它插入電腦的 USB 插座中，即可存取其中的資料內容，而且不需要將電腦重新開機或關機。

此種儲存裝置，可將常用的文件或資料隨身攜帶，並且在任何的電腦與作業系統中交換資料。而目前的隨身碟除了可以儲存資料與傳輸外，有些內建了MP3和收聽廣播等音訊功能。

➡ 隨身碟外觀

SSD硬碟

固態式硬碟（Solid State Disk, SSD）是一種新的永久性儲存技術，屬於全電子式的產品，完全沒有任何一個機械裝置，重量可以壓到硬碟的幾十分之一。SSD除了耗電低、重量輕、抗震動與速度快外，自然不會有機械式的往復動作所產生的熱量與噪音，由於完全以電壓控制的內部運作方式，自然不怕碰撞的問題。缺點是單價比一般硬碟貴約數十倍，並且一旦損壞後資料是難以修復。

藍光光碟

藍光光碟（Blu-ray Disc, BD）主要用來儲存高畫質影像及高容量資料，它是繼DVD的下一代光碟格式之一，由SONY及松下電器等企業主導的次世代光碟規格。新力電腦娛樂並於2004年9月宣佈PlayStation 3遊戲機，將採用藍光光碟為標準格式。藍光光碟採用波長405奈米（nm）的藍色雷射光束來進行讀寫操作（DVD採用650奈米波長的紅光讀寫器，CD則是採用780奈米波長）。其中單層的藍光光碟儲存容量為25或是27GB的資料（大部分DVD只能儲存4.7GB），差不多可以儲存接近4小時的高解析影片。在相容性方面，藍光光碟向下相容，包括DVD-ROM、VCD以及CD，只有部分CD無法正常播放。

⇨ 1-2-6 掃描器

掃描器曾經是美術設計人士用來將靜態影像轉為數位影像的專業設備，不過隨著價格降低與功能增加，目前已經是相當普遍與熱門的大眾化產品。掃描器是利用光學的原理，將感應到的文件、相片等轉換成電子訊號傳送至電腦，如果搭配適當的文字辨識軟體，還可以成為另類的文書輸入工具。它的功能有點類似影印機，不過可將資料儲存在電腦。掃描器是以DPI（Dot Per Inch）作為解析度的單位，代表每一英吋長度內的點數，DPI值越高則代表解析度越高，影像越清晰，有300 DPI、400 DPI、600 DPI或1200 DPI等多種規格。

⇨ 各種掃描器外觀

⇨ 1-2-7 數位相機

數位相機主要以CCD感光元件來進行拍攝，因此「像素」（Pixel）的多寡，便直接影響相片輸出的解析度與畫質。例如我們常聽見的「200萬像素」、「500萬像素」等，就是指相機的總像素。數位相機所拍攝的影像主要是儲存在記憶卡中，而非傳統的底片上。目前的數位相機還附有液晶螢幕可以隨拍隨看，不滿意還可馬上重拍。

　　隨著數位相機技術成熟，價錢也降得越來越便宜，至於各位在購買數位相機時，別忘了必須考慮影像解析度、相機鏡頭、液晶顯示幕、相片記憶卡等四項因素，如果要拍攝更多的相片，則必須選購可擴充記憶體儲存容量的機型。

➡ 數位相機一直是最熱門3C產品

⇨ 1-2-8　麥克風、視訊攝影機

　　麥克風（Microphone）可將外界的聲音訊號，透過音效卡輸入到電腦中，並轉換成數位型態的訊號以方便錄音軟體進行處理，多媒體電腦中所使的麥克風型式，與一般家用的麥克風相同，只不過在連接頭的大小上會有些差異。

　　視訊攝影機（Webcam）是一種新興的輸入設備，搭配視訊軟體，近年來因為網路寬頻的發展帶動了網路視訊的風潮，只要在網路兩方的電腦上安裝視訊攝影機與麥克風，就可以讓相隔兩地的人彼此面對面交談與溝通，或者也能將這些設備輸出的類比訊號，轉錄到電腦中成為數位型態的視訊檔案。

➡ 麥克風與視訊攝影機外觀

➪ 1-2-9 電子音樂鍵盤與錄音筆

　　電子音樂鍵盤又稱為MIDI鍵盤，可用來產生音樂並透過音效卡輸入到電腦中進行編輯，編輯完成的音樂檔案，可再透過音效卡輸出到喇叭中。MIDI（Musical Instrument Digital Interface, 樂器數位介面）是電腦與樂器之間交換音樂資料的一種標準，使用MIDI標準所產生的音樂，其檔案大小相當精簡且音效豐富，因此相當適合於網際網路上進行傳輸。通常MIDI鍵盤能夠產生128種音色，以模擬各種樂器及自然環境中的聲音。

　　前面曾經介紹過使用麥克風與音效卡來錄音，除了這種方式外，還可以使用一般錄放音機或錄音筆來作為錄音設備。當聲音錄製完成後，再將聲音直接輸入到音效卡中，並由電腦進行編輯。

➡ 電子音樂鍵盤與錄音筆外觀圖

⇨ 1-2-10 數位攝影機

DV（Digital Video）攝影機為新一代的攝影設備，其所拍攝的內容以數位元方式來處理與儲存。因此使用者能夠輕易地將DV中的內容傳輸到電腦中，而不需要進行任何的轉換，也能直接由電腦控制DV中的動作，因此DV又稱為「數位攝影機」。以記憶卡方式來儲存影像的DV，通常可支援16GB，可直接插入電腦讀取檔案。不管是哪種儲存媒體的數位攝影機，他們的畫質幾乎是沒有差異，在購買時，一定要多方比較各廠牌與各種機型，因為同一廠牌也有不同畫質的機型可供選擇，唯有多看多聽多比較，同時實際操控各機型，才能選擇最適合您需要的數位攝影機。

⇨ SONY DCR-SR85數位攝影機

⇨ 1-2-11 喇叭

喇叭（Speaker）主要功能是將電腦系統處理後的聲音訊號，再透過音效卡的轉換後將聲音輸出，這也是多媒體電腦中不可或缺的週邊設備。早期的喇叭僅止於玩遊戲或聽音樂CD時使用，不過現在通常搭配高品質的音效卡，不僅將聲音訊號進行多重的輸出，而且音質也更好，種類有普通喇叭、可調式喇叭與環繞喇叭。

⇨ 1-2-12 印表機

　　除了螢幕，最重要的輸出裝置便是印表機，透過印表機可以將我們辛苦處理的文件或影像的檔案列印在紙張上。一般而言，印表機分為兩大類別：撞擊式印表機及非撞擊式印表機。撞擊式印表機藉由使用撞針或撞鎚將墨水帶朝紙按下建立影像，列印品質較差但是速度快又可以同時產生副本，常用於大型企業的對內報表或薪資帳冊。

🎤 TIPS

噴墨印表機（Inkjet Printer）是利用墨水顆粒噴塗的方式，在紙張上產生文字或圖像。因為具有列印連續紙張的特性，所以一般產生大型圖片的印表機也都採用噴墨式。噴墨印表機和點矩陣印表機的價格相當，但是使用的墨水匣價格較貴，並使用CMYK四色印刷，以PPM（每分列印張數）為列印單位。

　　非撞擊式印表機則沒有直接接觸到紙張，噪音較低。其中雷射印表機最受市場喜愛，最常見的雷射印表機其解析度在水平及垂直方向都是300或600dpi，一些高檔的型別還可以找到1200或1800dpi。有的商用雷射印表機列印速度每分鐘可高達43頁，適合大量列印。

➡ 各種印表機外觀圖

⇨ 1-2-13 鍵盤

鍵盤（Keyboard）屬於輸入裝置的一種，藉著鍵盤上的按鍵，我們可以鍵入組合鍵的語法，也能利用單鍵功能，告訴電腦各位想執行的動作。當使用者在鍵盤上按下一個鍵時，鍵盤內的電路板隨即偵測到此輸入訊號，並將此訊號轉換成代表按鍵的電腦內碼與將所輸入的資料顯示在螢幕上。鍵盤與電腦主機的連接方式，通常採用 PS/2 及無線傳輸等兩種方式，而無線鍵盤則是利用紅外線或無線電波，將鍵盤上的訊號傳輸給接收器，而接收器則是連接於主機板的 PS/2 插座上。

➡ 無線鍵盤外觀

⇨ 1-2-14 滑鼠

滑鼠是另一個主要的輸入工具，它的功能在於產生一個螢幕上的指標，並能讓您快速的在螢幕上任何地方定位游標，而不用使用游標移動鍵，您只要將指標移動至螢幕上所想要的位置，並按下滑鼠按鍵，游標就會在那個位置，這稱之為定位（pointing）。「光學式滑鼠」則完全捨棄了圓球的設計，而以兩個 LED（發光二極體）來取代，而無線滑鼠則是使用紅外線或無線電方式取代滑鼠的接頭與滑鼠本身之間的接線，不過由於必須加裝一顆小電池，所以重量略重。

➡ 造型新穎的光學式滑鼠

● 選擇題

1. (　) 有關多媒體的描述何者不正確？ (A)多媒體系統中「味道」不屬於媒體的一種 (B)內容多樣化是多媒體特色之一 (C)使用的電腦硬體設備，通常要比處理一般文書作業的電腦等級來得高一些 (D)可以透過網路傳送供給遠端的使用者進行操作或欣賞。

2. (　) 下列何者不屬於多媒體的優勢？ (A)學習效果佳 (B)說服力強 (C)良好的互動效果 (D)被動式學習。

3. (　) 液晶螢幕的特點不包括(A)輕薄短小 (B)低耗電量 (C)微量輻射 (D)全平面。

4. (　) 硬式磁碟機為防資料流失或中毒，應常定期(A)備份 (B)規格化 (C)用清潔片清洗 (D)查檔。

5. (　) 一個硬式磁碟機有16個讀寫頭、每面有19328個磁軌、每個磁軌有64個磁區，每個磁區有512bytes，請問此硬式磁碟機之總容量約為多少？ (A)9.4GB (B)8.5GB (C)4.3GB (D)2.1GB。

6. (　) 小明買了一台標示為40x12x48的CD-RW燒錄機，則下列敘述何者正確？ (A)該燒錄機無法讀取VCD光碟片 (B)48指的是讀取資料的速度最高為48倍速 (C)該燒錄機不可使用標示為48X的CD-R光碟片燒錄資料 (D)12指的是讀寫DVD光碟片的速度。

7. (　) 螢幕保護程式的最主要功用為何？ (A)維持螢幕色彩的色調與對比 (B)預防電腦中毒 (C)避免螢幕亮點損壞 (D)防止駭客入侵。

8. (　) 為了減少佔用一般辦公桌面的空間，購買桌上型電腦時應該優先考慮下列何種產品？ (A)手寫板 (B)無線鍵盤 (C)光學滑鼠 (D)液晶螢幕。

● 問答與實作題

1. 請說明多媒體的定義。

_____

_____

_____

2. 何謂藍光光碟（Blu-ray Dis, BD）？試簡述之。

_____

_____

_____

3. 試說明光學式滑鼠的原理。

_____

_____

_____

_____

4. 試解釋數位相機與傳統像機兩者間的差異性。

_____

_____

_____

5. 試說明電子書的功用。

_____

_____

_____

6. 什麼是網路電話（VoIP）？

_____

_____

_____

7. 請建議選購液晶螢幕時的注意事項。

_____

_____

_____

8. 請簡述文字媒體。

_____

_____

_____

02

文字媒體簡介與
Word

　　人類文明在過去數萬年間日積月累進展的成就中，利用結繩、圖騰、符號等的具體形式，作為傳播彼此意念的符號，過渡沿用到文字時代出現為止。凡是人們用來傳達訊息，表示一定意義的圖畫和符號，都可以稱為文字，文字是最早出現的媒體型式，也是人類用來代表語言的符號，更是文化的重要組成要素。無論在何種視覺媒體中，文字都是最基本與最重要的構成要素，也是最常用來表達意見的媒體。文字雖然在多媒體系統中是最陽春的呈現方式，不過就算在聲光十足的媒體效果下，也不能缺少文字的輔助。

➡ 電腦代替雙手處理文字的表現與藝術

2-1　電腦如何處理文字

　　隨著科技的高速發展，在進入資訊化社會以後，文字的設計的工作很大一部分由電腦代替人腦完成了，人們開始將平常在紙張上書寫的文字內容輸入到電腦中，以讓電腦來協助處理這些文字媒體。這種趨勢大大改變了傳統的表現與保存的方式，也就是讓原本屬於人工處理的紙上作業邁向自動化或數位化，進而提高文字媒體作業效率與降低作業成本。

⇨ 2-1-1 編碼系統簡介

其實電腦本身就是一堆的電路元件所形成的集合體。而0與1的區分就是電壓訊號相對的高位與低位，這是什麼意思？舉個例子來說，如果有兩種電壓訊號5伏特與-5伏特，我們就可以將5伏特標示為1，而-5伏特標示為0。

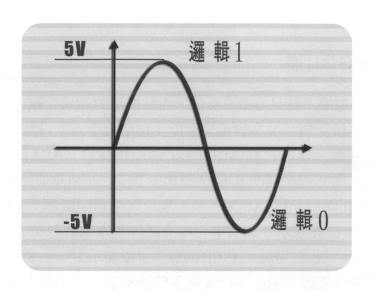

➡ 在電腦的世界中，0代表低電位，而1代表高電位

不同的電路系統，對於0或1的相對電壓定義不同，有的可能是5伏特代表1，而接地電壓0伏特代表0。無論將任何型態的資料輸入到電腦裡，個人電腦最終會將資料視為數字，透過電晶體將一連串0和1的組合儲存在電腦中來處理。電腦中所能儲存的最小基本單位（儲存0或1）稱為1位元（bit），而這種只有「0」與「1」兩種狀態的系統，我們稱為「二進位系統」（Binary System）。不過因為一個位元不夠使用，所以又將八個位元組合成一個「位元組」（Byte）。不過對於電腦龐大的記憶體容量而言，位元組單位仍然太小，為了計量方便起見，定義了更大的儲存單位。例如：

⚙ 1KB（Kilo Bytes）= 2^{10} Bytes = 1024Bytes

⚙ 1MB（Mega Bytes）= 2^{20} Bytes = 1024KB

⚙ 1GB（Giga Bytes）= 2^{30} Bytes = 1024MB

⚙ 1TB（Tera Bytes）= 2^{40} Bytes = 1024GB

文字要在電腦中呈現，就必須具備電腦能看懂的形式。例如一般的英文字母，數字或標點符號（如＋、－、A、B、％）都可由一個位元組來表示。由於電腦中的符號、字元或文字是以「位元組」（Byte）為單位儲存，因此必須逐一轉換成相對應的內碼，如此我們就可以將我們想記錄在電腦系統的符號一一編號，以位元組為單位儲存在電腦中，這就是編碼系統（Encoding System）的基本觀念。

⇨ 2-1-2　ASCII碼

由於早期的電腦系統是發源於美國，因此最早的編碼系統也是發源於此，由於他們的資料只需數字、26個英文字母（包括大小寫）、標點與其他特殊符號、外加一些電腦系統的控制碼即可。美國標準協會（ASA）提出了一組以7個位元（Bit）為基礎的「美國標準資訊交換碼」（American Standard Code for Information Interchange, ASCII）碼，來做為電腦中處理文字的統一編碼方式，ASCII採用8位元表示不同的字元，不過最左邊為核對位元，故實際上僅用到7個位元表示。也就是說，ASCII碼最多可以表示 $2^7 = 128$ 個不同的字元，可以表示大小英文字母、數字、符號及各種控制字元。例如大寫字母「A」是由數值65表示，「B」是由數值66來表示，小寫字母「b」是由數值98來表示，「@」符號是由數值64來表示。其中0～9表示阿拉伯數字，65～90表示大寫英文字母，97～122表示小寫英文字母，下表為部分ASCII編碼與二進位、十進位表示法的對應：

符號	二進位	十進位	符號	二進位	十進位
0	0110000	48	I	1001001	73
1	0110001	49	J	1001010	74
2	0110010	50	K	1001011	75
3	0110011	51	L	1001100	76
4	0110100	52	M	1001101	77
5	0110101	53	N	1001110	78
6	0110110	54	O	1001111	79
7	0110111	55	P	1010000	80
8	0111000	56	Q	1010001	81
9	0111001	57	R	1010010	82

符號	二進位	十進位	符號	二進位	十進位
A	1000001	65	S	1010011	83
B	1000010	66	T	1010100	84
C	1000011	67	U	1010101	85
D	1000100	68	V	1010110	86
E	1000101	69	W	1010111	87
F	1000110	70	X	1011000	88
G	1000111	71	Y	1011001	89
H	1001000	72	Z	1011010	90

TIPS

後來有些電腦系統為了能夠處理更多的字元，如由IBM所發展的「擴展式BCD碼」（Extended Binary Coded Decimal Interchange Code, EBCDIC），原理乃採用8個位元來表示不同之字元，因此EBCDIC碼最多可表示256個不同字元，比ASCII碼多表示128個字元。例如EBCDIC編碼的'A'編碼11000001，'a'編碼為10000001。

2-1-3 Unicode碼

　　由於世界各地有不同的編碼系統，當彼此交換資訊時，往往就產生了無法解讀的亂碼，例如單單歐洲共同體涵蓋的國家，就需要好幾種不同的編碼系統來包括歐洲語系的所有語言。由於每個國家所發展的文字標準都不相同，例如台灣使用的是Big-5，中國則是使用GB，如果文件要互相流通，必須先經過轉換的工作。

　　我們要介紹由萬國碼技術委員會（Unicode Technology Consortium, UTC）所制定做為支援各種國際性文字的16位元編碼系統 - Unicode碼（或稱萬國碼），又稱為萬國碼，解決了不同國家文件互通性的問題。Unicode碼是一項全球共同的文字標準，希望能容納世界上各種不同的文字，也是使用兩個位元組來表示一個文字符號，因此可以表示$2^{16}=65536$個文字符號。Unicode碼包含許多不同的編碼系統，前面128個符號為ASCII字元，其餘則為英、中、日、韓文以及其他非語系國家的常用文字。

⇨ 2-1-4 中文系統

有關一個完整中文輸出入系統在電腦上的資料處理，可以包括以下四個部分：

⭐ **輸入碼（外碼）**：當各位要輸入中文字時，所要輸入的按鍵。依照不同的輸入法，有不同的鍵碼及順序。常用的輸入碼有倉頡、注音、內碼、電報碼等。

⭐ **儲存碼（內碼）**：內碼是中文字儲存時的編碼系統，每一個中文字對應一個中文內碼。如果要使用中文，就必須用中文編碼系統，而中文字是以兩個位元組（Bytes）來編碼。常見的繁體中文碼有BIG5碼、CCCII碼、倚天碼、Unicode碼等。其中在國內最為普遍的是由資策會所制定的一套繁體中文16位元（2Byte）編碼系統－BIG5（大五碼），可以編出一萬多個中文碼。至於中國大陸盛行的簡體字標準內碼則為GB碼，又稱為國標碼，由中華人民共和國國家標準總局發佈，1981年5月1日實施，共收集了7445個圖形字符，其中有6763個漢字和各種符號709個。中國大陸的網站大多使用GB碼，故在瀏覽上，需安裝轉換閱讀GB碼的軟體，否則就會顯示成亂碼的模樣。

⭐ **交換碼**：不同中文系統間有不同的內碼，為了交流與轉譯時的方便所產生統一的中文交換碼，例如於民國75年行政院制定CISCII（通用漢字標準交換碼）為國家標準交換碼，並採用「先筆劃後部首」與利用二個位元組來編定中文內碼。

⭐ **輸出碼**：為了顯示中文字型，必須要建立中文字庫儲存輸出字型，當列印或顯示中文字時，會先根據內碼去尋找所對應的輸出碼。

2-2　字體與字型

　　字體（Typeface），是指文字的式樣，是一群包含不同大小與不同美術風格的圖形字元，也就是一群圖像化的字元。例如中國的書法是表現文字字體之美的最佳代表，像有瘦金體、顏體、柳體、宋體、楷體等等。文字是人類傳達訊息的基本工具，如何達到最佳傳達效果，則有賴字體採用與編排方式。

➡ 透過電腦可以做不同字體或字型的變化

　　字型（Font）是包含一個完整格式的固定大小字元集合，包括字元的外形、形體與寫法，例如電腦中則有新細明體、標楷體、華康行書體等字型名稱。在電腦中表示的字型型態，通常可區分為「點陣字」與「描邊字」兩種類型：

⇨ 2-2-1　點陣字

　　點陣字（Bitmap Font）主要是由一定的字高（H）和字寬（W）的點矩陣（Dot Matrix）表示的固定大小字型，例如一個大小為36×36的點陣字，實際上就是由長與寬各為36個黑色「點」（Dot）所組成的一個字元。不過當點陣字放大時，會產生被稱為鋸齒狀的效果，目前一般的點陣字都是用解析度低的低階消費性產品及顯示功能單純的裝置。點陣字體優點是顯示速度快，不像描邊字需要計算，通常字高16點以下的小字最能夠發揮點陣字型的優勢，例如螢幕解析度為640×480時，顯示在電腦螢幕上最小且清晰的中文約為16×16點。

➡ 點陣字放大後，會出現鋸齒狀

⇨ 2-2-2　描邊字

　　描邊字（Outline Font）又稱為向量字型，沒有點陣字所具有的缺點，因此是目前電腦字型的主流。方法是採用數學公式計算座標的方式來產生文字，資料量很小，使用時依公式計算轉換為對應的字形，可以節省記憶體空間，又可以隨意代入其他尺度的變數，因此可以任意縮小或放大都能保有平順的線條與輪廓。

➡ 放大或縮小都不會出現鉅齒狀

2-3　數位出版與電子書

　　科技化的進步不但提供了資訊快速流通，也大幅增加了知識的累積的能力。近年來甚至還出現了炙手可熱的電子書，電子書的出現，將出版界延伸到數位出版的領域。數位出版是指以網際網路為流通通路（管道），以數位內容為流通介質，以網路上支付為主要交易手段的出版和發行方式。其中由著作權人、數位出版商、技術提供商、網路傳播者及讀者構成了數位出版產業鏈的主體。

⇨ 2-3-1　數位出版

　　數位出版是運用網際網路、資訊科技、硬體設備等技術及版權管理機制，讓傳統出版在經營上產生改變，創造新的營運模式及所衍生之新市場，帶動數位知識的生產、流通及服務鏈發展。數位出版應屬出版的一環，所不同只在於媒介載體形式，有別於傳統的實體出版，係經由報刊、圖書等印刷出版品形式呈現，數位出版的範疇應為以數位形式載體所呈現之數位出版物，由於係經由

資訊或網路媒介複製傳送，因此速度、容量和暴露的重複性均較傳統實體出版品具有更多之優勢。

⇨ 2-3-2 電子書

科技化的進步不但提供了資訊快速流通，也大幅增加了知識的累積的能力。近年來甚至還出現了炙手可熱的電子書，電子書的出現，將出版界延伸到數位的領域，也就是把大家習慣的讀書方式，將其平台變成數位化的方式，除了可以依照順序翻動，也可以挑頁翻讀。

透過電腦將各式各樣的書籍資料數位化後，因此可容納龐大的資料，不僅提供印刷書籍所具備的文字、插畫、和圖片，還加入了傳統書籍所無法提供的聲音、影像、和動畫等多媒體素材。電子書的現有的格式，目前為百家爭鳴，例如PDF、HTML、XML、TXT、Word、EBK、DynaDoc等，但目前因為PDF最為普及，因為具有保護文件功能，故成為市場主流。

➡ 蘋果推出的平板電腦- iPad Air（圖片來源：http://store.apple.com.tw）

➡ 蘋果推出的平板電腦 - iPad mini（圖片來源：http://store.apple.com.tw）

電子書並不是單純的將紙本的圖書數位化或電子化，更擁有許多豐富的超連接影像和文字，最重要的是透過電子書超連接的性質，讀者可以隨心所欲的決定自己的閱讀順序，尤其在全文檢索方面，因此傳統書籍不再佔有很多優勢。只要利用手提電腦，電腦、PDA、手機、電子書閱讀器等，讀者一次可攜帶數百本以上的書籍，具備傳統紙本書籍無法達到的便利性。至於建置使用電子書所需的平板式電腦，除了可儲存大量電子書外，還可隨時隨地方便使用者貼身攜帶。

2-4　文書處理大師-Word 2013

　　文書處理軟體目前個人電腦上最常使用的一種軟體，每天有數以千萬計的人使用文書處理軟體，主要是可提供大量工具來製作各種文字文件，例如撰寫編輯備忘錄、書信、報告，以及許多其他種類的文件。

➡ Word 的各種精彩作品

　　對於一個電腦從業人員，也幾乎絕大多數的時間，都是進行文書作業的處理。談到文書處理軟體，大家第一個想到的就是 Microsoft 公司的 Word 軟體。使用 Word 可以在文件中編排文章段落、加入表格、文字藝術師、美工圖案圖表或組織圖，或將完成的文件轉成網頁或合併列印，是學校及職場不何缺少的文件處理利器。

➩ 2-4-1　Word 2013工作環境

　　Word 軟體向來被定位於文書處理軟體，只要會使用鍵盤輸入文字，配合插圖、美工圖案、圖表的編排，就能讓文件變得美美的。此外，各式各樣的表格、長篇文件、傳單、海報、卡片的設計製作、網頁的發佈…等，幾乎都可以利用 Word 來完成。

在介面的設計上，直覺式的標籤與按鈕設計，讓使用者輕鬆知道如何使用所需的功能按鈕，現在我們就先針對 Word 的工作環境來做說明。

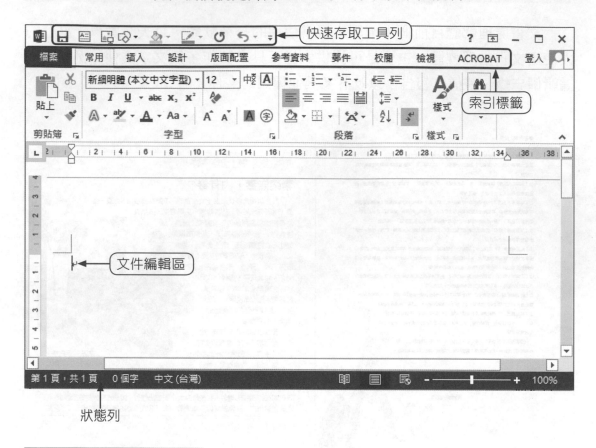

⇨ 2-4-2　索引標籤

索引標籤用來區分不同的核心工作，諸如：常用、插入、版面配置…等。標籤之下，又依功能來分別群組相關的功能按鈕，同時將常用的功能指令放置在最明顯的位置，讓使用者在編輯文件時，可以更快速找尋所需的功能按鈕。

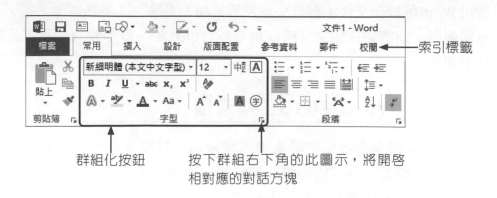

已顯現的索引標籤也可以將它隱藏起來喔！請按下如下的「摺疊功能區」鈕，即可隱藏。

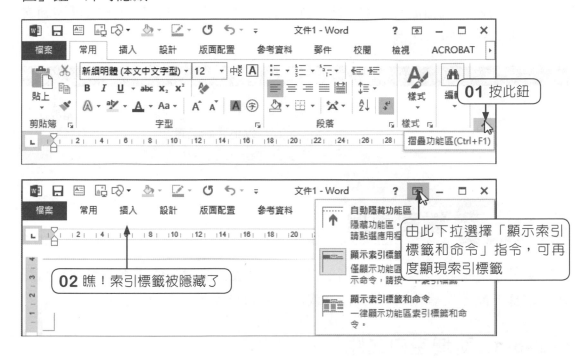

⇨ 2-4-3 快速存取工具列

　　快速存取工具列將常用的工具按鈕直接放在視窗的左上端，方便使用者直接選用。按下⁼鈕將顯示更多被隱藏起來的功能，下拉勾選則可將選定的工具鈕顯示於快速存取工具列中。

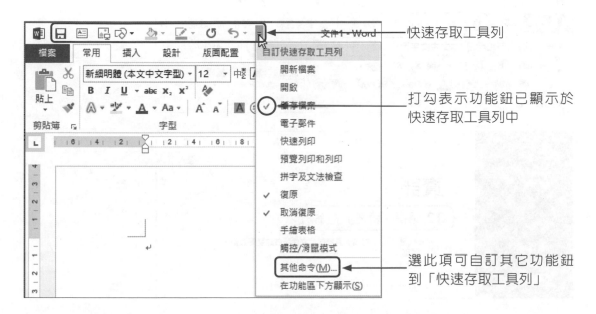

⇨ 2-4-4 快速存取工具列

狀態列位於視窗的最下方，除了顯示編輯文件的各項資訊外，還可控制文件的檢視模式與顯示比例。

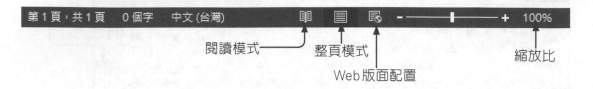

閱讀模式　　整頁模式　　　縮放比
Web版面配置

2-5 檔案管理

對於操作的環境有所了解之後，緊接著要讓各位對文件檔案的管理有所認知，這樣才能開始編輯新/舊文件，或作文件的修改。

⇨ 2-5-1 新增空白文件

通常在進入Word程式時，軟體就會自動開啟一個空白文件讓您編輯。如果需要再開啟其它的空白文件，可按下「Ctrl」+「N」鍵，就會顯示新的文件視窗。若是按下「檔案」標籤並執行「新增」指令，此時將顯示如下的視窗讓各位做更多的選擇。

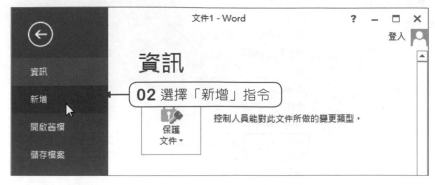

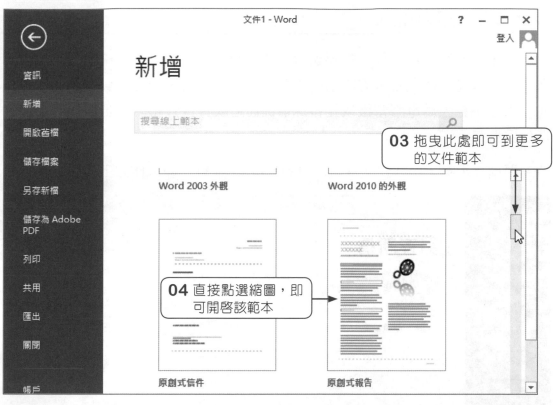

03 拖曳此處即可到更多的文件範本

04 直接點選縮圖,即可開啟該範本

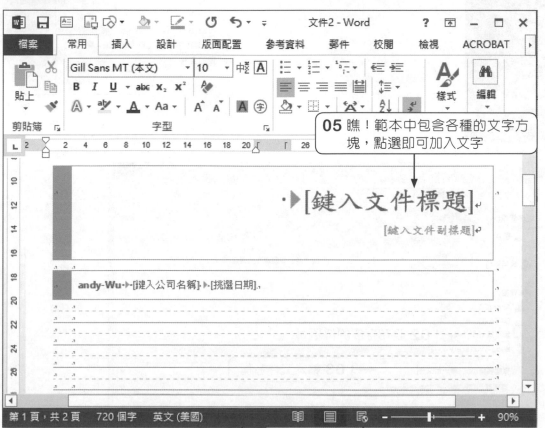

05 瞧!範本中包含各種的文字方塊,點選即可加入文字

⇨ 2-5-2 儲存檔案

剛剛新增的範本文件，只要點選文件上的文字方塊，即可編輯文字內容。為了安全起見，建議各位完成部分資料的輸入，就要記得先做儲存的動作，如此一來才不會因為電腦當機或是特殊情況而造成資料毀損，辛苦製作的文件就得化為烏有。

要儲存檔案，由「快速存取工具列」按下 🔚 鈕，即可作如下的設定。

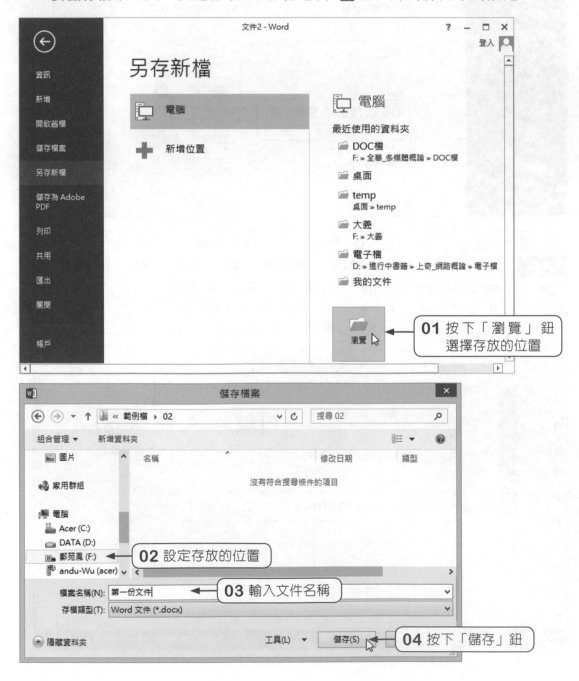

　　文件特有的檔案格式為「*.docx」，儲存此格式後，各位可以使用2013版本的各項新增功能，在新版中各位仍可開啟*.doc格式的檔案，不過2003以前的Word程式則無法開啟docx格式的文件喔！

➡ 2-5-3　開啟舊檔

　　如果要開啟已經編輯過的文件，由「新增」索引標籤執行「開啟舊檔」指令，點選要開啟的檔案，再按下「開啟」鈕即可開啟檔案。

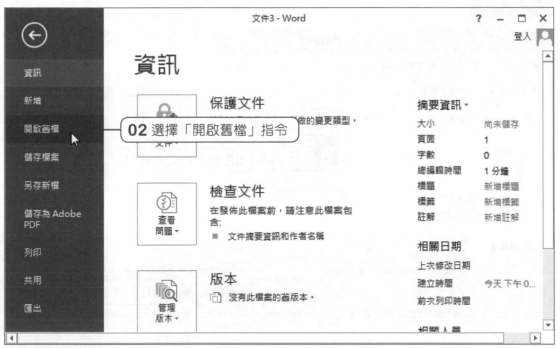

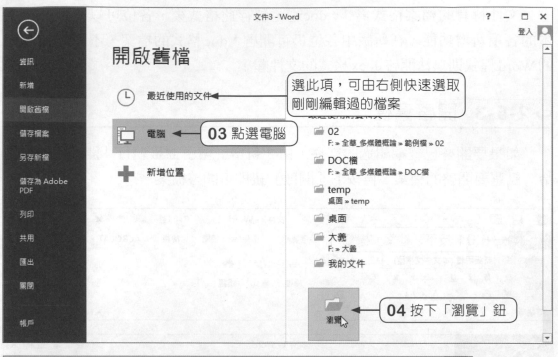

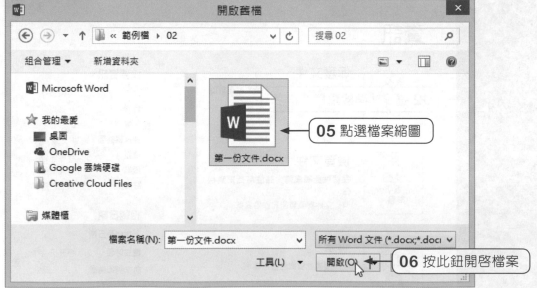

2-6 文字輸入

對於視窗的操作與檔案管理有所了解之後，接下來就可以開始在文件中輸入文字。在輸入點處，使用者可以依序輸入中英文字，也可以插入特殊符號或標點符號，另外，如果有現成的文字文件，也可以直接將它插進來編輯。在這一小節將針對這幾項功能和各位一起探討。

2-6-1 中英文輸入

要在文件中輸入中文字或英文字，通常透過螢幕右下方的工作列來切換輸入模式。中文字的輸入則可依個人習慣來選擇微軟新注音、新倉頡輸入或注音輸入法，只要在文字輸入點處輸入文字，文字就會顯示在那裏。而文字輸入點的後面，各位會看到 ↵ 符號，此爲「段落符號」，表示段落到此已告結束，若按下「Enter」鍵則會開啓另一個新的段落。

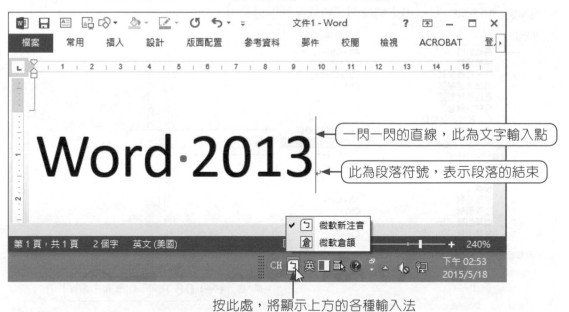

2-6-2 插入符號

輸入文字時，如果需要輸入標點符號，可直接在「插入」索引標籤按下「符號」鈕，除了常用的標點符號外，下拉「其他符號」鈕，還可以選擇插入各種的符號、或特殊字元。

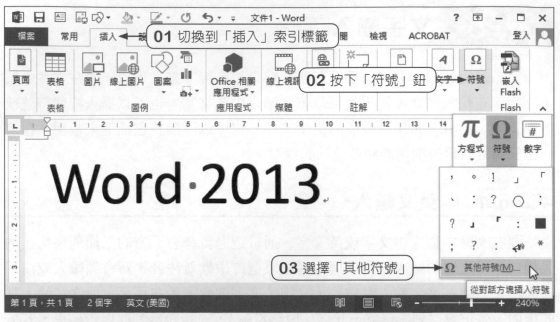

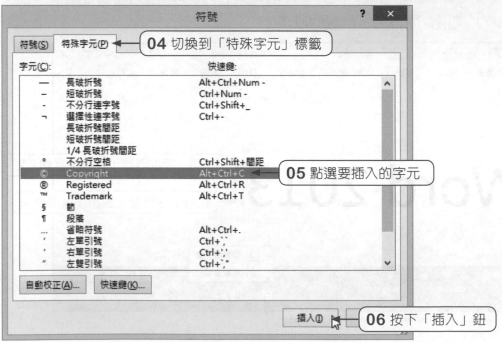

⇨ 2-6-3 插入文字檔

　　如果各位覺得從無到有編輯文件太過辛苦，那麼只要有現成的文字文件，可以透過「插入」索引標籤將文字檔插入進來使用。插入方式如下：

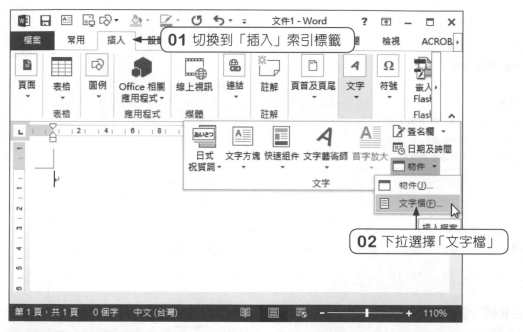

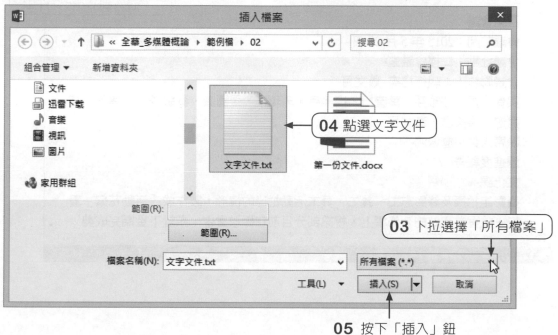

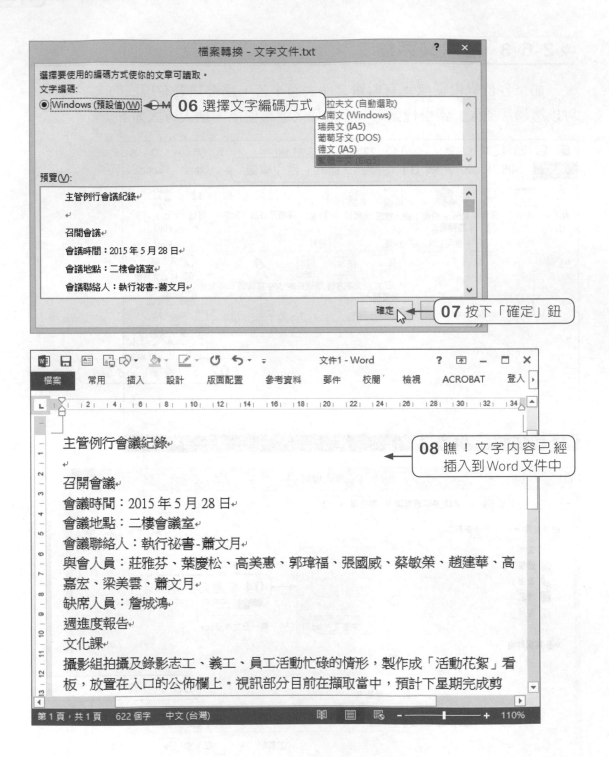

06 選擇文字編碼方式

07 按下「確定」鈕

08 瞧！文字內容已經插入到 Word 文件中

主管例行會議紀錄

召開會議
會議時間：2015 年 5 月 28 日
會議地點：二樓會議室
會議聯絡人：執行祕書-蕭文月
與會人員：莊雅芬、葉慶松、高美惠、郭瑋福、張國威、蔡敏榮、趙建華、高嘉宏、梁美雲、蕭文月
缺席人員：詹城鴻
週進度報告
文化課
攝影組拍攝及錄影志工、義工、員工活動忙碌的情形，製作成「活動花絮」看板，放置在入口的公佈欄上。視訊部分目前在擷取當中，預計下星期完成剪

2-7 文件編輯

文件裡有了文字內容後，接下來要透過編排的功能，才能讓文字變得易讀易懂。此處我們針對標題樣式、文字轉表格、插入項目符號或編號、以及插入文字藝術師等功能做說明，讓文件瞬間變得有清晰明瞭。

⇨ 2-7-1 加入標題樣式

在「常用」索引標籤裡有提供預設的標題樣式可以套用，各位也可以修改預設的樣式內容，使符合您的需求。

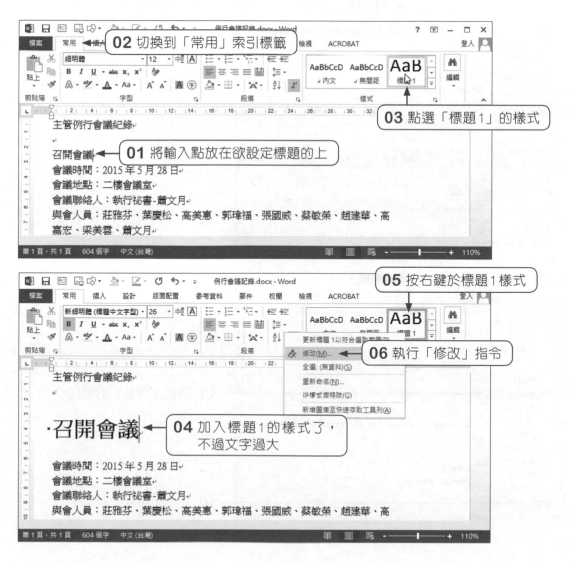

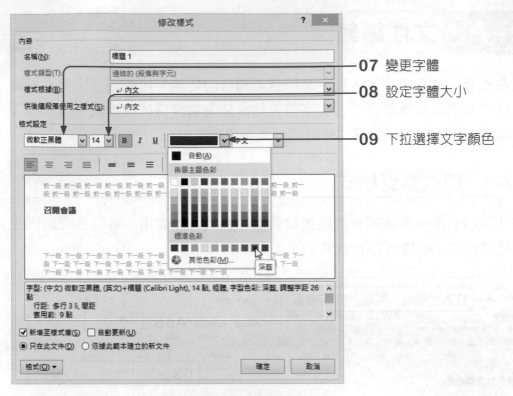

07 變更字體

08 設定字體大小

09 下拉選擇文字顏色

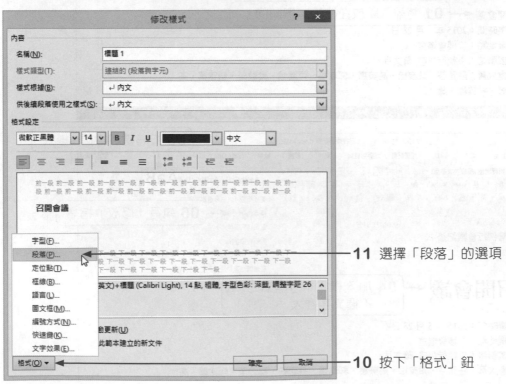

11 選擇「段落」的選項

10 按下「格式」鈕

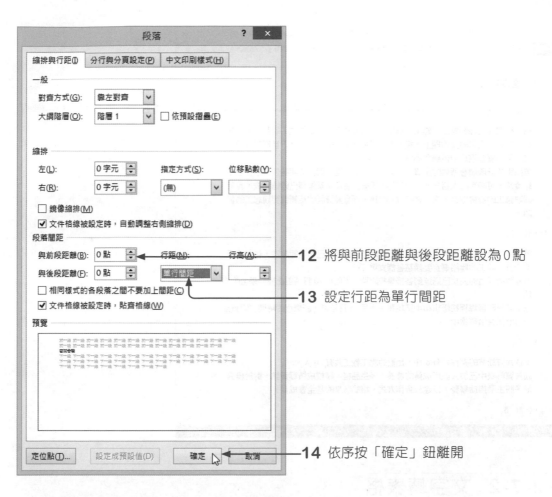

12 將與前段距離與後段距離設為0點

13 設定行距為單行間距

14 依序按「確定」鈕離開

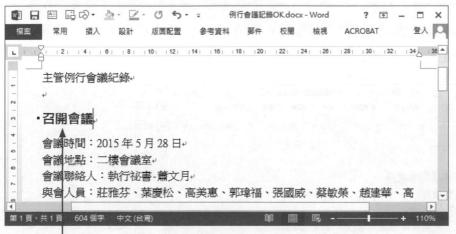

15 瞧！顯示變更後的標題1樣式

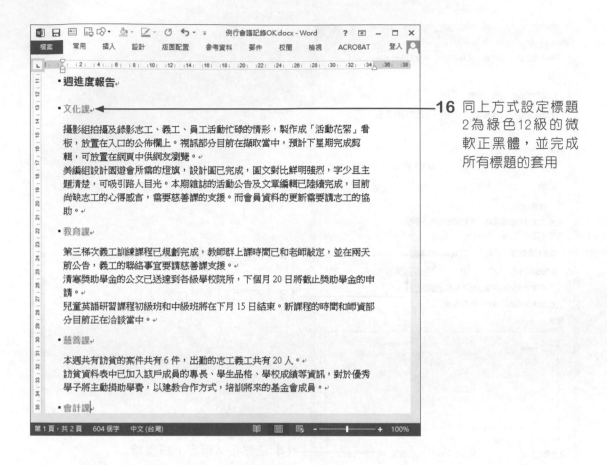

16 同上方式設定標題2為綠色12級的微軟正黑體，並完成所有標題的套用

⇨ 2-7-2 文字轉表格

要將文字轉換成表格是件容易的事，各位可以透過「插入」索引標籤的表格功能來做轉換。

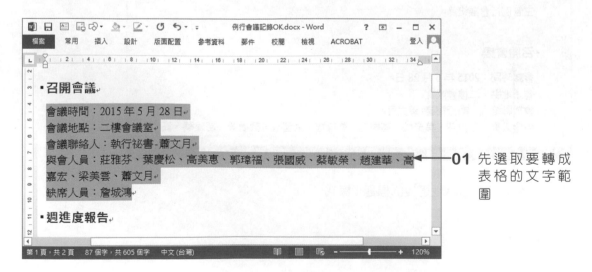

01 先選取要轉成表格的文字範圍

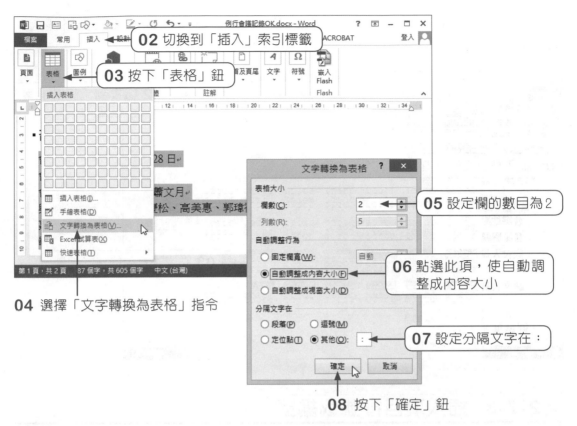

02 切換到「插入」索引標籤

03 按下「表格」鈕

04 選擇「文字轉換為表格」指令

05 設定欄的數目為2

06 點選此項，使自動調整成內容大小

07 設定分隔文字在：

08 按下「確定」鈕

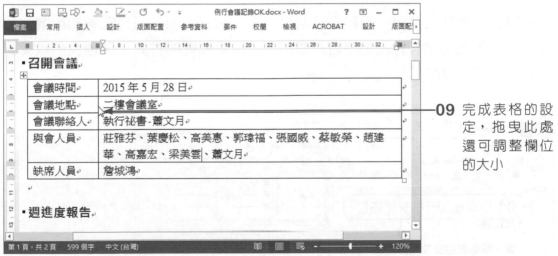

09 完成表格的設定，拖曳此處還可調整欄位的大小

如果想要讓表格更美觀，還可以透過「設計」索引標籤來加入表格樣式，如下所示：

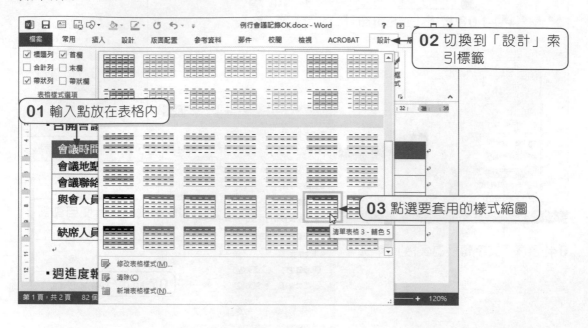

⇨ 2-7-3 插入項目符號或編號

對於條列式的清單，可以在「常用」索引標籤中加入項目符號和編號，另外，使用者也可以自行設定項目符號的圖案或是編號的方式。這裡我們以編號為各位做示範說明。

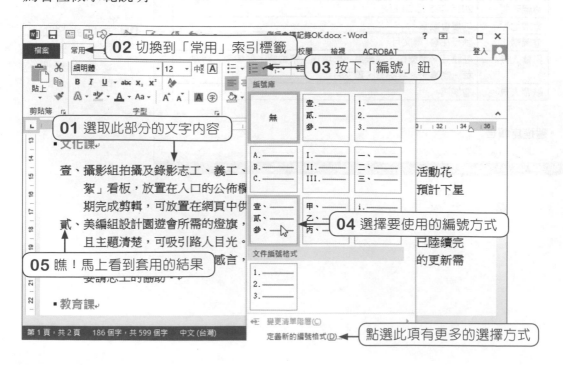

接下來同上方式完成其他課別的清單設定。

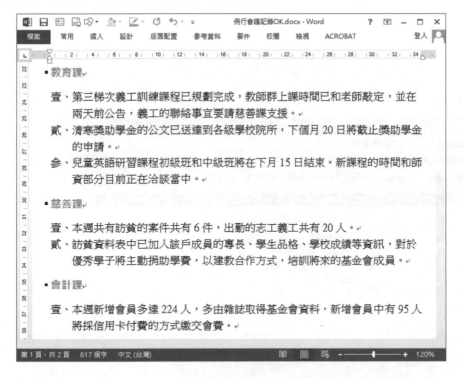

⇨ 2-7-4　插入文字藝術師

Word的「文字藝術師」功能提供多種的文字樣式，可讓使用者快速套用，通常運用在標題文字之上，以加深觀看者的印象。

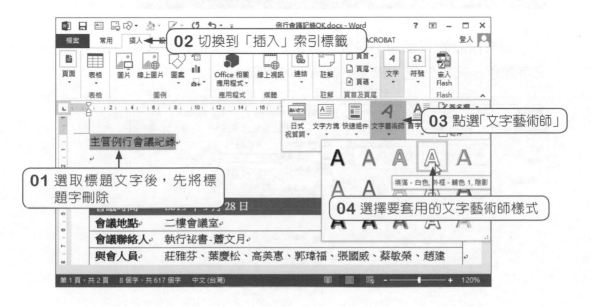

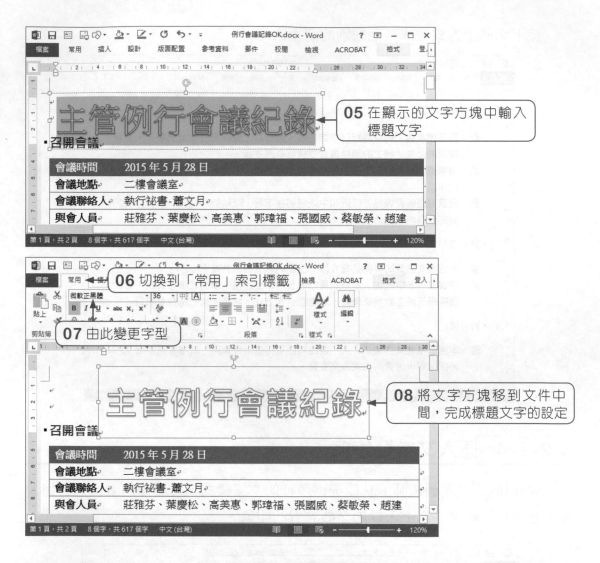

如果預設的效果還不滿意,各位仍可透過「格式」索引標籤,來繼續修改文字顏色、文字外框、或文字效果,如圖示:

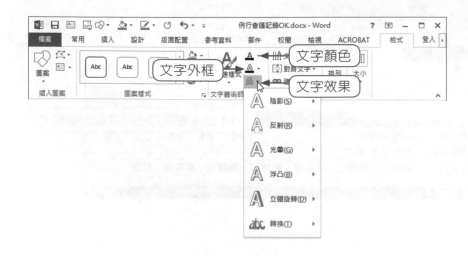

・自我評量・

● 是非題

1. (　) Word的索引標籤可以透過「摺疊功能區」鈕將它隱藏起來。

2. (　) 快速存取工具列的按鈕是固定的，無法自行加入。

3. (　) Word的狀態列可控制文件的檢視模式與顯示比例。

4. (　) 按下「Ctrl」+「N」鍵可新增新的文件視窗。

5. (　) 文件特有的檔案格式為「*.docx」。

6. (　) Word 2013版本可以讀取*.doc與*.docx的文件。

7. (　) 利用「插入」索引標籤，可將文字檔插入到Word文件中。

8. (　)「常用」索引標籤中的標題樣式皆為預設值，無法做修改套用。

9. (　) 要將文字轉表格，利用「插入」索引標籤的「表格」鈕即可辦到。

● 選擇題

1. (　) 資料最小儲存單位僅能儲存二進位值0或1，此儲存單位稱為(A)位元(BIT) (B)位元組(BYTE) (C)字組(WORD) (D)字串。

2. (　) 於KB(Kilo Byte)、MB(Mega Byte)、GB(Giga Byte)何者錯誤？ (A)1KB < 1GB (B)1MB = 1024KB (C)1GB=1024KB (D)1KB=1024B(Byte)。

3. (　) 已知「A」的ASCII碼16進位表示為41，請問「Z」的ASCII二進位表示為(A) 01000001 (B) 01011010 (C) 01000010 (D) 01100001。

4. (　) 以2bytes來編碼，最多可以表示多少個不同的符號？ (A)2 (B)128 (C)32768 (D)65536。

5. (　) 有關Word的敘述何者不正確？ (A)可用來處理文字媒體及排版 (B)無法輸入日文 (C)文字屬性的變化可以在「格式」工具列上的相關工具鈕 (D)「字型」視窗還可以設定字元與字元間的距離。

6. (　) Word中文件的段落編輯工作不包括下列哪一項？ (A)縮排 (B)對齊方式 (C)設定頁首及頁尾 (D)段落間的距離設定。

7. (　) 有關文字格式的說明何者不正確？ (A)目前大多數的應用軟體都具備有文字編碼的轉換功能 (B)大陸所使用的簡體中文，是BIG-5的編碼格式 (C)ASCII碼包含了控制字元、圖形字元及文字字元等 (D)「文字」是最早出現的媒體型式。

8. (　) 下列敘述何者不正確？ (A)BCD碼使用一組4位元表示一個十進位制的數字 (B)通用漢字標準交換碼為目前我國之國家標準交換碼 (C)ASCII碼為常用的文數字資料的編碼 (D)BIG-5碼是中文的外碼。

●問答與實作題

1. 請簡述文字藝術師的作用。

_____

_____

_____

2. 請簡述ASCII的由來與內容。

_____

_____

_____

3. 試述Unicode碼的優點。

_____

_____

_____

4. 請利用「檔案」索引標籤，新增如下的活動傳單，並自行加入活動的名稱與相關訊息。

▶ 完成檔案：活動傳單.docx、活動傳單OK.docx

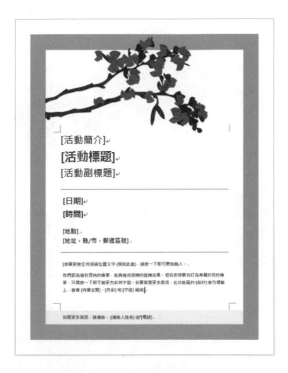 

▶ 提示

1. 點選「檔案」索引標籤，按下「新增」指令，再點選「活動傳單」的縮圖。

2. 依序點選文字方塊，然後加入各項資訊。

03

PDF文件與 Adobe Acrobat

　　PDF是目前常用的跨平台電子文件格式，通常電腦中只要有安裝Adobe Acrobat Reader，就可以讀取PDF檔，Adobe Acrobat Reader為免費軟體，透過它就可以檢視和列印PDF文件，並對文件加入註解。而PDF文件之所以廣泛地應用在網路上，是因為不論使用何種電腦平台，都可以完整讀取到該檔案文件，舉凡文件中的字體、顏色、格式、圖形等版面編排，不會因為平台的不同而有所偏差。

3-1　Acrobat Reader的使用技巧

　　首先我們將介紹Adobe Acrobat Reader的使用技巧，這個前提是各位電腦上必須安裝有Acrobat Reader程式或是Acrobat軟體，才可讀取PDF文件。

⇨ 3-1-1　下載Adobe Acrobat Reader程式

　　假如各位只要讀取PDF格式的檔案，可到Adobe網站去下載Adobe Acrobat Reader（網址：https://get.adobe.com/tw/reader/otherversions/），網站上允許各位針對個人電腦的作業系統來作選擇想要使用的版本。

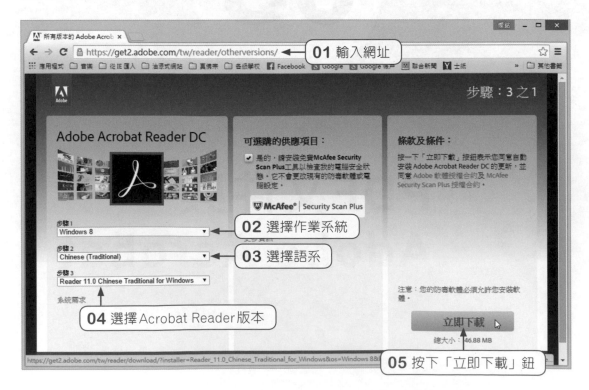

　　當各位按下「立即下載」鈕,依照指示將軟體下載與安裝後,就可以在桌面上看到Adobe Reader圖示,於該圖示上按滑鼠兩下,即可啟動該程式。

01 於此圖示上按滑鼠兩下

02 顯示Adobe Reader的視窗介面

⇨ 3-1-2　由Adobe Reader開啟PDF檔案

　　要開啟PDF文件,由功能表執行「檔案/開啟」指令,或是由歡迎視窗上按下「開啟」鈕,即可選擇要開啟的檔案。

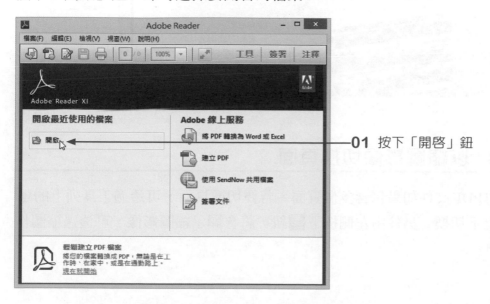

01 按下「開啟」鈕

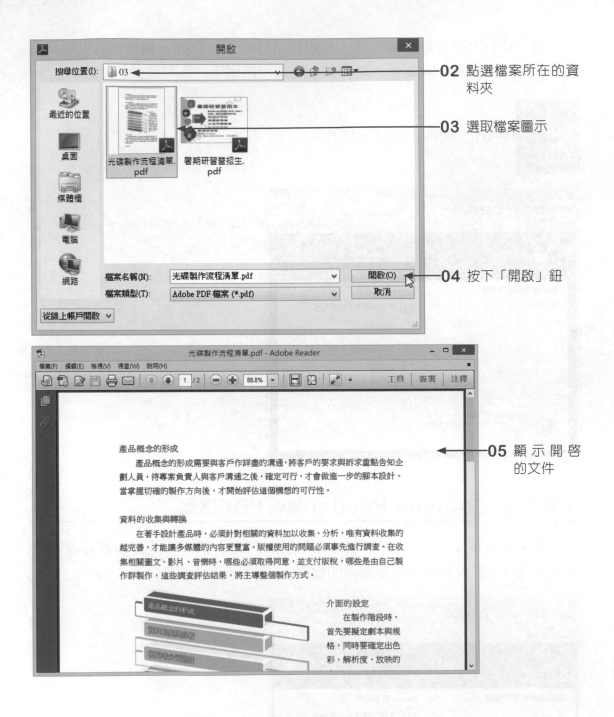

02 點選檔案所在的資料夾

03 選取檔案圖示

04 按下「開啟」鈕

05 顯示開啟的文件

⇨ 3-1-3 以縮圖影像切換頁面

開啟的PDF文件如果包含多個頁面，若要切換頁面，可透過工具列上的⬆和⬇鈕作上下切換，另外由左側按下▦鈕，將會顯示縮圖影像，可透過縮圖作頁面的切換。

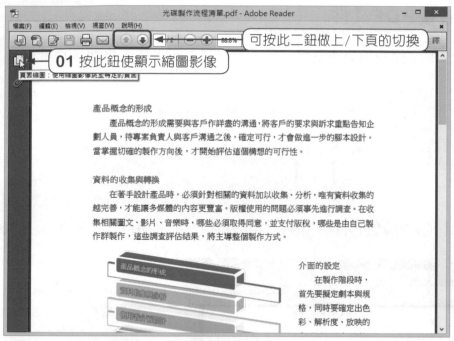

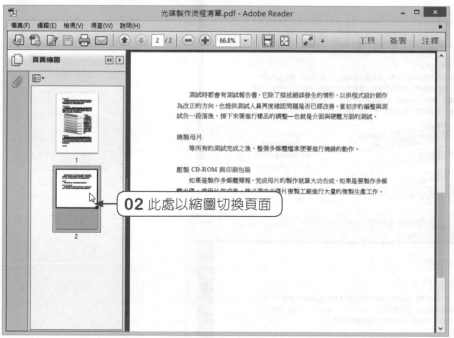

⇨ 3-1-4 檢視PDF文件

想要檢視PDF文件的細節或整體效果，工具列上提供如下幾個按鈕可供檢視：

另外，工具列上的 鈕可在閱讀模式中檢視檔案，其檢視方式如下：

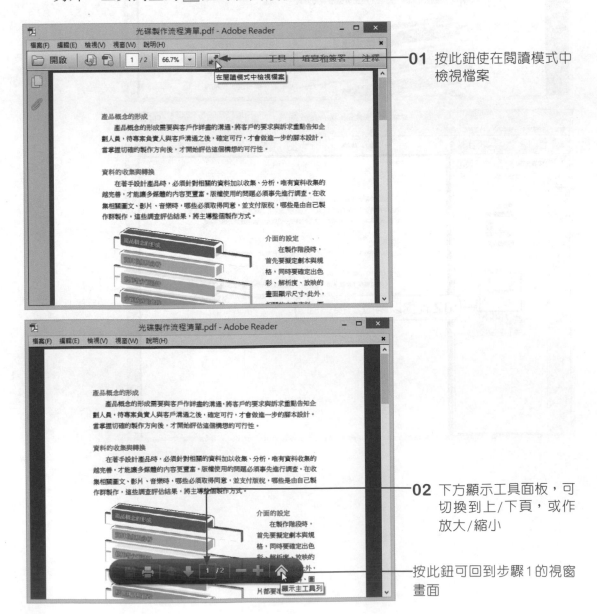

01 按此鈕使在閱讀模式中檢視檔案

02 下方顯示工具面板，可切換到上/下頁，或作放大/縮小

按此鈕可回到步驟1的視窗畫面

⇨ 3-1-5 列印PDF文件

如果需要將PDF文件列印下來，執行「檔案/列印」指令，或是在工具列上按下 🖨 鈕，將會進入如下的視窗，可針對列印的頁數、頁面大小、頁面方向等屬性進行設定。

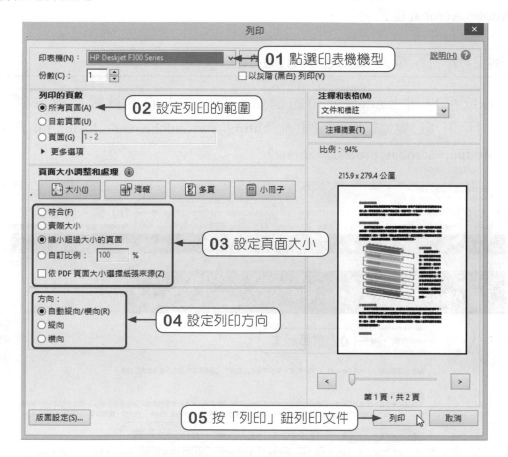

3-2　Acrobat的使用技巧

在前面的小節中所介紹的內容，主要是針對PDF文件的檢閱，所以只要有Adobe Reader就可以辦到。如果各位想要建立或編輯PDF文件，那麼就得使用到Adobe Acrobat程式。

➪ 3-2-1　下載Adobe Acrobat程式

各位可以連上Adobe公司的網站，登入個人的會員帳號與密碼，即可進行下載與試用。（網址：http://www.adobe.com/cfusion/tdrc/index.cfm?product=acrobat_pro&loc=zh_tw）

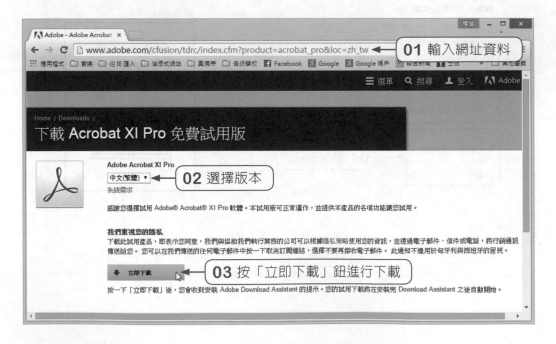

完成下載與軟體安裝後，各位會在桌面上看到如下的圖示，雙按圖示兩下，即可啟動 Acrobat Pro。

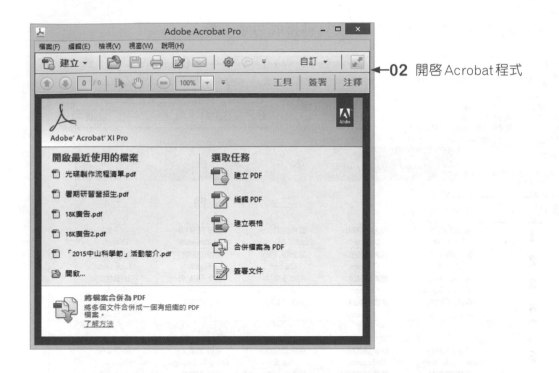

→ **02** 開啟Acrobat程式

⇨ 3-2-2 將Office文件建立成PDF文件

當各位將Acrobat程式安裝完成後，眼尖的讀者可能注意到，Office系列的相關產品，像是Word、Excel、PowerPoint…等程式，標籤頁上多了一個「ACROBAT」的類別，這表示各位可以將開啟的檔案或文件轉換成PDF文件。如下圖所示：

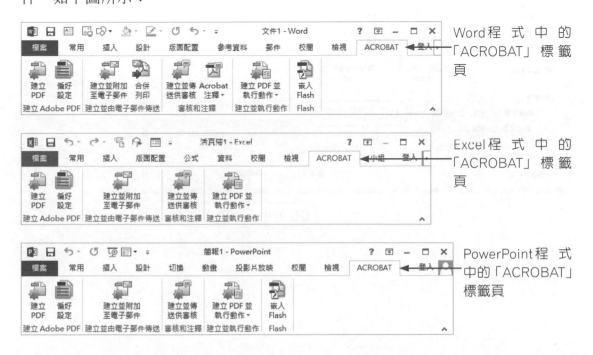

Word程式中的「ACROBAT」標籤頁

Excel程式中的「ACROBAT」標籤頁

PowerPoint程式中的「ACROBAT」標籤頁

這裡我們來看看如何將 Word 文件轉換成 PDF 文件。

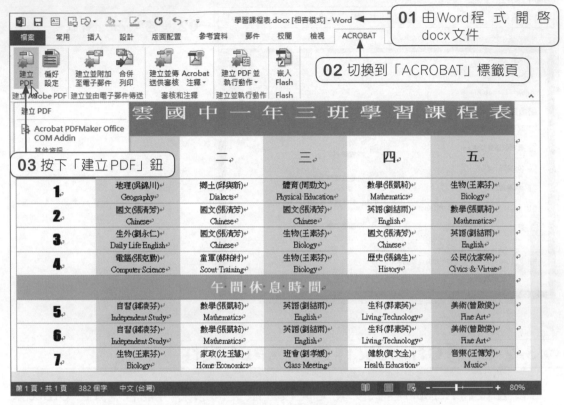

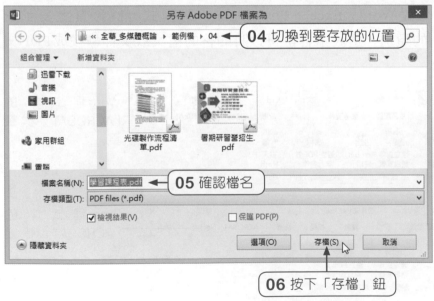

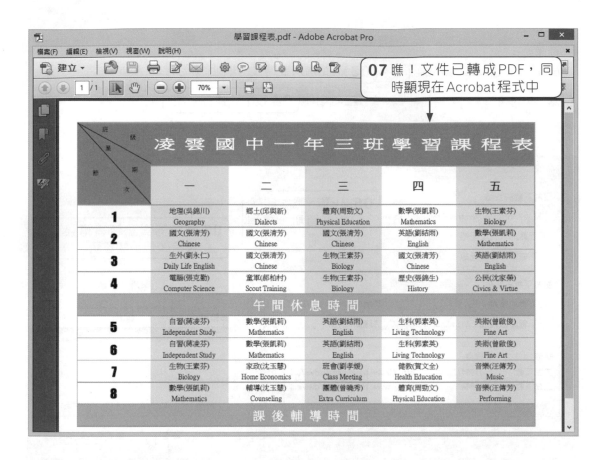

同樣地，各位如有PowerPoint或Excel檔案，也可以透過如上的方式做轉換。

⇨ 3-2-3　從網頁建立PDF

如果各位需要將網頁上的資訊轉換成PDF文件，由「建立」鈕中執行「從網頁建立PDF」指令即可做到。

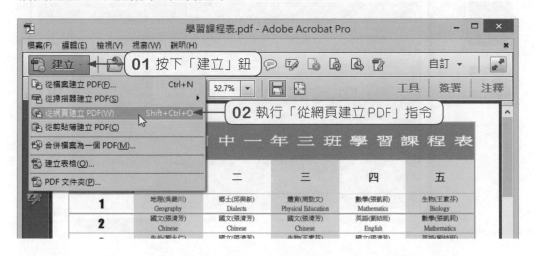

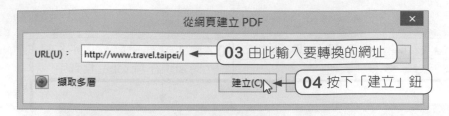

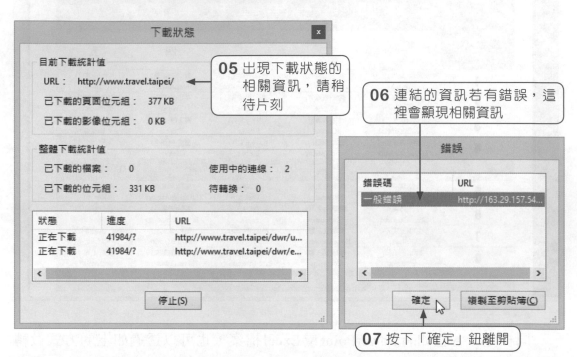

　　這樣的網頁內容會比各位運用「複製/貼上」功能來的方便，因爲它保有網頁中的超連結，所以各位隨時透過滑鼠的按點，就可以前往連結的網頁。如下圖所示：

01 直接點選欲前往的超連結文字

02 自動開啓瀏覽器，並顯現連結的網頁內容

　　剛剛建立的網頁內容只是暫時顯現在 Acrobat 視窗上，如果想要將它儲存起來，請利用「檔案/儲存」指令來儲存。

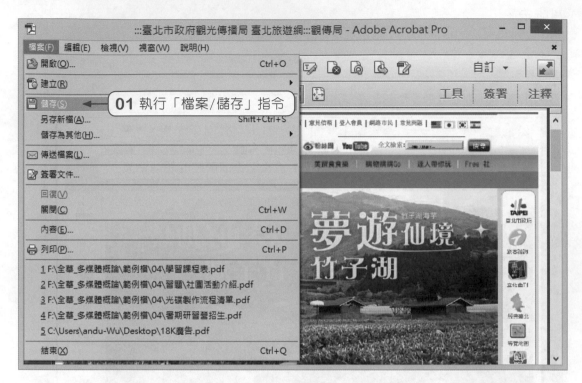

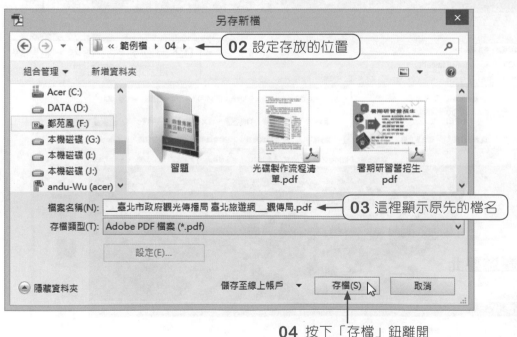

04 按下「存檔」鈕離開

⇨ 3-2-4 將PDF文件儲存為其他格式

現有的PDF檔案，各位也可以透過Acrobat程式將它轉換成Word文件、試算表、PowerPoint簡報、HTML網頁檔，或是JPG/PNG/TIFF等影像格式。執行「檔案/儲存為其他」指令，就可在副選單中選擇所需的檔案格式。此處我們示範將PDF轉換成簡報檔格式。

轉存檔案後，按滑鼠兩下開啓該簡報檔，轉存後的文字仍可繼續編輯喔！

⇨ 3-2-5 編輯PDF文件內容

透過Office軟體所轉換過來的PDF文件，如果原先就是文字內容，也可以在Acrobat程式中進行內容的修改喔！修正方式如下：

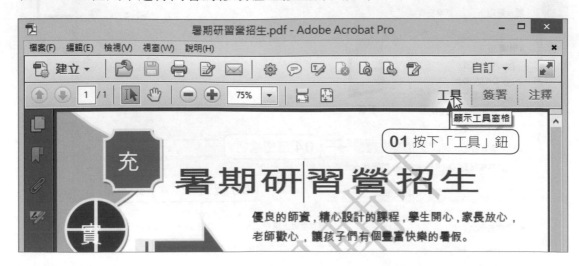

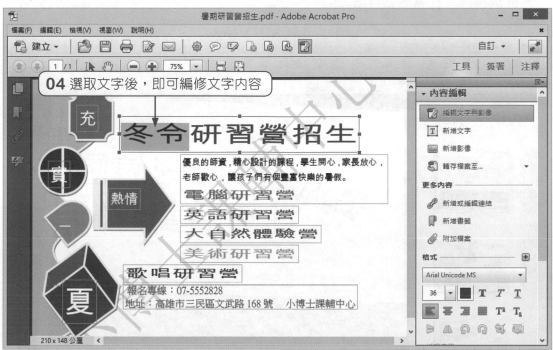

　　限於篇幅的關係，我們只介紹了幾項Acrobat常用的功能，期望在我們的引導下，各位對於PDF文件的使用有更深一層的認識。

· 自我評量 ·

● 是非題

1. （　）電腦中只要有安裝 Adobe Acrobat Reader，就可以讀取 PDF 檔。

2. （　）工具列上的 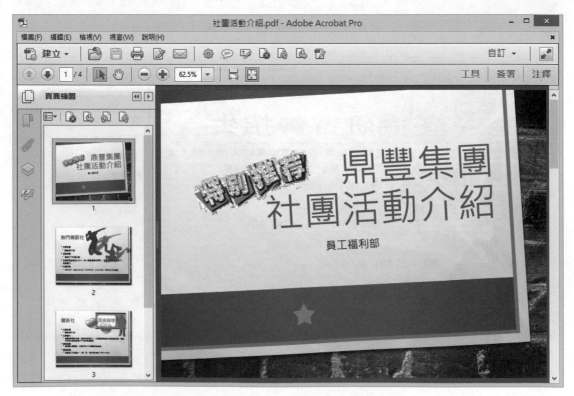 鈕可在閱讀模式中檢視檔案。

3. （　）在 Excel 程式中，透過「ACROBAT」標籤頁，就可以將開啟的檔案轉換成 PDF 文件。

4. （　）Word 文件轉換成 PDF 文件後，PDF 上的文字就無法做更改編修。

5. （　）PDF 文件可以透過 Adobe Reader 功能，再轉換成 doc、ppt、或 HTML 等檔案格式。

● 簡答與實作題

1. 請將所提供的「社團活動介紹 .pptx」簡報檔轉換成 PDF 格式。

▶ 完成檔案：社團活動介紹 .pdf

▶ 提示

1. 由 PowerPoint 程式開啟「社團活動介紹.pptx」。

2. 切換到「ACROBAT」標籤頁，按下「建立 PDF」鈕，設定儲存的位置，再按下「存檔」鈕。

2. 請將所提供的「問卷調查.doc」文件檔轉換成 PDF 格式。

▶ 完成檔案：問卷調查.pdf

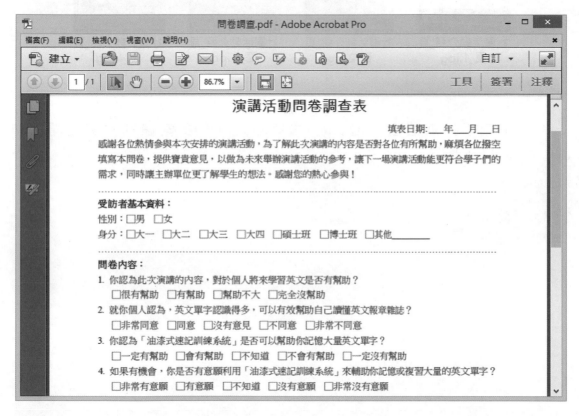

▶ 提示

1. 由 Word 程式開啟「問卷調查.doc」。

2. 切換到「ACROBAT」標籤頁，按下「建立 PDF」鈕，設定儲存的位置，再按下「存檔」鈕。

3. 請將第一題所完成的PDF文件，透過「檔案/儲存為其他」指令，轉換成JPEG的影像檔。

▶ 完成檔案：社團活動紹_頁面_1.jpg、社團活動紹_頁面_2.jpg、社團活動紹_頁面_3.jpg、社團活動紹_頁面_4.jpg

社團活動介紹_頁面_1.jpg　　社團活動介紹_頁面_2.jpg　　社團活動介紹_頁面_3.jpg　　社團活動介紹_頁面_4.jpg

▶ 提示

1. 開啟「社團活動介紹.pdf」檔案，執行「檔案/儲存為其他/影像/JPEG」指令。

04

影像媒體簡介與
PhotoImpact

在我們的日常生活中，影像無所不在，人類的視覺很容易受到外界絢爛的色彩所吸引，影像是由形狀和色彩所組合而成的。影像運用的範圍相當的廣泛，不管是書籍、海報、傳單、廣告…等，透過影像來傳達的效果。

➡ 影像作品能呈現高度視覺享受

4-1　數位影像簡介

　　隨著數位化與多媒體時代的來臨，數位影像處理已逐漸成為必備的基礎知識，數位影像處理技術主要是利用電腦來編輯、修改與處理靜態圖像，以產生不同的影像效果，例如使用電腦軟體來對經由掃描器、數位相機所取得的影像檔案來進行調整與編修等等。數位像基本上可區分為兩大類型，一是「點陣圖」，另一是「向量圖」。

⇨ 4-1-1 點陣圖

　　「點陣圖」是用點的方式來紀錄圖形中所有使用到的顏色碼，通稱為「像素（Pixel）」，就是螢幕畫面上最基本的構成粒子。每一個像素都記錄著一種顏色，個別像素的組成位元數將決定指派給該像素的色彩數目。由於每個像素都是「位元」資料，因此它的檔案量會比較大。以800×600的畫面為例，水平解析度800 ×垂直解析度600，則此畫面就是由480,000個畫素所構成。所以當各位的數位相機擁有50萬畫素時，就可以拍出800×600的畫面了。

　　不過各位在螢幕上看到的影像大小或細緻程度，事實上和列印並無關連，要列印好品質的畫面必須考慮的是「列印解析度」，列印解析度越大，則印出來的畫面就越細緻，但是圖的尺寸就越小。就以3×5吋相片為例（3×300×5×300=1,350,000），大概要150萬畫素，4×6吋相片（4×300×6×300=2,160,000）則最少要200萬像素以上。因此要選擇何種的解析度，就要看畫面的需求或用途。

　　點陣圖能呈現影像原貌及色彩上的細微差異，具有色彩豐富、內容逼真的優點，通常數位相機所拍攝到的影像或是用掃描器所掃描進來的影像，都屬於點陣圖，它會因為解析度的不同而影響到畫面的品質或列印的效果，如果解析度不夠時，就無法將影像的色彩很自然地表現出來。

　　通常影響到畫面品質的主要因素是影像的「像素尺寸」以及「解析度」的高低。「像素尺寸」也就是影像的寬度與高度，解析度（Resolution）則是決定點陣圖影像品質與密度的重要因素，通常是指每一英吋內的像素粒子密度，密度愈高，影像則愈細緻，解析度也越高解，較常見的點陣圖檔案有jpg、gif、bmp、png、tif、psd等，例如：Photoshop、Painter、PhotoImpact及PaintShop Pro等都是此類型的軟體。

🎤 **TIPS**

解析度單位通常是以DPI（Dot Per Inch）與PPI（Pixel Per Inch）來表示。DPI適用於平面輸出單位，印表機解析度，PPI則是螢幕上的像素單位，例如顯示器解析度。

　　如下圖所示，「文件尺寸」同樣設為15公分×15公分，但是設定不同的解析度，在套用相同設定值的「結晶化」濾鏡特效，所處理出來的畫面效果則完全不同。

解析度：300

解析度：150

解析度：96

　　檔案格式若為BMP、TIFF、GIF、JPG、PNG等，也可斷定它為「點陣圖」。因為需要記錄的資料量較多，因此影像的解析度越高，尺寸越大，相對地檔案量也會越大。

➡ 點陣圖放大後會看到一格一格的像素

　　例如Photoshop就是以點陣圖為主的影像編輯軟體，因此在編輯影像畫面時，若經過多次的放大或縮小處理後，容易出現失真的現象；由較高解析度或較大影像尺寸縮小後，若出現模糊的狀況，還可以使用清晰的功能讓影像變清楚，但是由低解析度和較小影像尺寸放大影像後，所產生的模糊效果就無法修復，所以建議各位在製作或設計任何文宣或廣告時，記得要保留最原始的、最高解析度的影像圖檔。

➩ 4-1-2　向量圖

　　向量圖是利用數學運算產生的直線和曲線來描述圖形，所構成的繪圖方式，每個物件都為單獨的個體，保有顏色、形狀、輪廓、大小和位置等屬性，當放大縮小時都不會有失真或鉅齒狀的情況（如做為一般公司的logo圖形、商標文字…等輸出），檔案大小通常不大。不過無法表示精緻度較高的圖案，適合表示一般的卡通或漫畫圖。

➤ 向量圖放大後，線條仍然平滑精緻

　　對於漫畫、卡通、標誌設計等以簡單線條表現的圖案，適合利用向量式的繪圖軟體來製作，這類的程式包括了Illustrator、CorelDRAW、FreeHand、Flash等，檔案格式若為EPS、AI、CDR、ENF、WMF等，也大多屬於向量圖形。

➩ 4-1-3　色彩模式

　　色彩模式就是電腦影像上的色彩構成方式，或是決定用來顯示和列印影像的色彩模型。而電腦影像中，常用的色彩模式如下介紹：

RGB色彩模式

　　RGB色彩模式是由紅（Red）、綠（Green）、藍（Blue）三個顏色所組合而成的，因此也被稱之為色光三原色，依其明度不同各劃分成256個灰階，而以0表示純黑，255表示白色。由於三原色混合後顏色越趨近明亮，因此又稱為加法混色。

善用RGB色彩模式，可以提供全螢幕的24bit的色彩範圍，可讓設計者調配出1千6百萬種以上的色彩，對於表現全彩世界來說，已經相當足夠，幾乎所有顯示器、投影設備以及電視機等等，都依賴於這種加色模式來表現的。

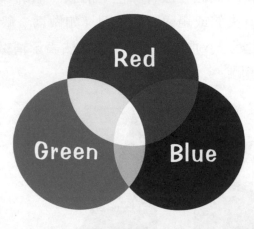

➡ 色料三原色示意圖

由於在RGB模式中，每一種色光都有256種光線強度（也就是2^8種顏色）。三種色光正好可以調配出2^{24}=16,777,216種顏色，也稱為24位元全彩。

CMYK模式

CMYK模式是由每個像素32位元（4個位元組）來表示，也稱為印刷四原色，主要由青（Cyan）、洋紅（Magenta）、黃（Yellow）、黑（Black）四種色料所組成。通常印刷廠或印表機所印製的全彩圖像，就是這四種顏色，依其油墨的百分比所調配而成。由於色料在混合後會越渾濁，因此又稱減法混色。

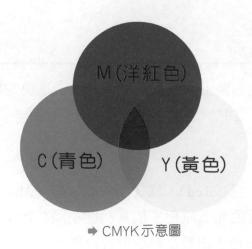

➡ CMYK示意圖

　　CMYK模式是最佳的列印模式，RGB模式儘管色彩多，但不能完全列印出來。CMYK模式所能呈現的顏色數量比RGB模式少，所以在影像軟體中所能套用的特效數量也會相對較少。故在使用上會先在RGB模式中做各種效果處理，等最後輸出時再轉換為所需的CMYK模式。

　　如果影像畫面將來要印刷輸出，為了在編輯過程中感受CMYK的色彩效果，可以執行「檢視/色預警告」指令來檢視畫面，就可以知道哪些色彩是印表機無法列印的。如右下圖所示，天空的部分在「色預警告」中呈現灰色，就表示該區域是色料無法列印出來的區域。所以當各位將利用「影像/模式/CMYK」指令將影像轉換成CMYK的色彩模式後，該區域的色彩就明顯比原先的畫面稍微暗淡些：

➡ RGB模式下所看到的畫面

➡ 執行「檢視/色預警告」所看到的畫面

HSB模式

HSB 模式，可看成是 RGB 及 CMYK 的一種組合模式，其中 HSB 模式是指人眼對色彩的觀察來定義。在此模式中，所有的顏色都用 H（色相，Hue）、S（彩度，Saturation）及 B（亮度，Brightness）來代表，在螢幕上顯示色彩時會有較逼真的效果。

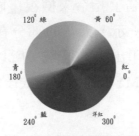

➡ HSB 模式的色相環

TIPS

色相是表示顏色的基本相貌或種類，也是區隔顏色間最主要最基本的特徵，也就是我們經常說的紅、橙、黃、綠、藍、紫等色。明度則是人們視覺上對顏色亮度的感受，通常用從 0%（黑）到100%（白）的百分比來度量，至於飽和度是指顏色的純度、濃淡或鮮艷程度，當某個顏色中加入其他的色彩時，它的彩度就會降低。

Lab色彩模式

Lab 色彩模式是 Photoshop 轉換色彩模式時的中介色彩模型，表示方法是從 0%（黑色）到 100%（白色）的百分比，它是由亮度（Lightness）及 a（綠色演變到紅色）和 b（藍色演變到黃色）所組成，Lab 模式所定義的色彩最多，色域也相當的廣泛，因此影像中的層次更為漂亮，可用來處理 Photo CD 的影像。

以 Photoshop 為例，當各位在檢色器上挑選顏色時，就可以看到電腦影像中常用的四種色彩模式。

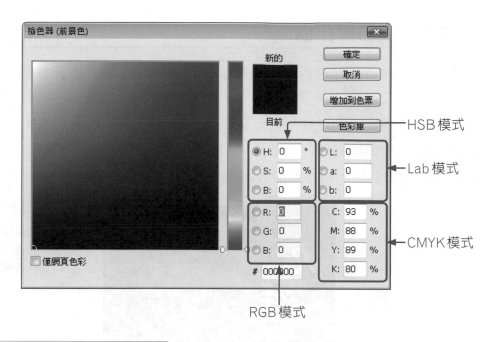

HSB 模式

Lab 模式

CMYK 模式

RGB 模式

➪ 4-1-4 版面尺寸設定

從事美術設計時，版面尺寸的設定不可不知，因為它關係著未來的成品的品質。通常在開始設計時，設計者必須先根據畫面的用途來決定畫面的尺寸和解析度。請執行「檔案/開新檔案」指令，再依照下列的準則選擇適切的設定值：

⭐ 印刷用途的版面：請將解析度設為「300」，色彩模式先設為「RGB 色彩」，等畫面完成後再利用「影像/模式/CMYK 色彩」指令將影像轉換成 CMYK 色彩。尺寸設定部分，度量單位可選用「公分」（Centimeters），若為滿版的畫面，建議在天、地、左、右四邊再加入出血值 0.3 或 0.5 公分。

⭐ 多媒體/網頁用途的版面：請將解析度設為「72」，色彩模式為「RGB 色彩」，度量單位可選用「像素」（Pixels）。

⭐ 影片/視訊/行動裝置的用途：在「新增」視窗裡，Photoshop 有提供各種的尺寸可以選用，請先由「預設集」中找到所要的類別，再由「尺寸」中作挑選就可以了。

確定版面後，這樣在編輯時才能依照整體的效果來編排，插入進來的圖片也是直接在此版面中進行縮放處理。

⇨ 4-1-5 裁切與出血

當印刷物的背景非白色時，通常都是在設計時以顏色填滿整個背景。「出血」是在文件尺寸的上、下、左、右四方各加大3mm或5mm的填滿區域，如此一來，當印刷完成後以裁刀裁切文件尺寸時，即使對位不夠精準，也不會在文件邊緣出現未印刷到的白色紙張，如此畫面才會為完整而無缺。所以，只要是設計滿版的出版品，就必須加入出血的尺寸，一般為3mm或5mm。

有在影像之外加入3mm的出血設定，即使裁刀未正確的裁切在線上，也不會露出紙張的白色

⇨ 4-1-6 影像壓縮

當影像處理完畢，準備存檔時，通常會針對個別的需求，選取合適的圖檔格式。由於影像檔案的容量都十分龐大，尤其在目前網路如此發達的時代，經常會事先經過壓縮處理，再加以傳輸或儲存。影像壓縮，是基於使用者接受有少許失真的影像資料，就可以應用數學理論，將影像作有效率的壓縮，並將影像資料中較不重要的部份去除，僅保留重要的資訊那麼他們將可以獲得很好的壓縮率，就能達到高壓縮率的目的，例如數位餘弦轉換法（Discrete Cosine Transform, DCT）、向量量化（Vector Quantization, VQ）、賀夫曼碼（Huffman）等演算法。影像壓縮可區分為「破壞性壓縮」與「非破壞性壓縮」。「破壞性壓縮」壓縮比率大，但容易失真，而「非破壞性壓縮」壓縮比率小，不過還原後不容易失真。

⇨ 4-1-7 影像檔案格式

　　由於檔案格式是一種標準的編譯與儲存資料的方法，很多繪圖檔案要求使用者必須了解並且要在特定的檔案格式上工作，當影像處理完畢，準備存檔時，常針對不同軟體的設計，選取合適的圖檔格式。接下來，我們介紹一些常見的影像圖檔格式給各位認識。

TIFF格式

　　副檔名為 .tif，為非破壞性壓縮模式，支援儲存CMYK的色彩模式與256色，能儲存 Alpha色版，幾乎所有的影像繪圖軟體或排版軟體都支援它。通常書刊之類的印刷品，都會將影像轉換成CMYK模式，再選用TIFF格式作儲存。由於它可以儲存Alpha色版，也可以儲存剪裁的路徑，讓影像畫面可以去除背景的處理，使版面編排更有彈性和美感，而且可以作為不同平台之間的傳輸交換，所以印刷排版時都會選用TIFF格式。

BMP格式

　　BMP格式是Windows系統之下的點陣圖格式，屬於非壓縮的影像類型，所以不會有失真的現象，大部份的影像繪圖軟體都支援此種格式。由於PC電腦和麥金塔電腦都支援此格式，所以早期從事多媒體製作時，幾乎都選用此種格式較多。

JPEG格式

　　JPEG（Joint Photographic Experts Group）是由全球各地的影像處理專家所建立的靜態影像壓縮標準，副檔名為.jpg或jpeg，此點陣圖格式廣泛用在網際網路上、照片上和螢幕上所顯現的高解析度影像（24-bit 百萬色彩），採取破壞式壓縮格式，支援全彩。屬於破壞性壓縮，儲存後的影像會造成失真的現象，但壓縮比率可達相當高的程度。通常選用JPEG格式時，選項視窗中可由使用者自行設定壓縮的比例與品質。以Photoshop為例，除了使用「檔案/另存新檔」指令可以選用JPEG格式外，若執行「檔案/儲存為網頁用」指令，可在視窗中作GIF、JPEG與PNG格式三種格式中作選擇，若要預先觀看圖檔在網頁上呈現的效果，也可以按下 預視... 來檢視效果。

PNG格式

　　PNG格式是最晚發展出來的網路傳輸圖形格式，它能將影像壓縮到極限，以利網路上的傳輸，又是屬於非破壞性的壓縮格式，能保留原有影像的品質，而且可支援透明區域，因此漸漸成為美術設計師或網頁設計師的新寵兒。

4-2 認識PhotoImpact X3工作環境

　　PhotoImpact是一套完整的影像編輯軟體，它提供簡單易的操作介面與豐富的特效工具，能滿足各位在數位影像編修或創作上的需求，就算是影像處理的新手，也能透過這套軟體創造出專業級的影像效果。所以只要與影像繪圖、創意設計、網頁設計有關的問題，都可以透過PhotoImpact來搞定。因此接下來將為各位介紹PhotoImpact的相關概念與使用技巧。

　　首先我們要對PhotoImpact歡迎視窗、操作介面、相關工具、及其繪圖方式作說明，讓各位對軟體有個概略性的了解。

⇨ 4-2-1　歡迎視窗

　　當各位安裝軟體後，在桌面上會看到PhotoImpact X3的圖示，按滑鼠兩下即可顯示它的歡迎視窗。

　　由此視窗可以選擇取得相片、影像瀏覽管理、開啟、或是建立。而其開啟的介面包含如下兩種：

「快速修片」介面

「快速修片」的視窗畫面比較簡化，此介面主要在協助各位在簡單的幾個步驟下，就可以完成相片的編修工作。

按此鈕可開啟　　預覽視窗可切換到執行前、執
編輯的影像　　　行後、雙重檢視三種檢視模式　　　　快速修片面板　由此作介面的切換

文件管理員　　　　　　　　　剪裁/調正工具

在預覽視窗下方包含三個功能鈕，各位可透過三等份裁切工具 🔲 、黃金比例剪裁 🔲 、調正相片 🔲 等功能來裁切或調正影像。

「全功能編輯」介面

選擇「全功能編輯」，各位將看到如下的視窗介面，它包含PhotoImpact的完整功能。

工具箱　　　功能表　　　影像視窗　　　屬性工具列　　　一般工具列　　　由此作介面的切換

狀態列　　文件管理員　　　　　　　　　百寶箱　　　面板管理員

⇨ 4-2-2　工具箱

　　介面中最常使用的是「工具箱」，它將所有與影像編修、繪圖、網頁設計有關的工具放置在左側，方便使用者選用。有些工具的右側會看到「▼」的圖示，就表示還可以選用其他相關工具。根據選用工具的不同，「屬性工具列」也會顯示不同的屬性選項，讓各位做進一步的設定。

02 屬性面板會根據選擇的工具，而顯示不同的屬性按鈕

01 按下▼鈕可下拉選擇相關的工具

標準選取工具
套索工具
魔術棒工具
貝茲選取工具

⇨ 4-2-3 百寶箱

百寶箱是PhotoImpact所特有的功能，共分「圖庫」和「資料庫」兩大標籤，它將所有的筆刷、特效濾鏡、影像處理等功能，全都集結在這裡，並以縮圖方式讓使用者可以預知套用後的效果。「圖庫」可增強影像效果，而「資料庫」則是提供更多資料元件，用來豐富頁面。使用時只要看中所要的縮圖效果，然後按滑鼠二下就可以馬上套用。

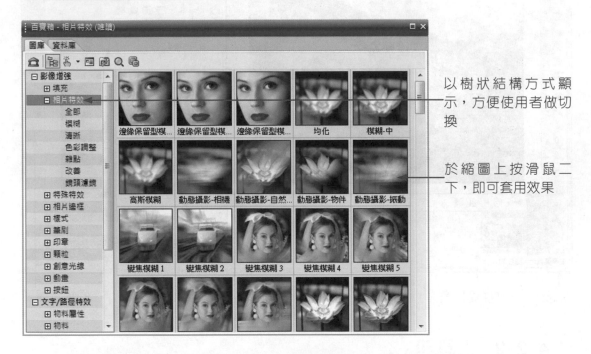

以樹狀結構方式顯示，方便使用者做切換

於縮圖上按滑鼠二下，即可套用效果

如果套用前想要調整效果的變化，在縮圖上按下滑鼠右鍵，執行「修改內容再套用」指令，就可以設定細部的屬性效果。

　　另外，在「圖庫」標籤中若按下  鈕，會將使用的影像、選定區域或物件作縮圖效果，如此一來更能快速看到影像物件在套用效果後的結果，如下圖所示：

01 開啟影像檔

02 按此鈕，並下拉選擇「所有縮圖」

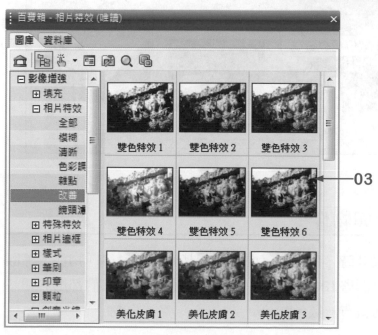

03 瞧！所有縮圖都顯示為編輯的圖形

⇨ 4-2-4 瀏覽管理員

執行「檔案/瀏覽」指令,或是由右側的面板管理員按下 🔲 鈕將會開啟瀏覽管理員。此功能主要是以縮圖方式呈現影像,以便使用者瀏覽影像素材。若在縮圖上按下滑鼠二下,即可將檔案開啟於PhotoImpact程式中。

⇨ 4-2-5 基底影像與物件

使用PhotoImpact做設計時,各位一定要知道「基底影像」與「物件」等觀念。當各位在PhotoImpact開啟JPG、BMP⋯等格式的影像檔,它們都屬於「基底影像」,就如同最底層的畫布一樣。

開啟的相片會顯示成基底影像

　　如果利用選取工具選取範圍，並作移動的動作時，該區域就形成「物件」，它會以獨立的圖層顯示。

01 以選取工具選取圖形，然後
　　 移動該區域

02 瞧！選取的圖形已顯示為物件

⇨ 4-2-6　圖層與圖層面板

　　當各位利用路徑工具、文字工具或選取工具所編輯而成的物件，它會自動以新的圖層顯示在基底影像上。這樣的一個物件一個圖層的繪圖方式，讓使用者在編輯影像時能隨意的縮放物件或移動位置，而不會影響到其他物件。而要知道圖層排列的先後順序或是圖層包含的內容，可透過「圖層管理員」來了解。

以文字工具加入的文字物件

以路徑工具繪製而成的路徑物件　　影像編輯後的影像物件

⇨ 4-2-7　PhotoImpact專有格式-UFO

　　在設計作品時，盡可能保留每一層的物件，以利將來的編修，同時記得儲存成PhotoImpact特有的檔案格式-UFO，這樣才能完整記錄所有物件，最後再根據作品的用途來選擇合併影像及儲存的格式。要儲存編輯的影像，執行「檔案/儲存」指令或「檔案/另存新檔」指令，就可以在「存檔類型」中選擇「UFO(友立物件檔)」的格式。

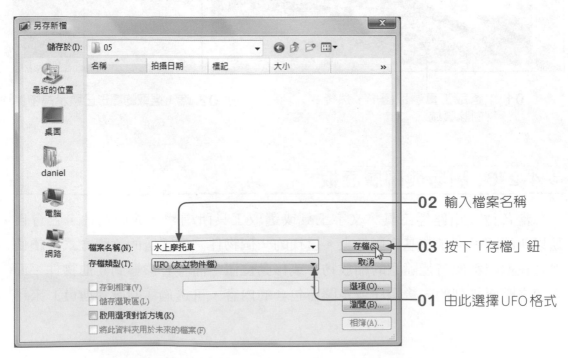

02 輸入檔案名稱

03 按下「存檔」鈕

01 由此選擇UFO格式

4-3 PhotoImpact基礎操作與編修

對於PhotoImpact的視窗環境與特有格式有所了解後，接下來就要針對基礎的操作與編修作說明，讓各位可以快速進入PhotoImpact的殿堂。

⇨ 4-3-1 開新檔案

在開新檔案時，各位必須根據畫面的用途與目的（例如：網頁版面、海報、卡片、多媒體介面等），事先設定好適當的解析度與尺寸。確定使用的尺寸與解析度後，再將影像編排於檔案當中，這樣設計出來的作品才不會因尺寸不合而必須重新調整，造成畫面模糊或解晰度不夠的情況。當各位選用「檔案/開新檔案/開新影像」指令後，可作如下的選項設定。

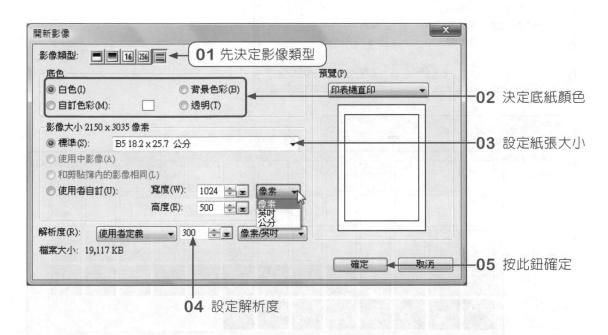

PhotoImpact的影像類型有五種，通常預設都在「全彩」 ▤ 的狀態，唯有在「全彩」的狀態下，才可以使用PhotoImpact中的各項功能指令。在決定畫面尺寸時，也可以順便選擇背景顏色，如果打算做去背景的圖形，可直接選擇「透明」選項。

在單位選擇方面，若是作為印刷品用途，通常選用「公分」為單位，若是用於多媒體設計或是網頁用途，則會以「像素」為單位。而解析度方面，若以電腦螢幕來呈現，請設定為96像素/英吋即可，印刷品則要設為300像素/英吋。

⇨ 4-3-2 開新網頁

　　想要透過PhooImpact來編排網頁，可以直接選用「檔案/開新檔案/開新網頁」指令，網頁背景可選定為單一色彩或材質效果，也可以將特定的圖形載入進來，非常的方便。

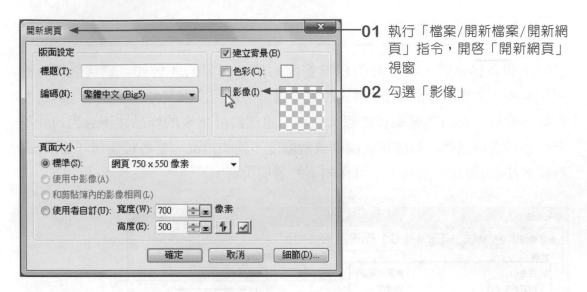

01 執行「檔案/開新檔案/開新網頁」指令，開啟「開新網頁」視窗

02 勾選「影像」

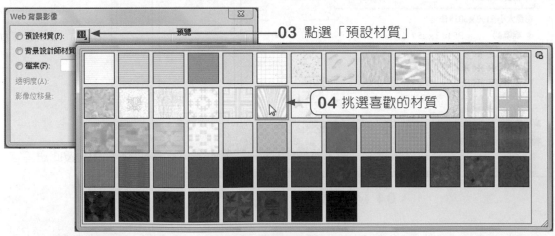

03 點選「預設材質」

04 挑選喜歡的材質

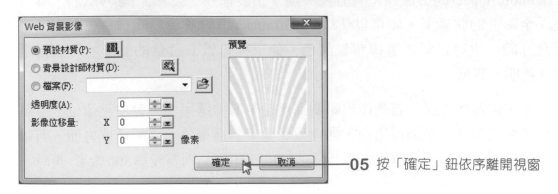

05 按「確定」鈕依序離開視窗

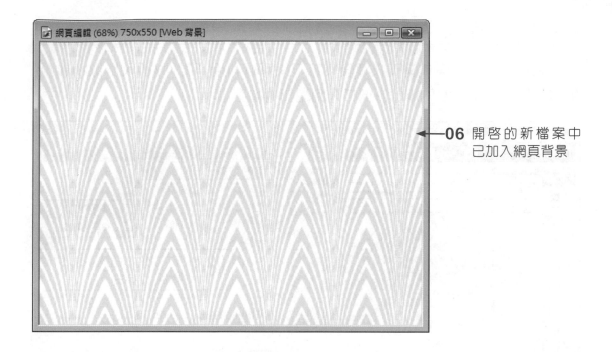

06 開啓的新檔案中
已加入網頁背景

　　開啓網頁後，若要編輯與網頁有關的物件，可以透過「網路」功能表下拉，選擇「元件設計師」、「按鈕設計師」等來加入橫幅、按鈕列、或標題物件…等物件，或是透過「網路/連結物件」功能來連結檔案、音訊、視訊、或Flash…等檔案。

⇨ 4-3-3 從檔案插入影像物件

確定使用的影像或網頁尺寸後，接下來可以利用「物件／插入影像物件／從檔案」指令，將需要使用的影像插入到編輯的檔案中。

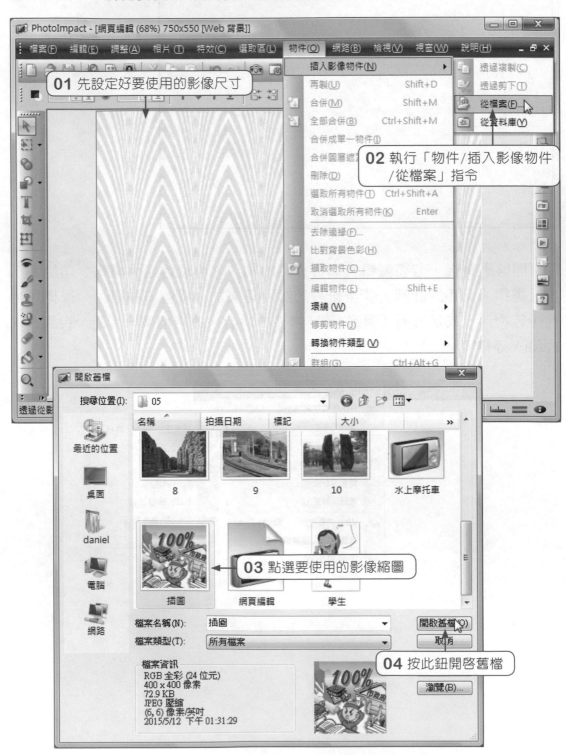

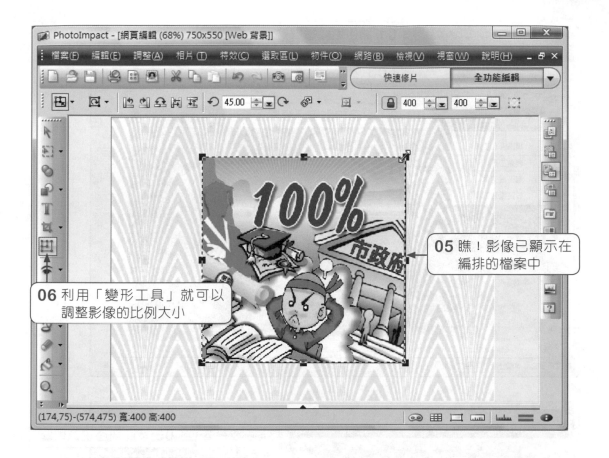

05 瞧！影像已顯示在編排的檔案中

06 利用「變形工具」就可以調整影像的比例大小

⇨ 4-3-4 以選取工具選取影像

如果各位需要使用的影像需要做去背景的處理，那麼可以利用工具箱的選取工具來選取圖形。常用的選取工具包括標準選取工具、套索工具、魔術棒工具、和貝茲選取工具，其位置如下。

「標準選取工具」可做圓形、橢圓形、矩形、正方形等形狀的選取，「套索工具」及「貝茲選取工具」可選取不規則形狀，而「魔術棒工具」則可以選取大片相同或類似色調的區域，這些工具都可以由其屬性工具列來控制細部的設定。此處為各位示範如何利用「套索工具」來選取圖形。

06 切換到「建立新的選取區」鈕

如需增減選取區域，可利用「+」或「-」鈕來繼續選取範圍

07 按住選取區，往視窗外拖曳

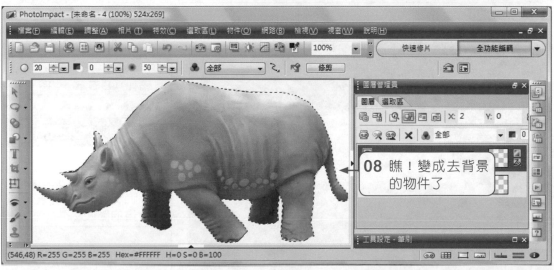

08 瞧！變成去背景的物件了

剛剛在選取圖形後，若執行「選取區/轉成物件」指令，也可以將選取區轉成影像物件喔！

⇨ 4-3-5 以「物件繪圖橡皮擦工具」編修影像輪廓

影像經過選取工具作去背處理後，萬一發現影像輪廓還有殘留多餘的部分，這時候可以考慮使用「物件繪圖橡皮擦工具」來擦除。設定方式如下：

瞧！剛剛的影像去背處理還不夠完美

01 點選「物件繪圖橡皮擦工具」

物件繪圖橡皮擦工具
物件神奇橡皮擦工具

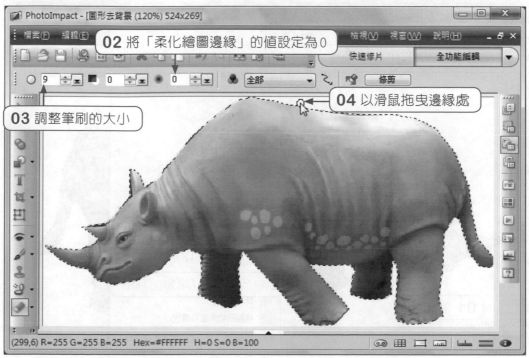

02 將「柔化繪圖邊緣」的值設定為 0

04 以滑鼠拖曳邊緣處

03 調整筆刷的大小

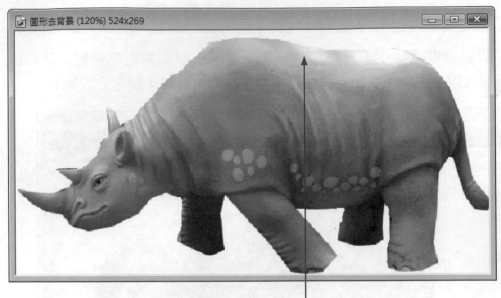

05 顯示橡皮擦擦除後的結果

⇨ 4-3-6 為物件加入陰影效果

不管是影像物件、文字物件、或是路徑物件，要增加它的立體感，可使用「物件/陰影」指令來處理。

01 選取物件

02 執行「物件/陰影」指令

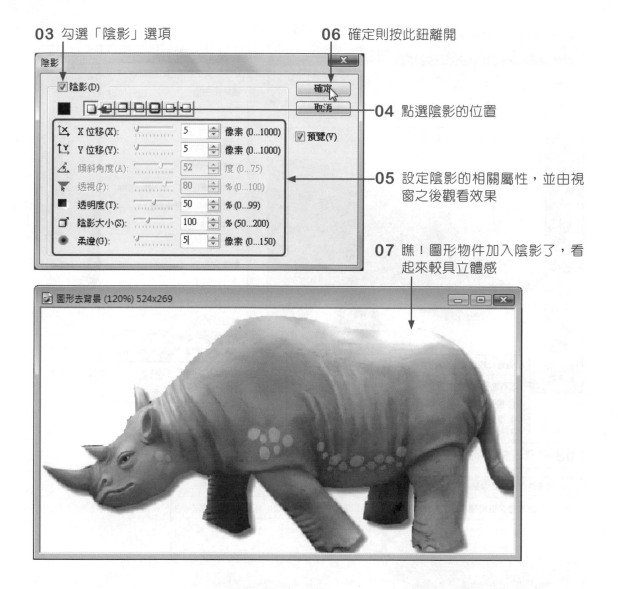

03 勾選「陰影」選項

06 確定則按此鈕離開

04 點選陰影的位置

05 設定陰影的相關屬性,並由視窗之後觀看效果

07 瞧!圖形物件加入陰影了,看起來較具立體感

⇨ 4-3-7 儲存透明背景影像

影像作去背處理後,若要與有色背景或質感背景的網頁相結合,可利用影像最佳化程式來儲存。各位可以選用 GIF 格式或 PNG 格式,這樣儲存後的圖檔就可插入到其他的網頁編輯程式或繪圖軟體中使用。

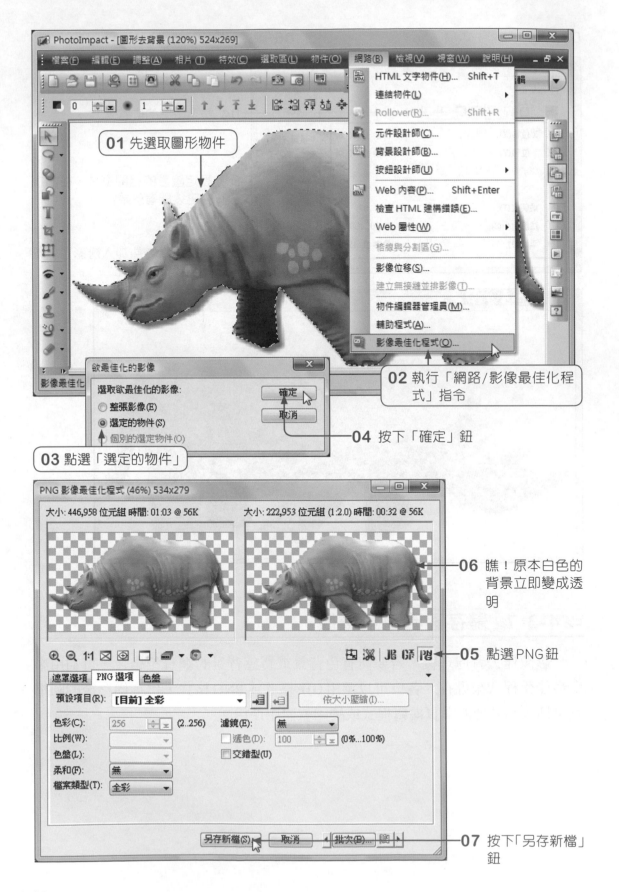

01 先選取圖形物件

02 執行「網路/影像最佳化程式」指令

03 點選「選定的物件」

04 按下「確定」鈕

05 點選PNG鈕

06 瞧！原本白色的背景立即變成透明

07 按下「另存新檔」鈕

09 按下「存檔」鈕完成儲存動作

08 輸入檔案名稱

　　完成如上的動作後，影像的背景就變成透明了，這樣就可以和有底色的網頁完美結合。

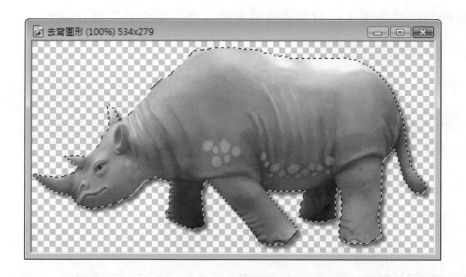

4-4 數位相片的編修

智慧型手機的普及，讓普羅大眾隨時可以將看到美景或人物拍照下來，如果拍攝技巧不夠純熟，難免會出現色偏、光線過亮/不足…等現象，對於這些影像缺失，透過PhotoImpact就可以輕鬆做編修，因此這一小節將針對數位相片常見的問題作探討。

⇨ 4-4-1 快速修片

「快速修片」介面提供9種常用的自動處理功能，讓使用者只要將影像檔開啓後，針對影像的缺點由右側上方選擇要處理的項目，再由右側下方選擇要套用的項目就可以快速修片。介面中所包含的9種自動處理功能如下：

⭐ 智慧型曲線：針對不同相機做色調上的調整。

⭐ 白平衡：還原影像的自然色溫，可針對黃色燈光或日光燈等偏色問題作調整。

⭐ 減少雜點：減少色彩的雜訊程度。

⭐ 單色：將影像變爲黑白效果。

⭐ 整體曝光：調整影像的亮度與對比。

⭐ 色彩彩度：調整色彩的色相。

⭐ 焦距：調整影像的柔和或銳利程度。

⭐ 美化皮膚：可移除瑕疵、柔化色調與變更色彩，以美化皮膚。

⭐ 改善光線：修正光線和閃光燈的錯誤。

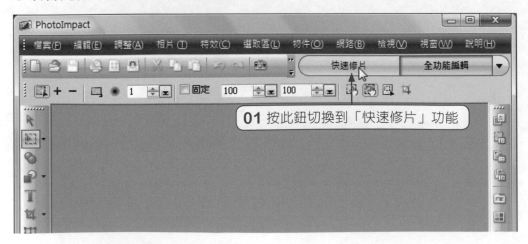

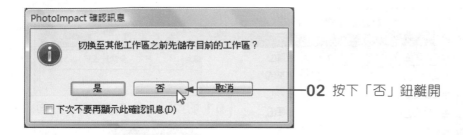

02 按下「否」鈕離開

03 按此鈕先開啟影像檔　　　　　　　　　　　　　　　　　　04 先選擇要自動處理的項目

06 瞧!這裡可看到套用後的效果　05 再點選要套用的縮圖

按「自訂」鈕可自行設定

⇨ 4-4-2 自動批次處理影像

　　除了利用「快速修片」介面來針對影像的亮度、對比、色偏、色相、光線等進行調整外,在「全功能編輯」介面中也有提供色階、調整、色彩、焦距、調正、剪裁、改善、對比、減少雜點等自動調整功能,各位可以直接由「調整/自動處理」指令中做選擇。另外也以可以利用「調整/自動處理/批次」指令,此指令可以同時解決所有的問題,使用技巧如下:

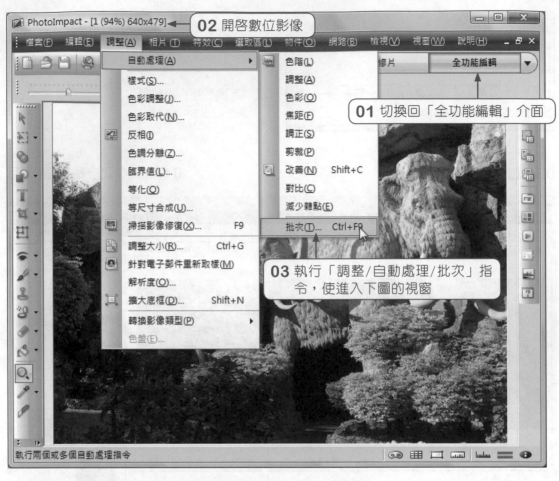

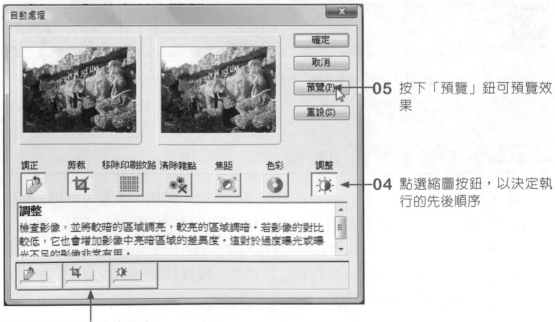

此處顯示執行的先後順序

06 滿意效果可按「確定」鈕離開

不滿意效果則按「繼續」鈕繼續調整

➪ 4-4-3　仿製與修補瑕疵

　　拍攝的影像有時因為不注意或其他不抗拒的因素，而導致畫面有瑕疵的產生，這時候可以考慮利用「仿製工具」來作修補，只要先設定好要仿製的啟始位置，再到要修補的地方塗抹，就可以將瑕疵的地方修補起來。其使用技巧如下：

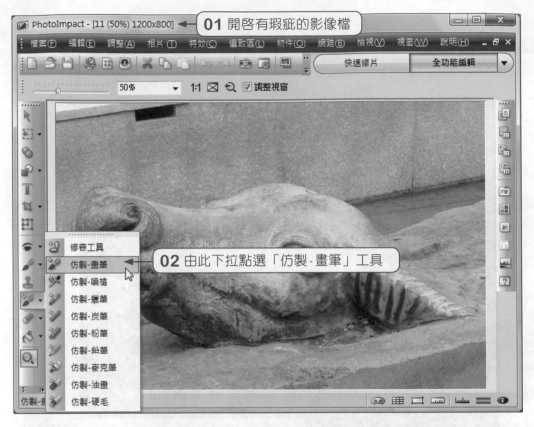

4-39

➡ 4-4-4 新增肖像畫

　　有時候因為距離的關係，相片中的主角與背景一樣清晰，讓主角不易顯現，這時候可以考慮利用「相片/增強/新增肖像畫」指令來讓背景變模糊些。因為「新增肖像畫」會透過聚光燈來建立柔邊的選取外框，讓主角人物更為突顯，避免分散注意力到背景上。預設值會顯示橢圓形選取區來選定柔邊範圍，不過各位可以考慮利用「任意模式」，這樣就可以自行圈選不規則的範圍。

⇨ 4-4-5 聚光濾鏡

　　除了利用「新增肖像畫」功能讓主角更易顯現外，「相片／鏡頭濾鏡／聚光濾鏡」可為影像加入聚光的效果，視窗中提供四種不同類型的聚光濾鏡，各位可以嘗試看看。

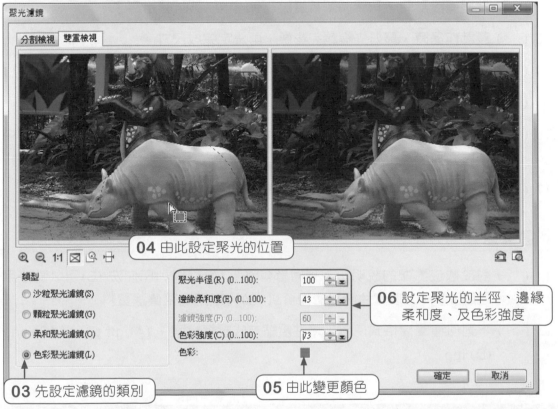

自我評量

● 是非題

1. (　) 屬性工具列是放置 PhotoImpact 所屬相關工具的地方。

2. (　) 百寶箱除了可以直接套用效果外，也可以修改內容再套用。

3. (　) 仿製工具的作用與繪圖工具的筆刷完全相同。

4. (　) UFO 的檔案格式可包含基底影像和編輯物件。

5. (　) 在啟動 PhotoImpact 程式後，該程式會自動開啟一張空白的繪圖頁面。

6. (　) 百寶箱包括有圖庫與物件資料庫兩大類別。

7. (　) 想要控制各個圖層，可以透過圖層管理員來管理編輯。

8. (　) 通常在 PhotoImpact 中編輯檔案時，其色彩模式應為「RGB 全彩」。

9. (　) 百寶箱中的縮圖，都可以透過右鍵作修改內容再套用的設定。

10. (　) 使用「仿製工具」仿製影像時，必須先設定仿製起始點，才可以開始仿製影像。

11. (　) 要將編輯的畫面作四色的印刷，必須將其解析度設為 300。

12. (　) 做網頁設計時，只要將解析度設為 96 像素/英吋就足夠了。

13. (　) 設計作品時，最好先編輯完影像，再決定完成尺寸。

14. (　) 開新檔案時，無法預先設定紙張的底色。

15. (　) 執行「檔案/開啟」指令，可以瀏覽影像檔的縮圖。

16. (　) 執行「物件/插入影像物件/從檔案」功能時，會將插入的影像放置在空白的頁面上。

17. (　) PNG 和 GIF 格式可以儲存透明背景。

● 選擇題

1. (　) 對於數位影像的說明，下列何者有誤？ (A)可以列印沖洗 (B)可以直接用電腦瀏覽 (C)以底片記錄影像資訊 (D)可以用網路傳送資料。

2. (　) 下列何種圖檔格式使用破壞性壓縮方式壓縮檔案？ (A) gif (B) tif (C) png (D) jpg。

3. ( ) 圖片中只包含黑到白不同明亮度的色彩，則此圖屬於(A)黑白圖 (B)灰階圖 (C)全彩圖 (D)高彩圖。

4. ( ) 下列哪一個檔案格式屬於動態圖形檔案？(A).cgm (B).bmp (C).gif (D).jpg。

5. ( ) 下列何者是向量式的繪圖軟體？(A)Illustrator (B)PhotoImpact (C)PaintShop Pro (D)Photoshop。

6. ( ) 下列何者不是色彩的三要素之一？(A)色素 (B)明度 (C)色相 (D)彩度。

7. ( ) 對於彩度的說明何者正確？(A)區分色彩的鮮濁程度 (B)色彩中純色的純粹程度 (C)指色彩的飽和程度 (D)以上皆正確。

8. ( ) 對於影像色彩的說明，何者不正確？(A)「位元」是指電腦資料的最小計算單位 (B)位元數的增加就表示所組合出來的可能性就越多 (C)影像中的色彩數目越多，相對地色彩的品質也越高 (D)16位元最多可包含16,777,216種色彩。

9. ( ) 當某一純色中加入白色後，其彩度會便如何？(A)降低 (B)提高 (C)沒有影響。

10. ( ) 下列何種圖檔格式使用破壞性壓縮方式壓縮檔案？(A)gif (B)tif (C)png (D)jpg。

● 問答與實作題

1. 若一片裝有3Mbytes螢幕記憶體的顯示卡，被調設成全彩（24bits/pixel），則該顯示卡能支援的最高解析度為何？ (A)640×480 (B) 800×600 (C) 1024×768 (D)1280×1024

_____

_____

2. 以一張256Mb的數位相機記憶卡而言，則可以記錄存放1024*768尺寸大小的影像多少張？

_____

_____

3. 請說明點陣圖和向量圖的差異性？

_____

_____

4. 何謂色彩的三要素？試說明之。

_____

_____

5. 何謂 CMYK 模式？

_____

_____

6. 請將所提供的「001.jpg」圖檔，利用 PhotoImpact 所提供的選取工具做去背處理，同時轉存成 PNG 的影像格式。

▶ 完成檔案：001OK.ufo、001OK.png

來源檔案

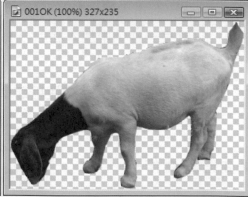

完成檔案

▶ 提示

1. 點選「套索工具」，沿著動物的輪廓線依序按下滑鼠左鍵，使之選取。

2. 執行「選取區/轉成物件」指令，使變成影像物件。

3. 執行「網路/影像最佳化程式」指令，設定選定的物件，再選用「PNG」鈕，再按下「另存新檔」鈕儲存檔案。

7. 請利用「新增肖像畫」功能，將所提供的「002.jpg」圖檔右上角的標誌變模糊，餐館主題與店面更聚焦。

▶ 完成檔案：002OK.jpg

來源檔案

完成檔案

▶ 提示

1. 執行「相片/增強/新增肖像畫」指令，由預視窗調整中心點的位置與圓圈的大小。

2. 調整外部區域的暗度、模糊與柔邊值。

05

Photoshop CS6與
Illustrator CS6
輕鬆學

Photoshop 一直以來是眾多設計師及藝術家心目中最好的朋友。它的出現讓藝術家及專業攝影師拓展了視覺領域，它不但能掃描圖片到電腦中，還能利用軟體本身超強的功能來修正影像瑕疵，修改不自然的色彩、增加色度、加入文字效果、濾鏡特效、製作網頁動畫、動態按鈕⋯等，並且圖層間可做出各種的變化、格式轉換、影像掃描等，適合各種影像特效合成。

➡ Photoshop 的精彩作品

Illustrator 是一套屬於向量式繪圖的美工軟體，所繪製的圖案皆為點、線、面、圓形、矩形等幾何圖案所構成，有兩種色彩模式，分別為 RGB 與 CMYK，由於圖像都是計算出來的，所以純向量圖檔案通常都不大，並且會以色塊與漸層為主，利用它可進行插畫、海報、文宣等設計，甚至於圖表或網頁也都難不倒它。

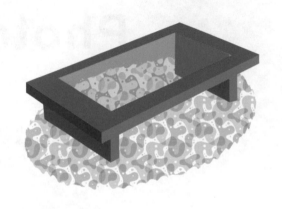

➡ Illustrator 的精彩作品

　　不管是想要進入數位設計或是繪圖都一定無可避免的會用到Adobe家的軟體，其中最常使用到的就是Photoshop與Illustrator這兩套軟體。前者以點陣圖像編輯為主，後者則是向量繪圖為主，這兩套軟體都是美術設計師和網頁設計師所愛用的程式。本章將針對這兩套軟體常用的功能做介紹，讓各位可以透過軟體來編輯影像或繪製造型圖案。

5-1　Photoshop的工作環境與基本操作

　　這一小節我們先針對Photoshop的工作環境與基本操作做說明，讓各位快速熟悉Photoshop的介面與操作。

⇨ 5-1-1　認識工作環境

　　當各位將Photoshop軟體安裝完成後，執行「Adobe Photoshop CS6」指令，就可進入操作環境。

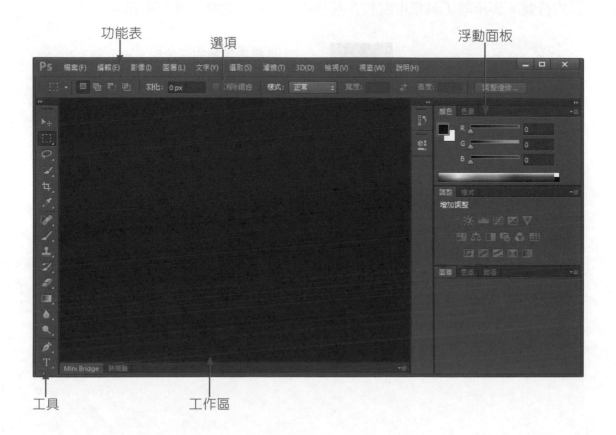

功能表　　　　選項　　　　　　　　　　　　　　　浮動面板

工具　　　　　　工作區

如果工作區有開啓檔案，那麼影像視窗會以標籤的方式呈現，不但讓檔案的切換更簡便，還能夠輕鬆處理多個開啓的影像文件。

每一個影像視窗
都會顯示影像的
檔名、檔案格式、
縮放比例、以及
色彩格式等資訊

標籤式的影像視
窗，較淡的灰色
表示目前編輯的影
像，較暗的灰色為
工作區中已開啓的
影像

視窗左側則是各位最常使用到的工具，它是由許多工具鈕所組成，如果找不到工具列，可執行「視窗/工具」指令將它開啓。在工具鈕右下角若包含三角形的符號，表示該工具鈕中還包含其他的工具可以選擇，如下圖所示。

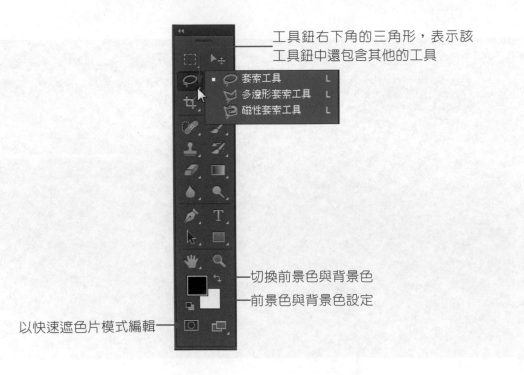

工具鈕右下角的三角形，表示該
工具鈕中還包含其他的工具

切換前景色與背景色
前景色與背景色設定

以快速遮色片模式編輯

選用某項工具後，還可以從「選項」做屬性設定，讓工具的使用達到更多的變化。另外，若按下前景色或背景色的色塊，將進入「檢色器」視窗，可針對前／背景色做選擇，而顏色的設定方式說明如下：

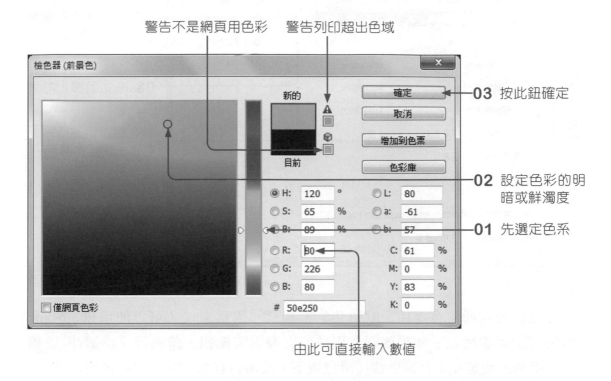

警告不是網頁用色彩　　警告列印超出色域

03 按此鈕確定

02 設定色彩的明暗或鮮濁度

01 先選定色系

由此可直接輸入數值

如果在選色時有看到 ▲ 或 ⬡ 符號，表示所選擇的顏色無法以印表機列印出來，或是該顏色不是屬於網頁安全色，只要按下該符號，Photoshop就會自動找到最相近的色彩。

⇨ 5-1-2 檔案的開啟與建立

Photoshop在預設狀態並不會開啟任何的空白檔案，想要開啟一個全新的視窗來編輯，請執行「檔案／開新檔案」指令，先根據目的與需求，設定好所需的尺寸大小與解析度，然後再將影像編輯到所設定的新檔案中，這樣設計出來的東西，才不會因為尺寸不對而必須重新調整影像。若是設計印刷品，解析度必須設於300像素／英寸（Pixels/Inch），網頁版面或多媒體介面則設定為72像素／英寸；至於寬／高度的設定，印刷用途會選用公釐（Millimeters）或公分（Centimeters）為計算單位，網頁或多媒體設計則會選用像素（Pixels）為單位。

01 執行「檔案/開新檔案」指令，開啓「新增」視窗

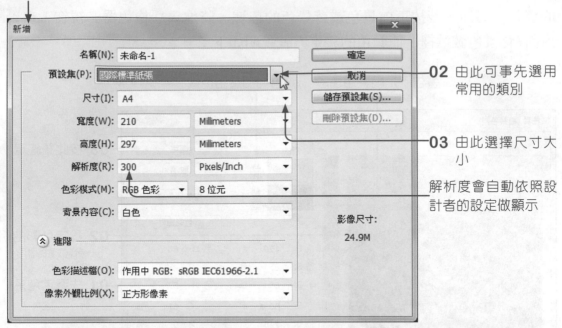

02 由此可事先選用常用的類別

03 由此選擇尺寸大小

解析度會自動依照設計者的設定做顯示

色彩模式通常會選用「RGB色彩」模式，因爲這樣才可以使用Photoshop的所有功能與特效。如果要開啓現成的影像檔來編輯，請執行「檔案/開啟舊檔」指令，或是在工作區中快按滑鼠兩下，就可以在如下的視窗中選取檔案。

⇨ 5-1-3 影像尺寸調整

開啟的影像檔如需調整影像尺寸,請執行「影像/影像尺寸」指令,可在如下的視窗中做設定。

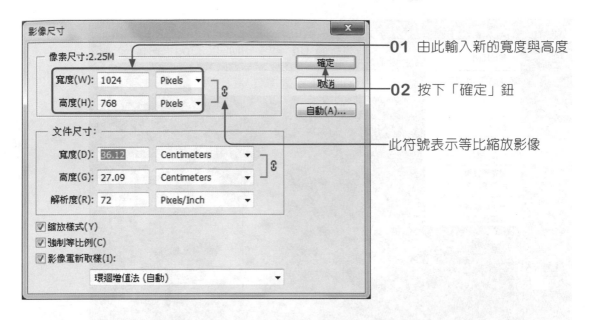

01 由此輸入新的寬度與高度

02 按下「確定」鈕

此符號表示等比縮放影像

若是使用在印刷品上,則先取消「影像重新取樣」的選項勾選,那麼文件尺寸的寬、高、解析度會形成關連性,更改解析度為「300」時,可以在不變更「像素尺寸」的原則下來修正文件尺寸。

02 由此將解析度更換為300,像素尺寸不會變更,變更的只有文件尺寸

01 取消「影像重新取樣」的選項

⇨ 5-1-4 裁切工具裁切影像

開啟的影像如果想要裁切掉不必要的地方，或是想要指定特定的比例，可以透過「裁切工具」 ⊞ 來處理。

————**05** 顯示裁切後的結果

⇨ 5-1-5 圖形的選取技巧

要讓電腦知道哪些範圍需要做編輯或效果，就必須先使用選取工具來選取範圍。而Photoshop中的選取工具包含如下幾種：

預設狀態只提供新增選取區域，不過可以配合「選項」列來作增加、減去或相交設定，甚至做柔化處理，讓需要做效果的區域可以達到設計者的要求。

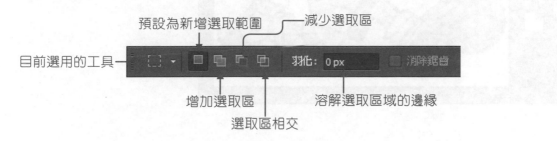

這裡以「IMG004.jpg」檔案做示範，告訴各位如何快速選取圖形，同時能夠完美地去掉圖形邊緣的白色。

01 開啟影像檔「IMG004.jpg」

02 下拉選擇「魔術棒工具」

03 以滑鼠按一下背景的白色區域使之選取

05 點選此鈕，使增加至選取範圍

04 瞧！白色相連的區域已經被選取了

06 依序按一下尚未被選取到的白色區域

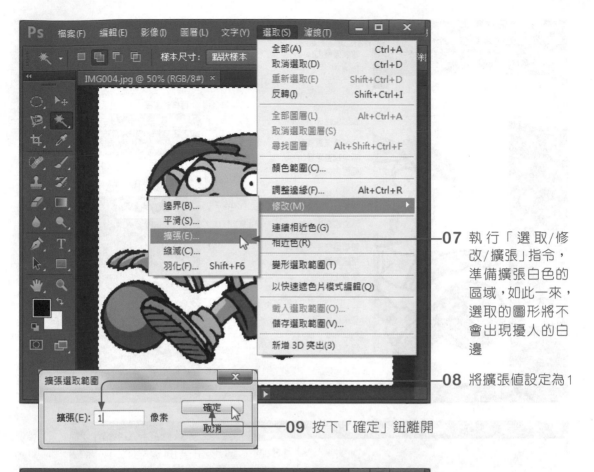

07 執行「選取/修改/擴張」指令，準備擴張白色的區域，如此一來，選取的圖形將不會出現擾人的白邊

08 將擴張值設定為1

09 按下「確定」鈕離開

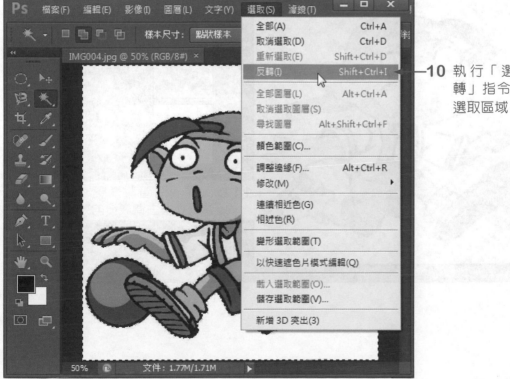

10 執行「選取/反轉」指令，反轉選取區域

11 瞧！選取的邊框已經在黑線上了

12 執行「圖層/新增/剪下的圖層」指令

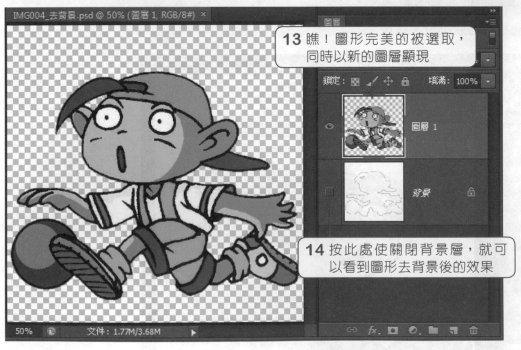

IMG004_去背景.psd @ 50% (圖層 1, RGB/8#) ×

13 瞧！圖形完美的被選取，同時以新的圖層顯現

14 按此處使關閉背景層，就可以看到圖形去背景後的效果

　　除了精確的剪裁圖像外，各位也可以透過「羽化」值的設定，讓選取邊緣變得柔和不剛硬，這樣的效果經常被應用在影像合成上，而且都有不錯的效果喔！我們以下面的象頭財神爲各位做說明。

01 開啓影像檔「IMG003.jpg」

02 由此選擇「多邊形套索工具」

03 由選項列將羽化值設為25

04 依序以滑鼠按點象頭財神的輪廓，直到起始點與結束點相連在一起（不需要太精準）

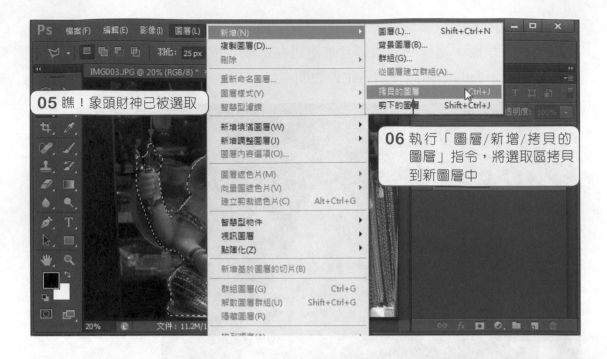

經過去背處理的圖層，利用「移動工具」 即可將影像拖曳到其它編輯的文件中。

⇨ 5-1-6 填色技巧

　　各位在選取範圍後，只要設定好顏色，就可以透過「油漆桶工具」 🖌
或「漸層工具」 ▬ 來填入色彩。

以「油漆桶工具」填入單色

01 開啟影像檔

02 點選油漆桶工具

03 按下前景色塊選定顏色

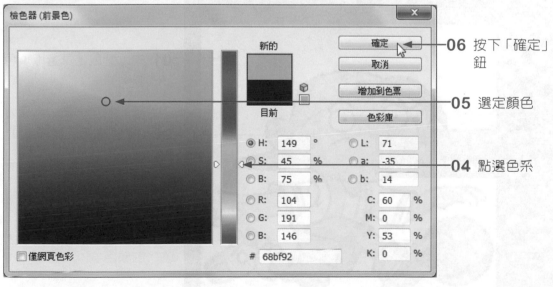

06 按下「確定」鈕

05 選定顏色

04 點選色系

08 這裡顯示填入的效果

07 依序點選要填色的地方，即可填入單色

以「漸層工具」填入雙色漸層

如果要填入雙色的漸層，設定好前/背景色的色塊與選取要填色的區塊，以「漸層工具」 ![icon] 拖曳出漸層的方向就可搞定。

04 在此選擇漸層的方式

01 先以選取工具選取填色範圍

02 由此切換到「漸層工具」

03 由此二色塊設定要填入的顏色

05 由右下到左上做拖曳，就會顯示前景色漸層到背景色的效果

⇨ 5-1-7 檔案儲存

在影像編輯的過程中，如果不希望因一時的當機而造成作品化為烏有，那麼就得隨時進行儲存的動作。Photoshop特有的專有格式為*.PSD，它可以保留所有的圖層與資料，方便將來的修改與再利用。未曾命名的檔案，在執行「檔案/儲存檔案」或「檔案/另存新檔」指令後，都可進入如下的視窗作設定。

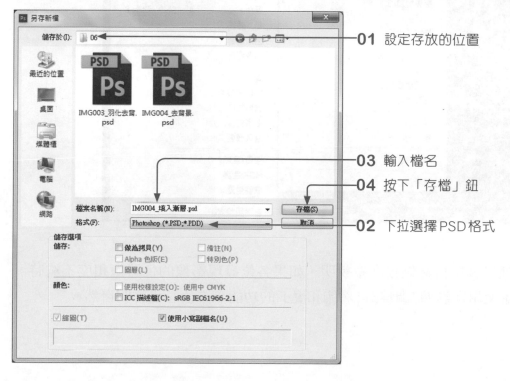

01 設定存放的位置

03 輸入檔名

04 按下「存檔」鈕

02 下拉選擇PSD格式

5-2 Photoshop的影像編修

　　介紹完Photoshop基本的編修技巧後，接著要來看看它的色彩調整功能與修補功能，因爲拍攝技巧即使再熟練，有時也會出現模糊、色偏、曝光過度或不足…等情形，對於一些重要時刻的記錄，如果想要調整它的缺失，就得借重Photoshop來做修補，讓這些重要時刻都能留下最美好的記錄。

⇨ 5-2-1　影像色彩調整

　　Photoshop的影像調整功能，大都集中在「影像/調整」的指令中，另外「影像」功能選單中的「自動色調」、「自動對比」、或「自動色彩」等功能，不用作任何的選項設定，就能完成調整的工作。

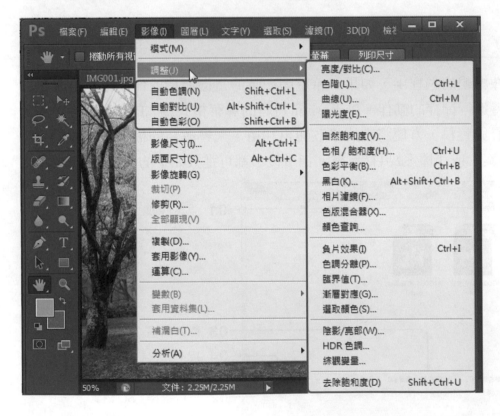

　　這裡以調整自然飽和度做說明，如果各位發現影像的色彩飽和度不夠時，可以考慮使用「影像/調整/自然飽和度」的功能來讓色彩更鮮明自然。

01 開啟要做自然飽
和度調整的影像，
然後執行「影像
/調整/自然飽和
度」指令

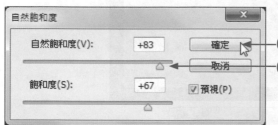

03 按下「確定」鈕離開

02 調整滑鈕的位置，從設定窗之後可看到調
整後的效果

04 顯示調整後的效
果，紅得更紅，綠
的更綠

　　若是想針對影像的明暗與色調進行調整，則可以使用「色階」或「曲線」功能。這裡以「影像/調整/曲線」指令為各位做介紹。

01 開啟「IMG002.jpg」影像檔，執行「影像/調整/曲線」指令，進入「曲線」視窗

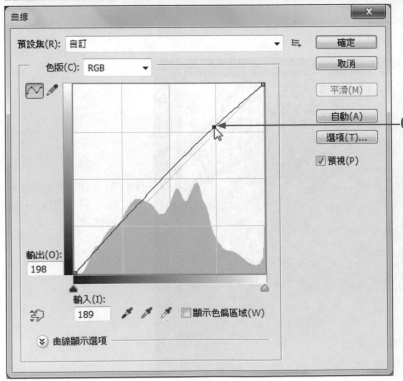

02 拖曳線條時，會自動增加節點，如果將曲線往上拉會提高影像亮度，曲線下拉則影像變暗

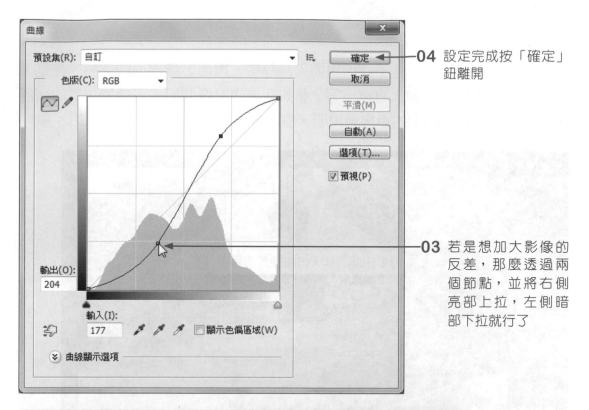

04 設定完成按「確定」
鈕離開

03 若是想加大影像的
反差,那麼透過兩
個節點,並將右側
亮部上拉,左側暗
部下拉就行了

05 調整後明暗對比加大了

⇨ 5-2-2 影像的仿製

影像上如果出現一些不該出現的人/事/物，因而影響畫面的美感，或是美美的主角臉上確有一顆大痘痘…等，諸如此類的影像問題，可透過仿製的功能來做修補。我們以剛剛的影像做說明，告訴各位如何將奔跑中的男孩去除。

01 由此選擇「仿製印章工具」

02 由此下拉選擇適合的筆刷大小

03 這裡可以調整筆刷尺寸

04 加按「Alt」鍵先設定先設定仿製的起始點

05 到需要修補的地方開始修補影像，就可以將不要的男孩影像去除

⇨ 5-2-3 加入文字

影像上若想加入一些文字註解或標題，那麼工具箱中的文字工具就可以派上用場。其中較常用的是水平文字工具和垂直文字工具，因為它會自動轉換成文字圖層，建立後要變換格式、修改尺寸、或替換文字都非常的容易。

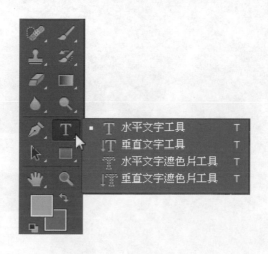

選用水平文字工具或與垂直文字工具後，至頁面上直接按下滑鼠左鍵，就可以輸入標題文字。文字輸入後，如果需要更換字型、大小、色彩、對齊方式，可直接透過「選項」列做選擇；如果要設定文字樣式、間距、垂直縮放、水平縮放…等，則必須執行「視窗/字元」指令，開啓字元浮動視窗做調整。

02 由此設定字體、大小與顏色

01 點選「水平文字工具」

瞧！文字會自動變成一個圖層

03 在影像上按下滑鼠左鍵，即可開始輸入文字，輸入後可直接拖曳來改變文字的位置

⇨ 5-2-4 加入文字樣式

　　文字加入後，還可以利用「樣式」面板來快速加入不同的樣式效果喔！如下圖所示：

01 點選文字圖層後，由「樣式」面板上按下樣式的圖示

02 輕鬆套用了雙環光暈的效果

　　另外，「圖層/圖層樣式」指令也是很好用的一項功能，因為不管要製作陰影、內陰影、內光暈、外光暈、斜角、浮雕、筆畫、漸層…等效果的文字，只要修改相關的選項設定，結果馬上呈現在面前，效果又好又快，各位不可不學。我們沿續上面的範例繼續做設定：

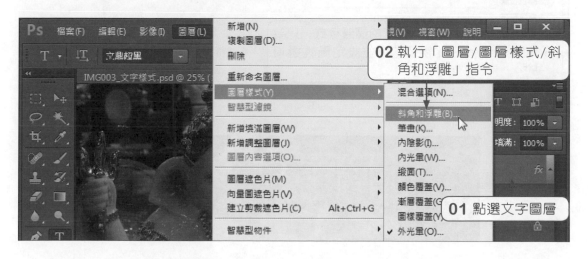

02 執行「圖層/圖層樣式/斜角和浮雕」指令

01 點選文字圖層

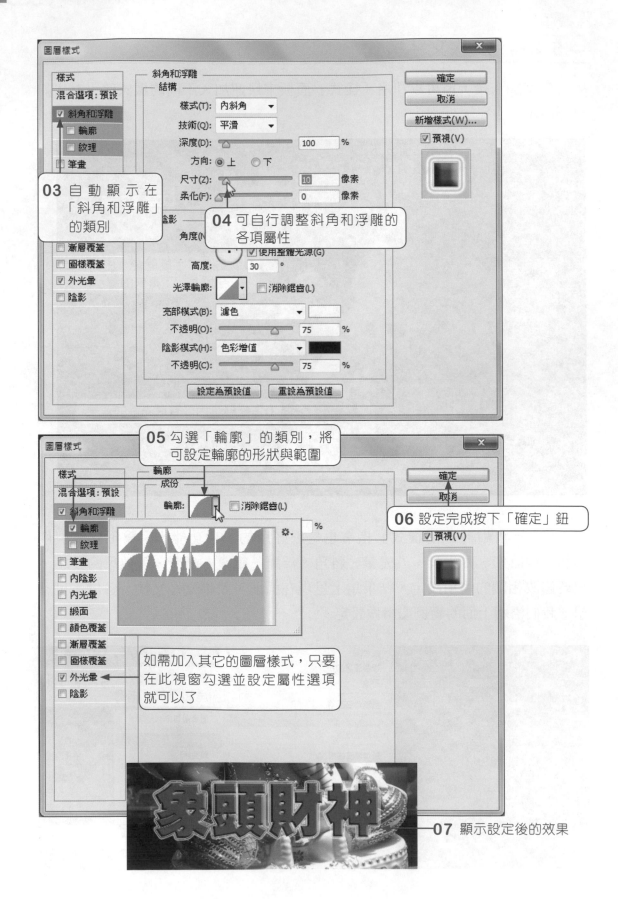

03 自動顯示在「斜角和浮雕」的類別

04 可自行調整斜角和浮雕的各項屬性

05 勾選「輪廓」的類別,將可設定輪廓的形狀與範圍

06 設定完成按下「確定」鈕

如需加入其它的圖層樣式,只要在此視窗勾選並設定屬性選項就可以了

07 顯示設定後的效果

在有限的篇幅裡，我們把Photoshop好用的功能介紹給各位，相信各位一定收穫滿滿，受用無窮。如果有興趣的話，請自行購買Photoshop的專書來研究。

5-3　Illustrator的工作環境與基本操作

Illustrator主要是透過數學公式的運算來顯示點線面，其特點是檔案量很小，繪製的造型不管放多大的比例，都不會有失真或鋸齒狀的情況發生。由於它是Adobe家族的成員之一，所以學會Photoshp的使用方式，Illustrator也就容易上手。

⇨ 5-3-1　認識工作環境

各位將軟體安裝完成後，執行「Adobe Illustrator CS6」程式，映入眼簾的是如下圖所示的灰色介面。

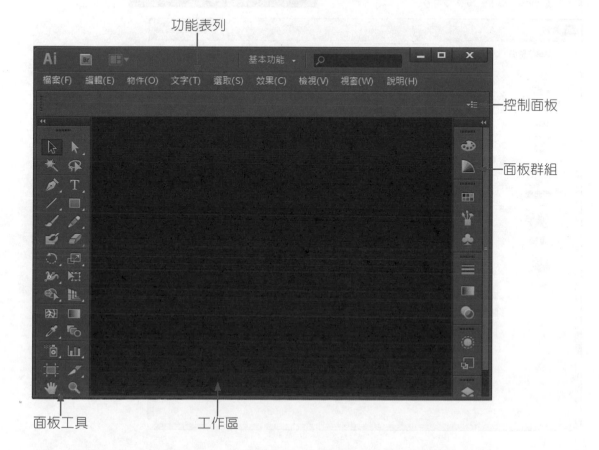

⇨ 5-3-2 檔案的開啟與建立

預設狀態下的工作區因為沒有開啟任何新/舊檔案,所以呈現黑色。若要開啟現有的 Ai 檔,請執行「檔案/開啟舊檔」指令來開啟檔案。

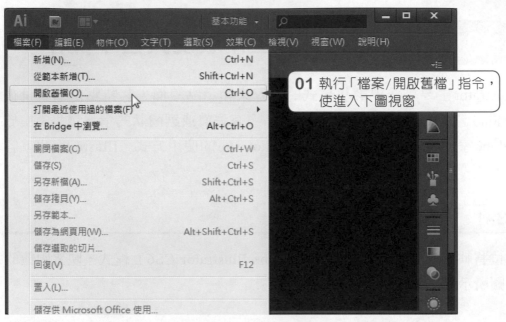

01 執行「檔案/開啟舊檔」指令,使進入下圖視窗

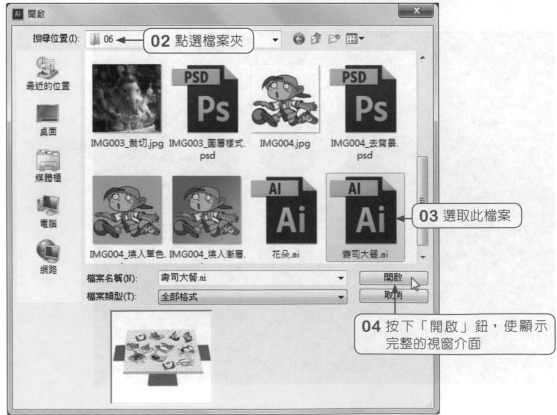

02 點選檔案夾

03 選取此檔案

04 按下「開啟」鈕,使顯示完整的視窗介面

如果要新增文件，執行「檔案／新增」指令將會顯現「新增文件」視窗，然後先由「描述檔」中先選擇所需的文件類型。

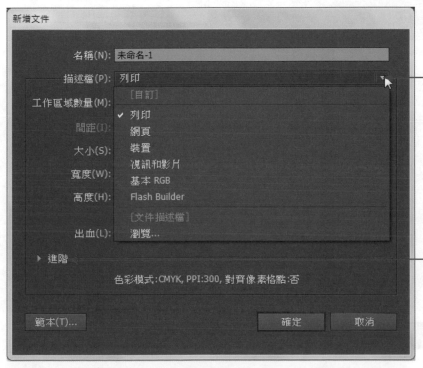

依據輸出用途，由此先選擇適合的文件描述檔

按此處會顯示進階選項，可設定色彩模式和點陣特效（PPI數值）

　　描述檔中提供列印、網頁、裝置、視訊和影片、基本RGB、Flash Builder等各種類別的文件，文件若是要出版印刷，請選擇「列印」的選項，其預設的進階模式為CMYK，300PPI，若為滿版的文件則必須加入3mm的出血；如果作品是在螢幕上呈現，則會使用RGB的色彩模式，點陣特效為72PPI。

　　有了基本的了解後，現在試著新增一個具有兩個工作區域的列印文件。

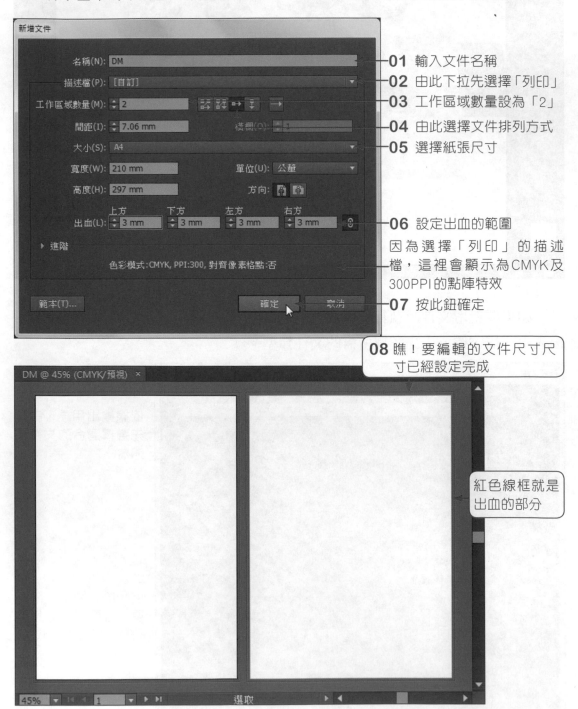

01 輸入文件名稱

02 由此下拉先選擇「列印」

03 工作區域數量設為「2」

04 由此選擇文件排列方式

05 選擇紙張尺寸

06 設定出血的範圍

因為選擇「列印」的描述檔，這裡會顯示為CMYK及300PPI的點陣特效

07 按此鈕確定

08 瞧！要編輯的文件尺寸尺寸已經設定完成

紅色線框就是出血的部分

⇨ 5-3-3　工作區域的增減與變更

在建立文件後，如果發現文件尺寸需要修正，或是需要增加/刪減工作區域，這時候就可以利用「工作區域工具」 及其「控制」面板來調整。

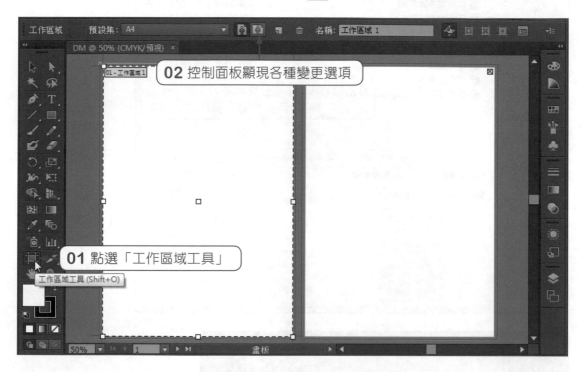

這裡簡要將它的控制選項做說明。

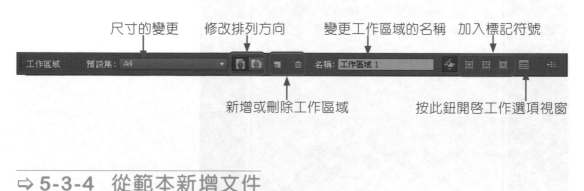

⇨ 5-3-4　從範本新增文件

除了從無到有開始設計文件，事實上Illustrator也有提供一些實用的範本，諸如：日式的各類卡片、廣告單、小冊子、菜單、商務組合、網站、造型元件、橫幅設計、或空白範本…等。只要執行「檔案/從範本新增」指令，就可以選擇所需要的範本，加快編輯的速度。

01 執行「檔案/從範本新增」指令進入此視窗

02 依序找到「日式範本/卡片/日式_感謝卡」的範本圖示

03 按下「新增」鈕

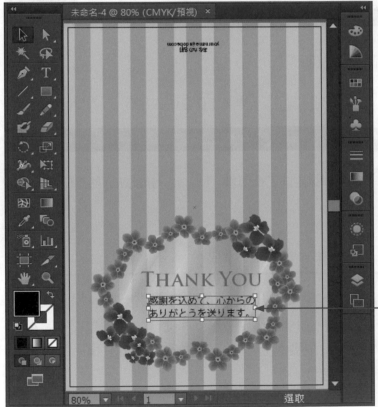

04 感謝卡已經顯示在工作區中,使用「選取工具」點選物件,即可進行編修

⇨ 5-3-5 物件的選取與編輯

對於文件的新增、開啟有了明確的認知後，接下來要來學習物件的選取與編輯技巧。透過選取，Illustrator才知道哪個圖形需要做變更，才能針對指定的功能來處理圖形。

最常使用的是「選取工具」 ，用來選取造形圖案，不管是單一物件、多個物件、群組物件、都可以利用它來選取。

在選取圖形之後，電腦就知道哪個區域範圍要進行編輯，因此要搬動圖形或物件位置，只要利用滑鼠拖曳其位置就行了。

另外，「直接選取工具」 主要用來選取或調整貝茲曲線上的錨點及方向控制點。選取圖形物件後，由上方的「控制」面板可針對路徑的部分可做填色、筆畫或不透明度的設定，再按於錨點上，就可以針對錨點作轉換或移除。

如果圖形需要做變形處理，除了利用左側的任意變形工具 ，旋轉工具 、鏡射工具 、縮放工具 、傾斜工具 外，執行「物件/變形」指令，也可以選擇移動、旋轉、鏡射、縮放、傾斜等變形方式。

☻ 任意變形工具 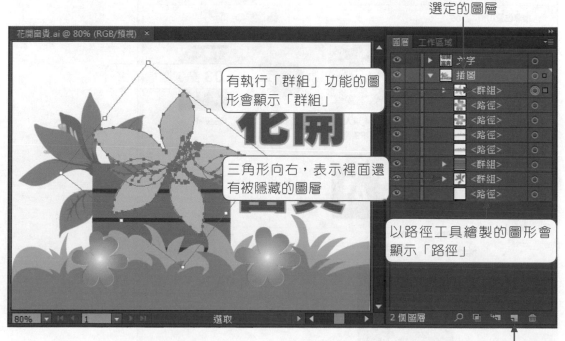：利用物件選取時，其上下左右及四角的控制點即可進行拉長、壓扁或等比例的縮放，另外八邊的控制點皆可做旋轉的處理。

☻ 旋轉工具 ：可以決定中心點的位置，使物件依照指定的中心點來旋轉角度。

☻ 鏡射工具 ：鏡射工具是以座標軸為基準，來對選取物做水平方向或垂直方向的翻轉，也可以做任意角度的翻轉。

☻ 縮放工具 ：拖曳選取物件，可做放大或縮小的處理。

☻ 斜工具 ：將選取的物件以水平軸線或垂直軸線為基準，做角度的傾斜變形。

⇨ 5-3-6 置入影像至圖層

使用Illustrator設計造型或版面，圖層面板非得了解不可。因為Illustrator所設計的任何造型都會自動變成一個圖層，以方便設計者分別編修圖層中的物件。此處先對圖層面板做個簡要的說明，請各位開啟「花開富貴.ai」檔，同時執行「視窗/圖層」指令開啟圖層面板。

選定的圖層

有執行「群組」功能的圖形會顯示「群組」

三角形向右，表示裡面還有被隱藏的圖層

以路徑工具繪製的圖形會顯示「路徑」

按此鈕可新增圖層

　　當各位新增一個空白文件時，繪製的造型都會在預設的「圖層1」之中，除非各位有在「圖層」面板下按下「製作新圖層」 ￭ 鈕，它才會新增圖層。如果有選定圖層，那麼新繪製或插入的物件就會顯示在該圖層中。此處我們示範在選定的圖層中置入已去背景的影像插圖。

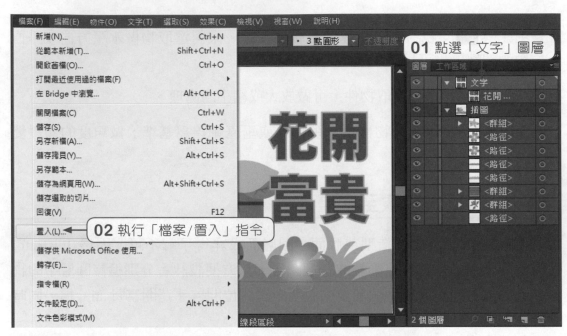

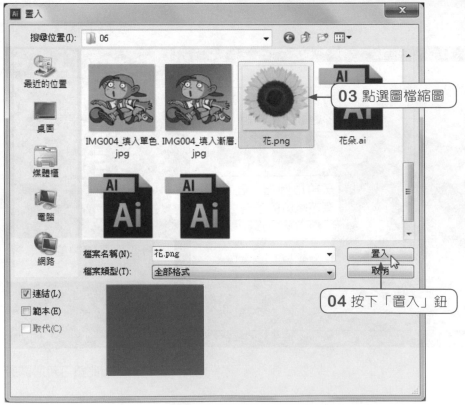

05 點選「選取工具」

06 加按「Shift」鍵並拖曳四角的控制點，即可等比縮放造型

瞧！加入的影像物件顯示在「文字」圖層之中

07 顯示縮小後的插圖

⇨ 5-3-7 儲存檔案

　　Illustrator特有的檔案格式為*.ai，它會將所有圖層與設定效果保存下來，方便使用者繼續編修。執行「檔案/儲存」或「檔案/另存新檔」指令，都會進入如下的視窗，請輸入檔名後，即可按「存檔」鈕儲存檔案。

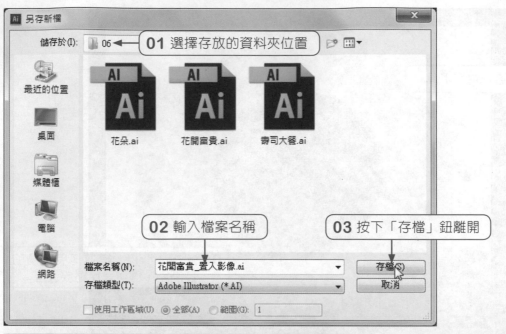

01 選擇存放的資料夾位置

02 輸入檔案名稱

03 按下「存檔」鈕離開

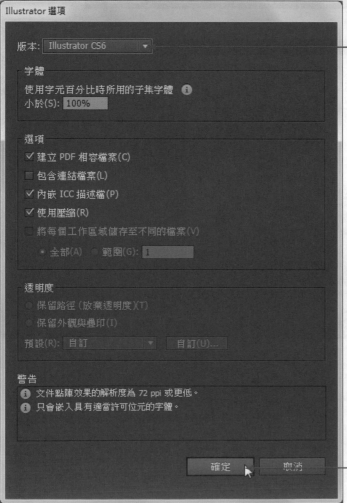

由此下拉可以選擇較早期的版本來儲存。不過,文件中若有使用到CS6的新增功能,在舊版中將無法呈現該效果或做繼續的編輯

04 按下「確定」鈕離開

5-4 | Illustrator的造型設計

對於Illustrator的基本操作有所了解後，接著就要介紹它的造型功能。各位要知道，任何複雜的造型，都可以透過方形、圓形、多邊形等基本幾何造型來堆疊或運算而成，這一小節就來學習造型的製作技巧，以及造型的填色或編修方式，讓各位也可以繪製出想要的造形圖案。

⇨ 5-4-1 基本造型工具

Illustrator的基本造型工具有矩形、圓角矩形、橢圓形、多邊形、星形五種，可在左側的工具中做選擇。

按此處，在顯現的清單中選擇要使用的工具

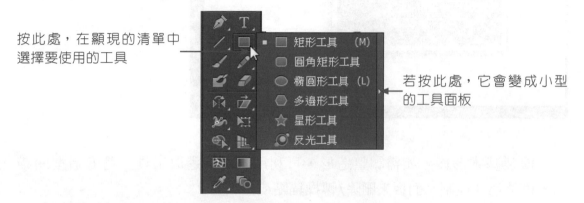

若按此處，它會變成小型的工具面板

上列的五種基本工具的使用方式都一樣，在選取工具鈕後，直接在文件上拖曳滑鼠，即可看到圖形的大小，確定所要的比例後放開滑鼠，圖形即可完成。

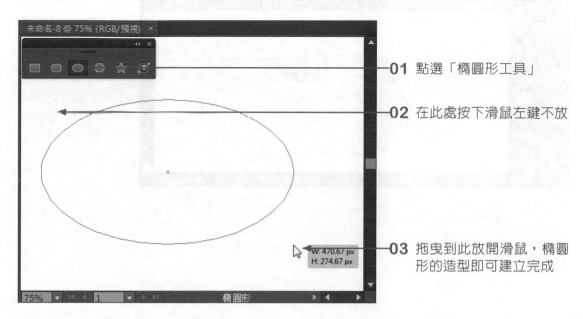

01 點選「橢圓形工具」

02 在此處按下滑鼠左鍵不放

W: 470.67 px
H: 274.67 px

03 拖曳到此放開滑鼠，橢圓形的造型即可建立完成

　　如果需要設定精準的尺寸，那麼在選擇工具鈕後在文件上按一下左鍵，就
會自動出現視窗，提供各位設定寬/高、半徑、半徑、邊數…等選項。不同工具
鈕所出現的設定選項也不相同喔。

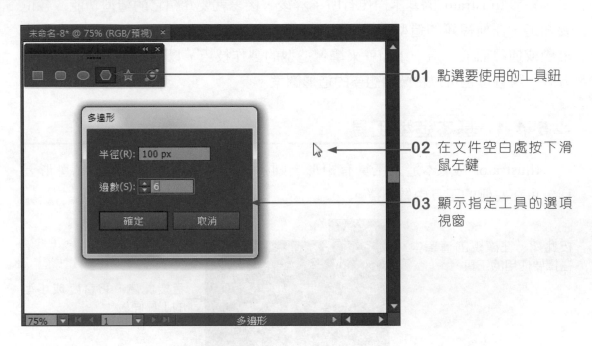

　　繪製基本形後，如需調整造形，可利用「直接選取工具」選取造型的錨
點，再透過「控制」面板來刪除/轉換錨點或控制點。

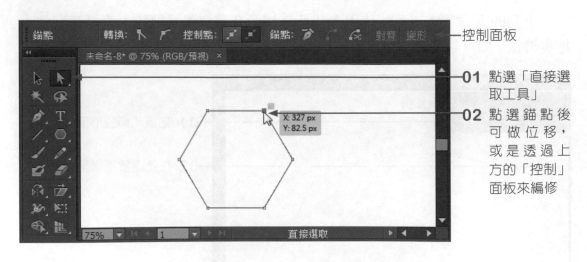

⇨ 5-4-2　以路徑管理員運算造型

　　透過矩形、圓角矩形、橢圓形、多邊形、星形五種工具畫出基本形後，各位可以透過「路徑管理員」面板來為圖形做合併、修剪或聯集、交集、差集等設定，這樣就可以變化出各種造型圖案。請由「視窗」功能表執行「路徑管理員」指令，即可開啓如下的面板。

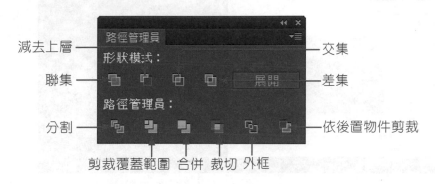

減去上層　　　　　　　　　　　　　　　　　　　　交集
聯集　　　　　　　　　　　　　　　　　　　　　　差集
分割　　　　　　　　　　　　　　　　　　依後置物件剪裁
剪裁覆蓋範圍　合併　裁切　外框

　　依照按鈕的圖示，各位就可以想像出運算後的造型。這裡介紹最常使用到的形狀聯集與路徑分割，其餘的功能請自行嘗試。

形狀聯集

　　「形狀聯集」是指將數個圖形合併成一個圖形，它會去掉重疊的部分，而將圖形變成單一的物件。

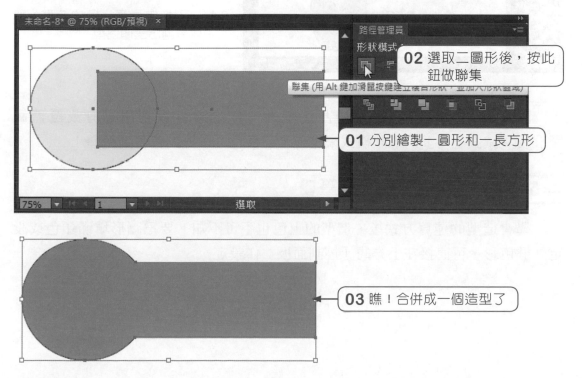

02 選取二圖形後，按此鈕做聯集

聯集(用 Alt 鍵加滑鼠按鍵建立複合形狀，並加大形狀區域)

01 分別繪製一圓形和一長方形

03 瞧！合併成一個造型了

路徑分割

「路徑分割」是指將圖形互相重疊的部分做切割，使變成一個個獨立的物件，而切割後就可以依據使用者的需求來保留或刪除部分的圖形物件，使變成新的造型圖案。

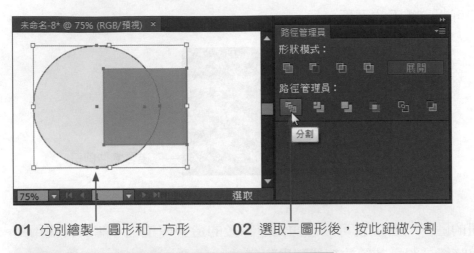

01 分別繪製一圓形和一方形　　**02** 選取二圖形後，按此鈕做分割

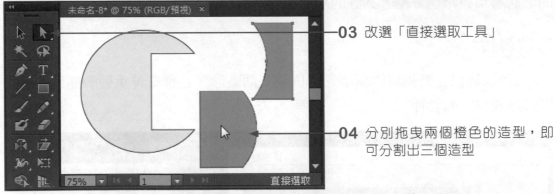

03 改選「直接選取工具」

04 分別拖曳兩個橙色的造型，即可分割出三個造型

除了利用「分割」鈕來切割造型外，各位還可以利用「剪裁覆蓋範圍」及「減去上層」的形狀模式來處理，一樣也可以得到黃色造型喔！

⇨ 5-4-3　造型的填色與筆畫

學會造型的運算方式後，造型的上色也不可不知。要為圖形填滿顏色或設定外框色彩，可直接在上方的「控制面板」作設定。

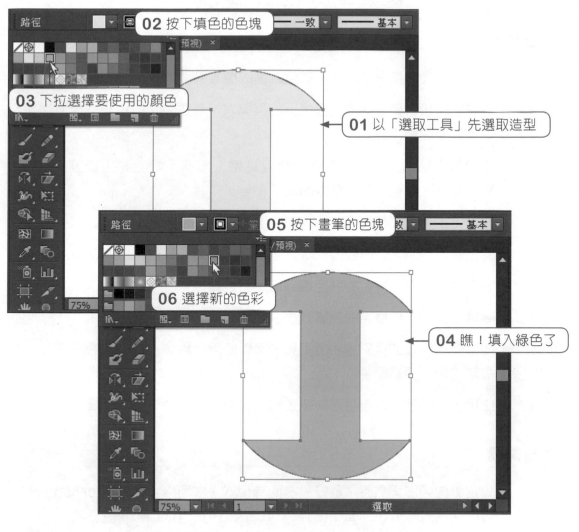

02 按下填色的色塊

03 下拉選擇要使用的顏色

01 以「選取工具」先選取造型

05 按下畫筆的色塊

06 選擇新的色彩

04 瞧！填入綠色了

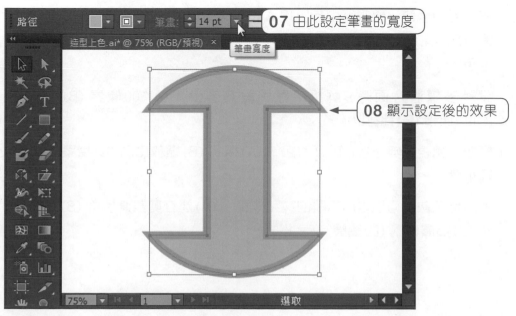

07 由此設定筆畫的寬度

筆畫：14 pt

造型上色.ai* @ 75% (RGB/預視)

筆畫寬度

08 顯示設定後的效果

●是非題

1. (　) 在工作區裡快按滑鼠兩下，就可以選取檔案來開啟。

2. (　) 從事美術設計時，必須先根據目的與需求，事先設定好所需的尺寸與解析度，才開始編排版面。

3. (　) 不管哪一個選取工具，都可以相互運用，透過「增加」、「減少」或「相交」模式，來組成新的選取區域。

4. (　) 要設定工具的屬性內容，可以由「選項」面板作設定。

5. (　) 羽化值設得越大，影像的邊緣就越模糊，易於和其他影像作合成處理。

6. (　) 油漆桶工具可將指定的顏色填滿指定的範圍。

7. (　) 漸層工具只可作雙色的漸層效果。

8. (　) 如果覺得影像的色彩飽和度不夠，可以使用「影像/調整/自然飽和度」指令來讓色彩更鮮明。

9. (　) 使用水平文字工具與垂直文字工具，它會自動轉換成文字圖層。

●選擇題

1. (　) 設定影像色彩模式時，最好設為何種模式，才可以使用 Photoshop 的所有功能與特效？ (A)點陣圖 (B)灰階 (C)RGB色彩 (D)CMYK色彩。

2. (　) 在選用顏色時，檢視器中若出現 ▲ 符號，是代表什麼意思？ (A)警告不是網頁用色彩 (B)警告列印超出色域 (C)警告色彩會偏色 (D)表示為網頁安全色。

3 (　) 設計多媒體介面時，解析度應該設為多少？ (A)300像素 (B)250像素 (C)96像素 (D)都可以。

4. (　) 影像編輯視窗無法顯示哪項資訊？ (A)檔名 (B)縮放比例 (C)檔案格式 (D)解析度。

5. (　) 下面哪個功能可以做出浮雕的文字效果？ (A)建立剪裁遮色片 (B)視窗/樣式 (C)圖層樣式 (D)圖層/文字樣式。

●實作簡答題

1. 請在Illustrator中新增一份具有3個工作區域的A4列印文件。

2. 請在Illustrator中利用「範本」功能新增一份「日式範本/卡片/日式_賀年卡」。

3. 請在Illustrator中利用橢圓型工具、矩形工具、圓角矩形工具完成如下的郵筒繪製。

   ▶ 完成檔案：郵筒ok.ai

➡ 完成圖

▶ 提示

1. 先以橢圓型工具、矩形工具、圓角矩形工具等工具繪製基本造型，筆畫寬度設為「5」，深褐色。

2. 同時選取紅色橢圓形和紅色矩形的造型，由「路徑管理員」面板中按下「聯集」鈕，即可變成一個造型。黃色橢圓形和黃色矩形也一樣比照辦理。

4. 請利用 Phototshop 軟體，為如下的「boy.jpg」做去背景的處理。

　▶ 來源檔案：boy.jpg

　▶ 完成檔案：boyOK.psd

來源影像　　　　　　　　　　　　　　完成圖

　▶ 提示

　　1. 先以「魔術棒工具」選取白色背景，執行「選取/修改/擴張」指令，將擴張值設為1。

　　2. 執行「選取/反轉」指令使選取圖形。

　　3. 執行「圖層/新增/拷貝的圖層」指令，再關閉背景圖層的眼睛圖示。

5. 延續上一題的內容，請為剛剛完成去背處理的圖形，加入右下方陰影的圖層樣式。

▶ 完成檔案：boyOK_陰影.psd

▶ 提示

1. 執行「圖層/圖層樣式/陰影」指令，角度設為140，間距設為15，不透明度設為90。

06

音訊軟體簡介與
Goldwave

世界上如果一切都是靜止的，那麼也就不會有聲音了。聲音是通過物體振動所產生，並具有能量，會通過介質（如空氣或固體、液體）以聲波（Sound Wave）的方式將能量傳送出去，並形成不同的波形。基本上，傳遞聲波的物質，就稱爲「介質」。聲波一定要透過介質才能傳遞出去，在眞空狀態下就無法傳遞聲音。

6-1　音訊簡介

音訊（Audio）就是聲音，是泛指任何我們耳朵所能聽見的聲音，從物理的概念來看，任何信號都可以波的形式表示，語音信號也不例外，它就是一段連續的類比波形訊號，可區分爲音量、音調、音色三種組成要素。音量是代表聲音的強弱，就是聲波振幅的高低或能量的強弱，振幅越大表示聲音越大聲，音量的單位通常以「分貝」（dB）來表示。音調是代表聲音的高低，由振動的頻率決定，頻率越高，音調越高。音色就是聲音特色，就是聲音的本質和品質，不同的發音體產生不同的波形，而形成不同的音色，至於音訊媒體就是多媒體設備中處理聲音的相關媒體。

⇨ 6-1-1　語音數位化

各位身邊可見的一個例子就是錄音帶與音樂CD的差別，錄音帶中的資料就是屬於類比資料，而音樂CD或MP3中的資料則是屬於數位資料。在類比音訊時代，如果各位要複製錄音帶時，無論多好的錄音系統肯定會發現拷貝版的雜訊都比原來母帶大，而且電腦無法直接處理類比訊號，不過數位化的世界裡，數字轉換爲二進位，所有的資料都是以0或1表示。訊號是以數值大小表示時稱爲數位訊號（Digital Signal）。如果要用電腦來處理類比訊號，就必須將類比訊號轉爲數位訊號，稱爲語音數位化。語音數位化的最大好處是方便資料傳輸與保存，使資料不易失眞。

聲音的類比訊號進入電腦中必須要先經過一個取樣（Sampling）的過程轉成數位訊號，原來連續性的訊號，經過數位化的處理後，變成一種不連續的訊號，這個訊號只在某些固定的時間刻度上有值，這些刻度稱爲取樣點。這就和取樣頻率（Sample Rate）和取樣解析度（Sample Resolution）有密切的關聯。取樣頻率越高，亦即取樣間隔時間越短，所擷取後的數位音訊資料也就越準

確。取樣率就是每秒對聲波取樣的次數，或稱頻率，以赫茲（Hz）為單位。常見的取樣頻率可分為11KHz及44.1KHz，分別代表一般聲音及CD唱片效果。由於人耳的聆聽範圍是20Hz到20kHz，根據Nyquist Functions，理論上閱聽者只要用40kHz以上的取樣率就可以完整紀錄20kHz以下的訊號。

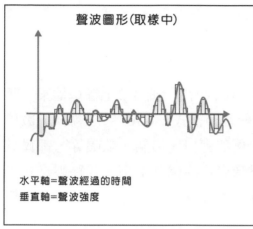

聲波圖形（取樣中）

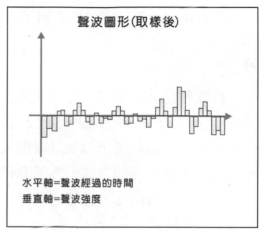

聲波圖形（取樣後）

⇨ 6-1-2 音訊壓縮

　　音訊壓縮（Audio Compression）的基本原理是將人類無法辨識的音訊資料去除，在不會被察覺的情況下，儘量減少資料量的同時，也能維持重建後的音訊品質。由於沒有經過壓縮的影像和音訊資料容量非常龐大，除了可大幅壓縮音樂檔案，也節省大量的存放空間，也不至於損失太多的音質表現。MP3是當前最流行的音訊壓縮格式，全名為MPEG Audio Layer 3，用MP3格式來儲存，一般而言只有WAV格式的十分之一，而音質僅略低於CD Audio音質。通常在早期的電腦音樂格式，檔案容量可能超過20MB以上，而使用MP3格式來儲存，一首歌曲的大小可以低於3MB，而仍然能夠保持高音質。

　　MP4是MPEG-4的簡稱，是一種多媒體應用技術規範，包含四個重要的部份：系統、視訊、音訊、電腦合成的多媒體資料，常被應用在網路的傳輸。此外，MIDI為電子樂器與電腦數位化界面溝通的標準，是連接各種不同電子樂器間的標準通訊協定。優點是資料的儲存空間比聲波檔小了很多，不直接儲存聲波，而儲存音譜相關資訊，而且樂曲修改容易。

Midi格式檔案中的聲音資訊沒有Wave格式檔案來得豐富，它主要記錄了節奏、音階、音量等資訊，單獨聽Midi音效檔案會覺得像是一個沒有和弦的單音鋼琴所彈出來的效果，甚至可以用難聽來形容。

基本上，數位音效的音效檔格式有許多種，不同的音樂產品有不同格式。以下是常用的音效檔案格式介紹：

WAV

為波形音訊常用的未壓縮檔案格式，也是微軟所制定的PC上標準檔案。所謂波形音訊是由震動音波所形成，也就是一般音樂格式。WAV在它轉換成數位化的資料後，電腦便可以加以處理及儲存，例如旁白、口語、歌唱等，都算是波形音訊，以取樣的方式，將所要紀錄的聲音忠實的儲存下來。其錄製格式可分為8位元及16位元，且每一個聲音又可分為單音或立體聲，是Windows中標準語音檔的格式。

CDA

音樂CD片上常用的檔案格式，是CD Audio的縮寫，由飛利浦公司訂製的規格，要取得音樂光碟上的聲音必須透過音軌抓取程式做轉換才行。

AIF

AIF是Audio Interchange File Format的縮寫，為蘋果電腦公司所開發的一種聲音檔案格式，主要應用在Mac的平台上。

6-2 以**Goldwave**編輯音訊

Goldwave是一套相當不錯的音訊剪輯軟體,除了可以播放音訊外,也可以進行聲音的錄製或編輯,或是進行音訊格式的轉換。因此這裡將針對它的常用功能做介紹,讓各位也可以輕鬆編修音訊。

⇨ 6-2-1 下載Goldwave程式

要使用Goldwave程式,可到它的官方網站去下載軟體。請由瀏覽器輸入http://goldwave.com/release.php的網址,再針對個人的作業系統選擇下載的對象。

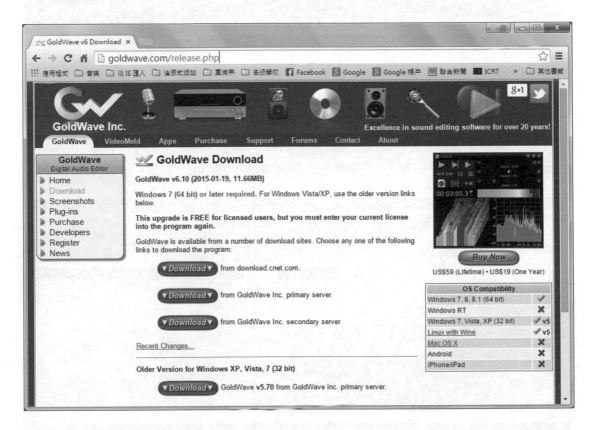

⇨ 6-2-2　Goldwave的操作環境

下載安裝後，各位就會在桌面上看到 的圖示，按滑鼠兩下於圖示上，即可進入Goldwave的操作環境。

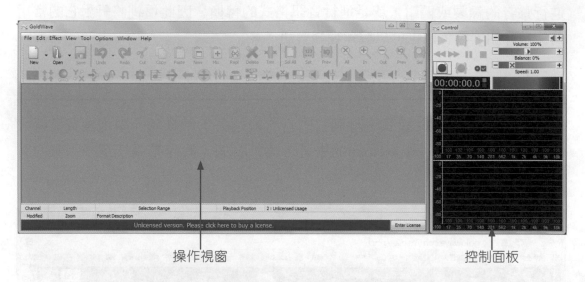

操作視窗　　　　　　　　　　　　　　　　　　　　控制面板

預設狀態它會同時顯現左側的操作視窗與右側的控制面板，控制面板主要是作錄音或播放的動作，若按下 ▣ 鈕將控制面板關閉，那麼它會縮小並顯示在操作視窗中，如此一來也可以增加音訊檔編輯的區域。

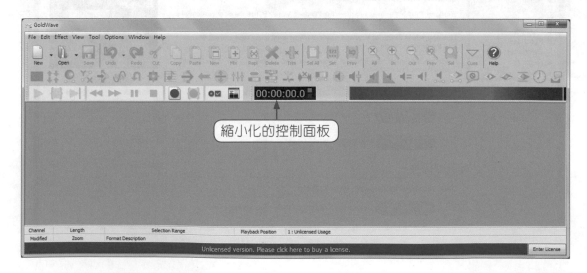

縮小化的控制面板

⇨ 6-2-3 新/舊檔案的開啓

預設狀態下因爲沒有任何的音訊檔被開啓，所以只能做開新檔案、開啓舊檔、錄製聲音等動作。在此先來看看開啓新/舊檔案的方式。

開新檔案

按下「New」鈕將會開啓「New Sound」的視窗，此視窗提供聲音軌道數（Number of channels）、取樣頻率（Sampling rate）、和聲音長度（Initial file length）的設定，也可以從「Presets」中直接選擇預設的聲音品質。

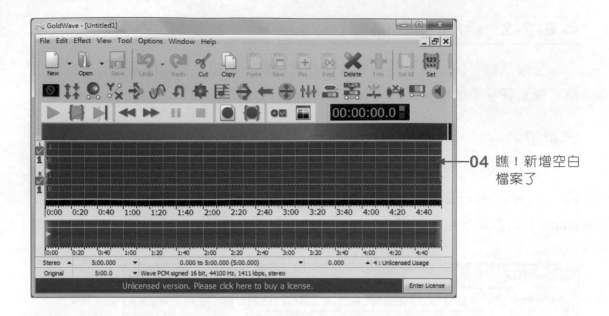

04 瞧！新增空白檔案了

開啟舊檔

如果按下「Open」鈕或執行「File/Open」指令，則可以將現成的檔案開啟來編輯。

01 按下「Open」鈕，使顯現此視窗

02 點選現有的檔案名稱

03 按下「開啟舊檔」鈕

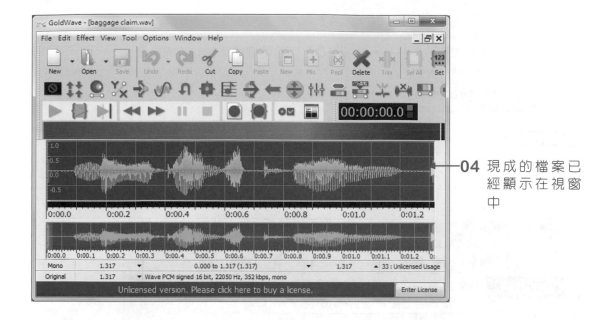

04 現成的檔案已
經顯示在視窗
中

⇨ 6-2-4 聲音的錄製

如果你想將聲音透過麥克風錄製下來，像是旁白、對話、或是特殊的聲效…等，只要將麥克風連接到電腦上，再由「Contrl」面板上按下 ● 鈕，即可對著麥克風進行聲音的錄製。

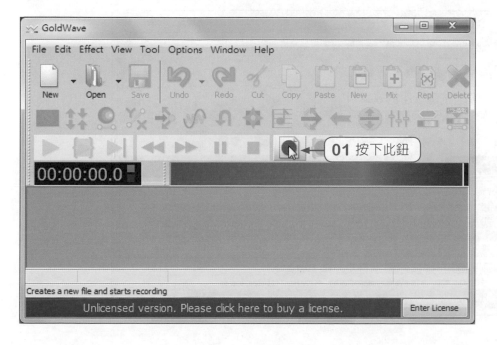

01 按下此鈕

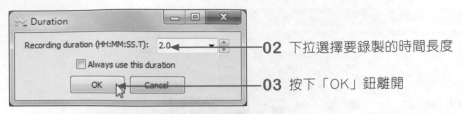

02 下拉選擇要錄製的時間長度

03 按下「OK」鈕離開

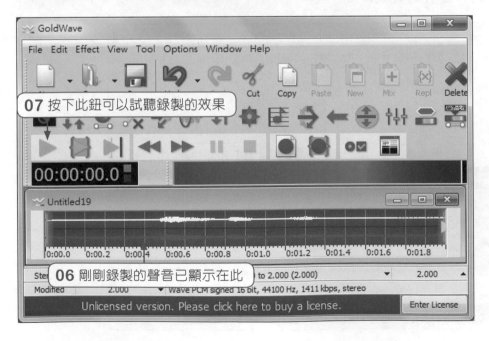

⇨ 6-2-5 聲音的儲存

　　剛剛錄製下來的聲音還只是暫存檔，如果要將聲音保存下來，就必須利用「File/Save」指令，或是按下「Save」鈕來儲存。

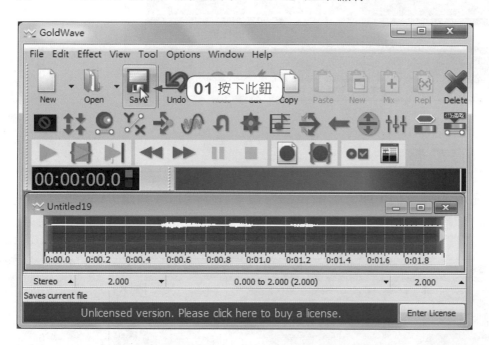

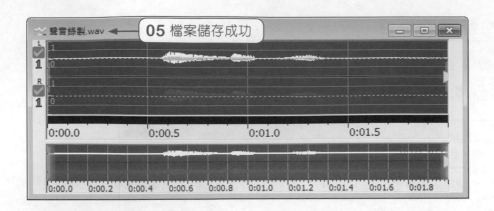

⇨ 6-2-6 修剪聲音

剛錄製完成的聲音檔，通常其前後都會留下許多空白（無聲），或是聲音內容很長，只想要擷取其中的一小段，此時就要透過修剪的功能來修剪聲音。

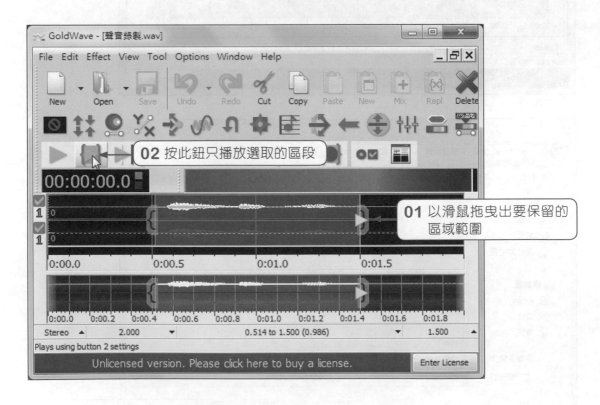

03 執行「Edit/Trim」指令

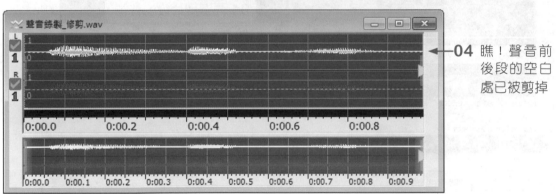

04 瞧！聲音前後段的空白處已被剪掉

6-3 儲存選取的區段功能

在錄製聲音旁白時，有時因為作業的連貫性，一口氣把所有的聲音錄在在同一檔案中，但是實際使用時，必須將檔案作一個個的切割，此時可以利用「File/Save Selection As」指令來做儲存，如此一來就不用每次都得開啟檔案，然後在很大的檔案中找尋要使用的小片段，加快編輯的速度。如下圖所示：

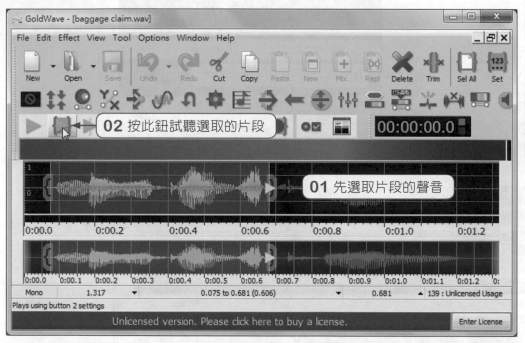

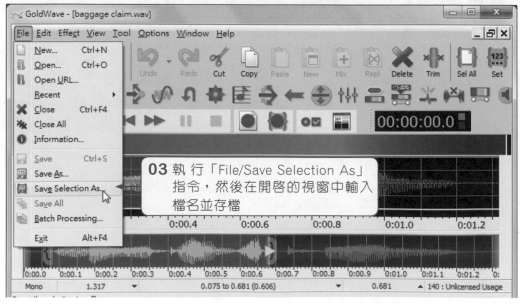

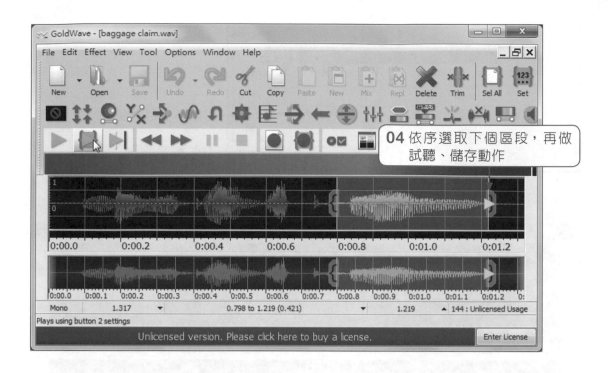

04 依序選取下個區段，再做試聽、儲存動作

6-3-1 音量的調整

錄製聲音後，如果發現聲音太小或是太大聲，可以利用Goldwave 的「Effect/ Volume/ Change Volume」指令來做調整喔！

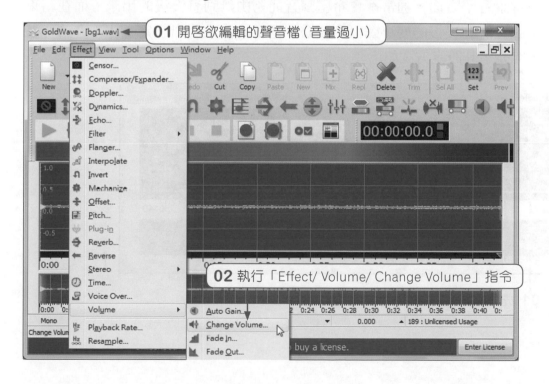

01 開啟欲編輯的聲音檔（音量過小）

02 執行「Effect/ Volume/ Change Volume」指令

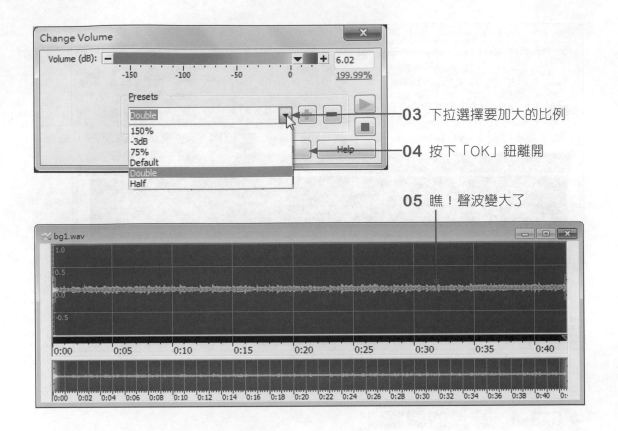

03 下拉選擇要加大的比例

04 按下「OK」鈕離開

05 瞧！聲波變大了

⇨ 6-3-2 淡入淡出設定

在背景音樂方面，通常都會希望聲音能夠由無到有慢慢的出來，而在結束前則是聲音能夠慢慢的變小聲直到無聲。這樣的淡入淡出設定，才不會讓背景音樂太突兀，其設定方式如下：

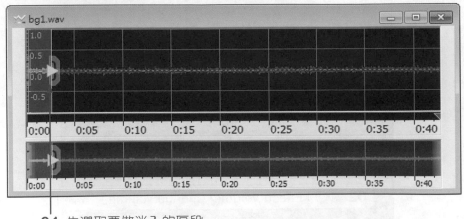

01 先選取要做淡入的區段

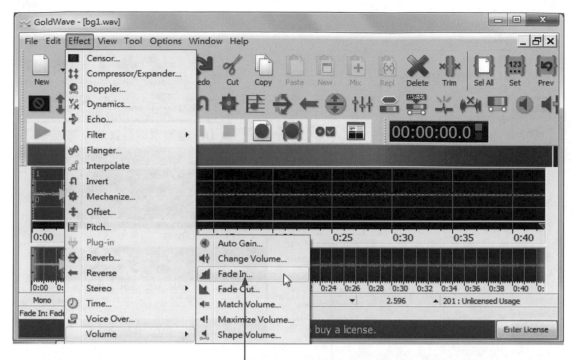

02 執行「Effect/ Volume/ Fade In」指令

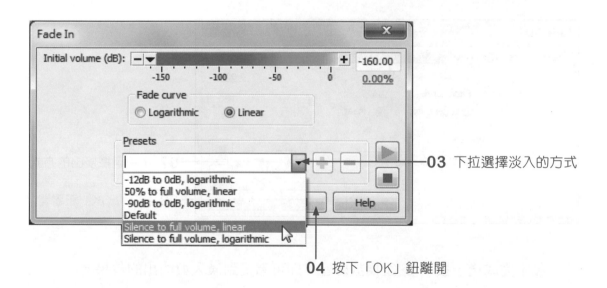

03 下拉選擇淡入的方式

04 按下「OK」鈕離開

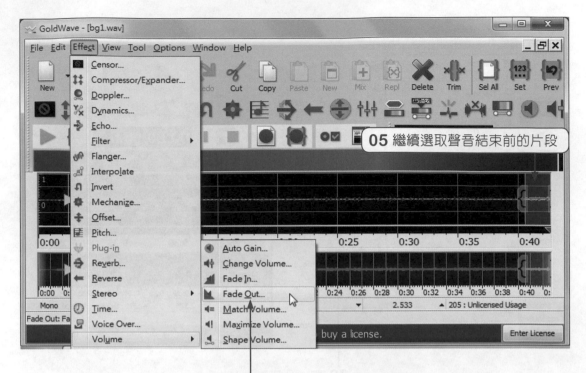

06 執行「Effect/ Volume/ Fade Out」指令

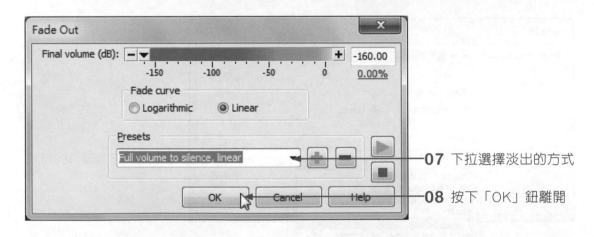

07 下拉選擇淡出的方式

08 按下「OK」鈕離開

設定完成後，按下 ▶ 鈕播放聲音，即可感受到淡入與淡出的效果。

⇨ 6-3-3 回聲效果設定

　　在 Goldwave 程式中，也提供各種的聲音效果可以使用，這些效果大都存放在「Effect」功能表中，各位可以自行嘗試看看。這裡介紹 Echo（回聲）的效果，它可以產生如在山谷中所產生的迴響聲。設定方式如下：

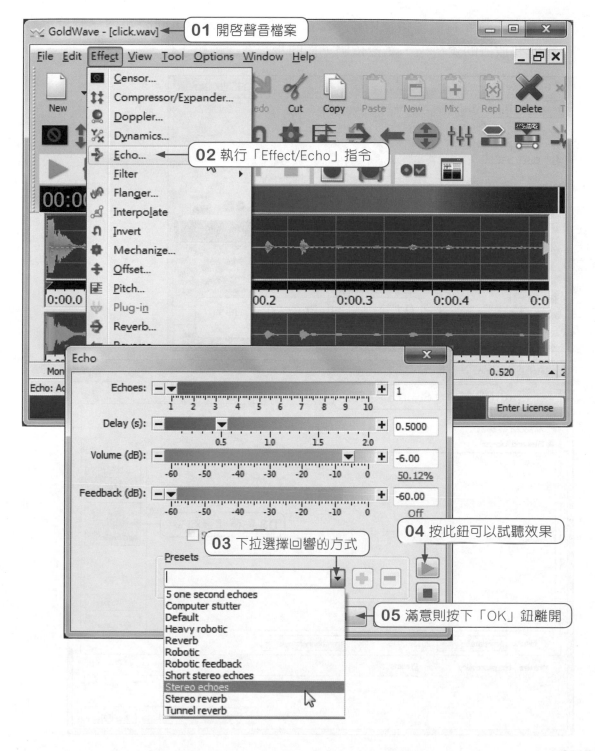

⇨ 6-3-4 批次轉檔

假如各位因為用途的不同，必須將大批的音檔轉換成不同的檔案格式，那麼「Bath Processing」的功能你不可不知，因為學會這樣的批次轉檔功能，你就有更多的時間可以休息納涼，讓辛苦的手也可以輕鬆一下。

設定前請先將需要轉檔的檔案放置在同一資料夾中，同時新增一個檔案轉存後所要放置的資料夾，然後依照下面的步驟進行轉檔工作。

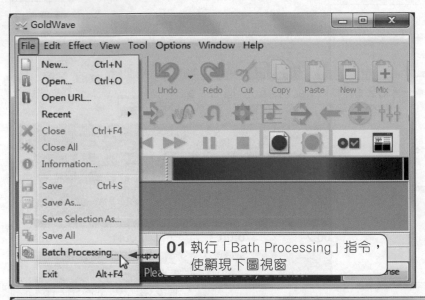

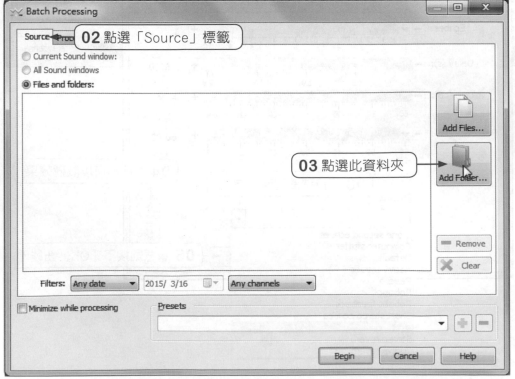

05 按下「OK」鈕離開

06 切換到「Destination」標籤

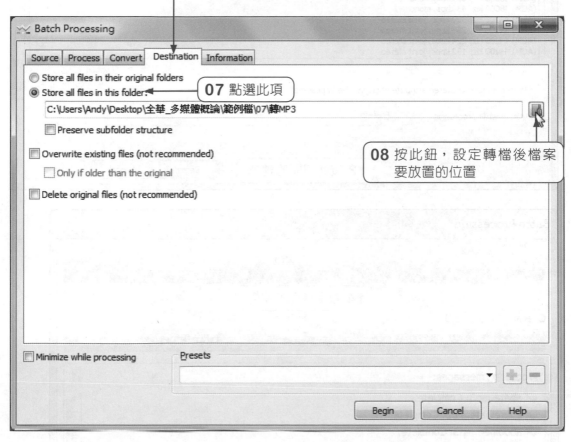

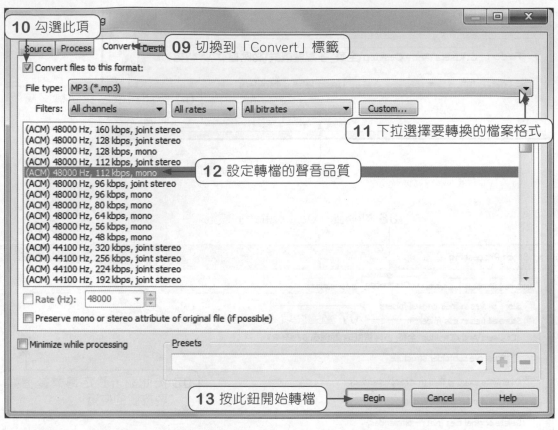

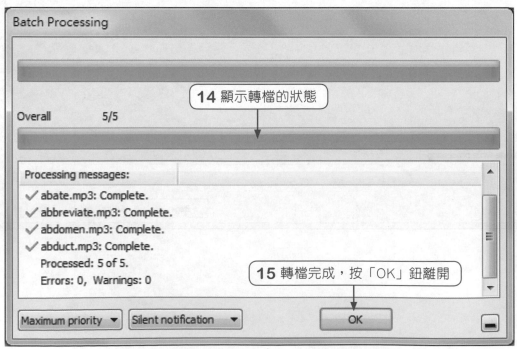

完成如上動作後，開啓該資料夾，即可看到檔案皆已轉成MP3的格式了。

● 是非題

1. （　）Goldwave的控制面板，主要用來編輯聲音。

2. （　）關閉Goldwave的控制面板，可以增加音訊檔編輯的區域。

3. （　）從Goldwave開啟新檔時，可同時設定聲音軌道數、取樣頻率、和聲音長度。

4. （　）以Goldwave錄製聲音時，可預先設定錄製的時間長度。

5. （　）在Goldwave程式中執行「File/Save」指令，可任意指定要儲存的聲音格式。

6. （　）執行「Edit/Trim」指令，可將選取區以外的聲音刪除。

7. （　）執行「File/Save Selection As」指令，可以只儲存片段選取的聲音。

8. （　）聲音太小或太大聲，可利用「Effect/ Volume/ Change Volume」指令來調整。

9. （　）要產生迴響聲可利用「Effect/Echo」指令來處理。

● 簡答與實作題

1. 請簡要說明Goldwave軟體的特點。

2. 請說明如何透過Goldwave軟體來錄製聲音。

3. 請說明聲音淡入淡出的特點，以及其設定的方式。

4. 請說明批次轉檔的功能，及其使用方式。

07

Audacity輕鬆學

Audacity 是一套跨平台（Windows、UNIX-Like、Mac OS）的音訊的免付費編輯軟體，它提供剪輯聲音、合成音樂、剪接、混音、與錄製的功能，而且支援多國語言，在外掛模組上面也有許多支援，可以在各種作業系統下使用，因此對於英文版的剪輯軟體有些畏懼的讀者，可以考慮下載此軟體來使用。

7-1　Audacity編輯音訊不求人

想要下載 Audacity 程式，請透過瀏覽器連結到如下的網址進行下載：http://audacity.sourceforge.net/download/?lang=zh-TW。

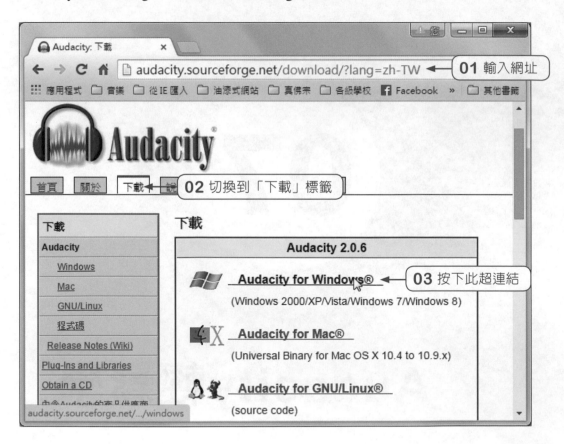

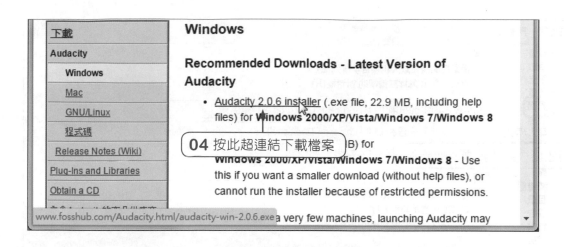

接下來依照精靈的指示安裝軟體，即可完成軟體的安裝。

⇨ 7-1-1 繁體中文語系設定

剛進入Audacity環境時，各位看到的是簡體版，現在我們準備將語系更換為繁體中文。設定方式如下：

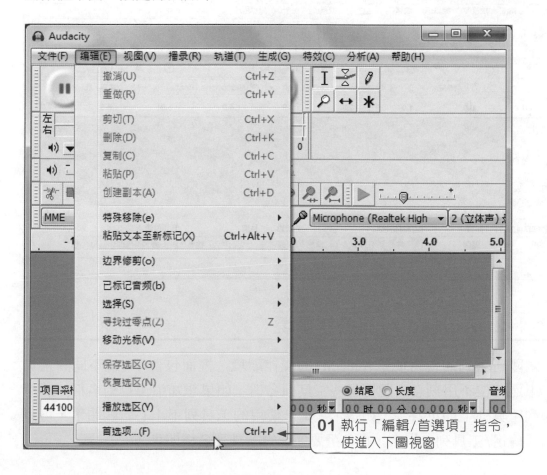

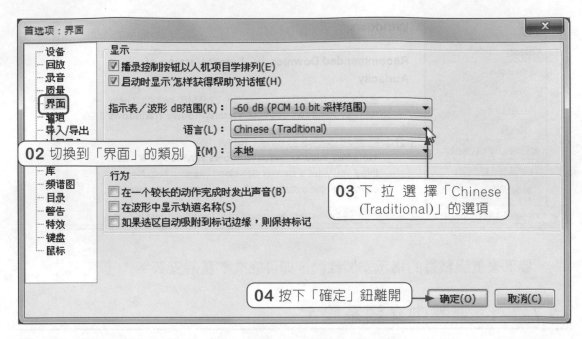

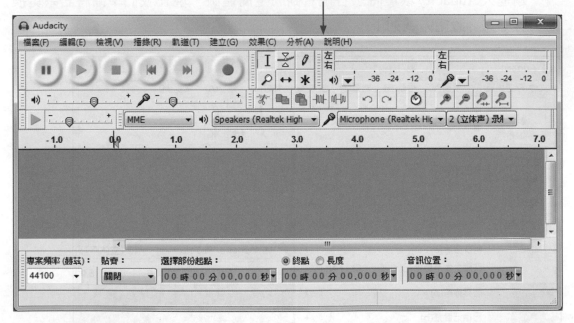

⇨ 7-1-2 Audacity的操作環境

剛剛所看到的視窗便是Audacity的操作環境，裡面包含了8種不同的工具列，不過各位不用刻意去記憶這些工具列名稱，如果想知道工具列名稱，將滑鼠移到工具列上即可看到，如圖示。萬一使用的工具列不小心給關閉了，可以透過「檢視/工具列」指令，再勾選要顯示的工具列名稱即可。

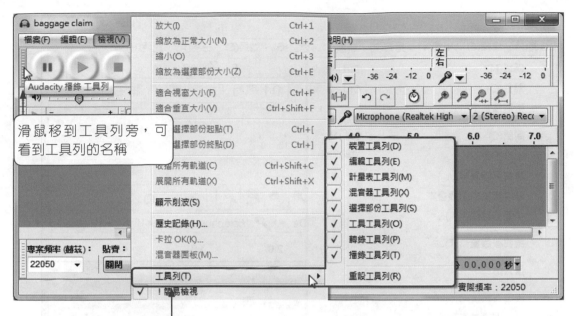

滑鼠移到工具列旁，可
看到工具列的名稱

工具列不見了，可以由此讓它再度開啟

⇨ 7-1-3 開啓舊有檔案

　　想要開啟現有的音訊檔來編輯，使用「檔案/開啓」指令就可辦到，不過
Audacity與其他軟體不一樣的地方是，它提供以下兩種開啓的方式：

◎ 在編輯前製作一份檔案的副本（較安全）。

◎ 從原始檔案中直接讀取檔案（較快速）。

　　因此當開啓舊檔時，你會遇到這樣的選項視窗，各位可以擇一做選擇。
因為Audacity有它自己專屬的專案檔格式（*.aup），所以當各位編輯完成音訊
時，並不是使用「Ctrl」+「S」鍵或「檔案/儲存專案」指令來儲存音訊檔，而
是要利用「檔案/匯出音訊」的功能，才可以選擇想要儲存的音訊格式喔！

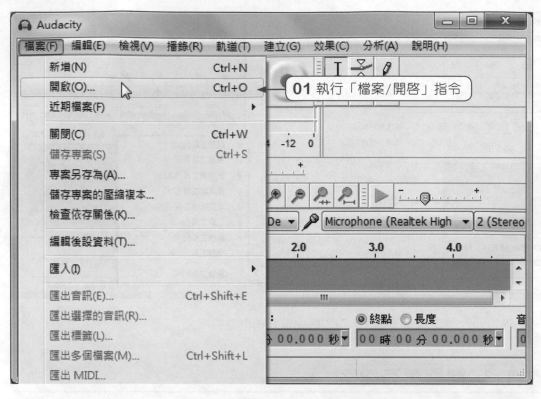

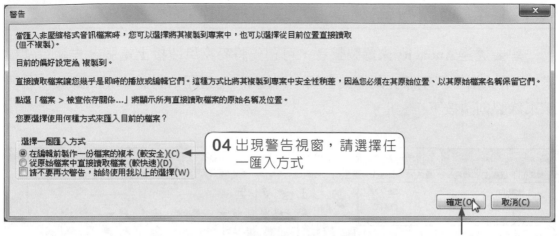

04 出現警告視窗，請選擇任一匯入方式

05 按下「確定」鈕離開

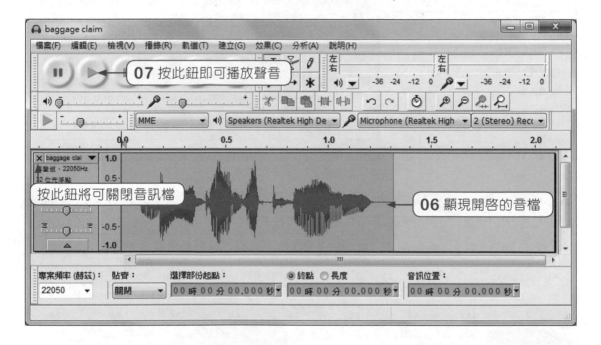

07 按此鈕即可播放聲音

按此鈕將可關閉音訊檔

06 顯現開啟的音檔

音訊檔開啟後，按下 ▶ 鈕可以播放聲音，而按下 ✕ 鈕則可關閉音訊檔。

⇨ 7-1-4 錄製聲音

　　想要透過Audacity來錄製聲音，可預先將麥克風連接上電腦，先執行「檔案/新增」指令清空原先的檔案名稱，再按下 ⏺ 鈕開始對著麥克風錄製，若要結束錄製則請按下 ⏹ 鈕。

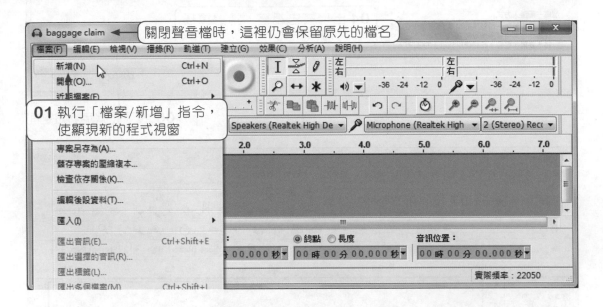

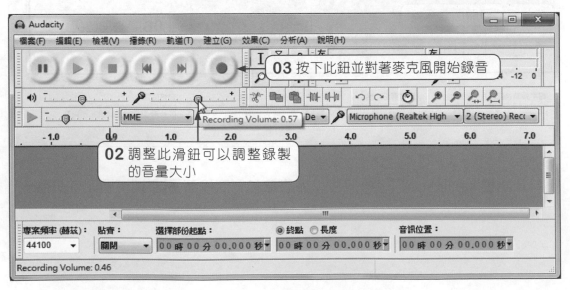

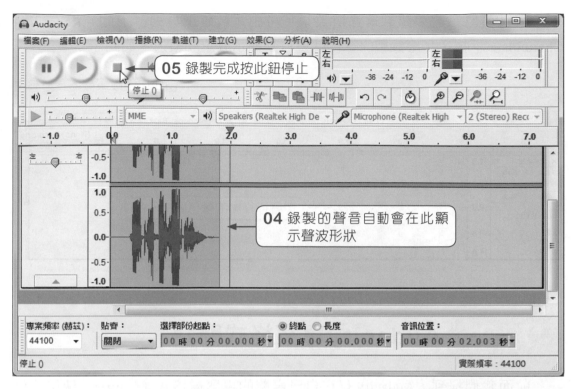

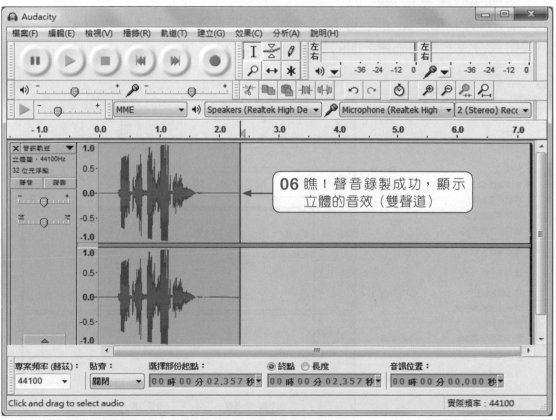

　　如果各位只需要錄製單聲道效果，可由「裝置工具列」上的「Recording Channels」下拉，那麼錄製的聲音就會自動顯示成單一軌道，如圖示：

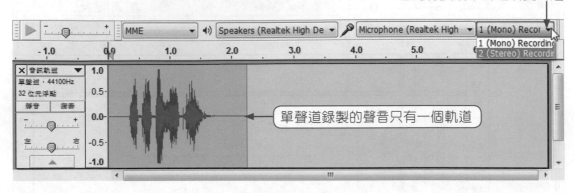

由此切換成單聲道或雙聲道

單聲道錄製的聲音只有一個軌道

7-2　Audacity專案格式簡介

　　前面我們提到，Audacity有它自己專屬的專案檔格式（*.aup），使用「檔案／儲存專案」指令儲存成aup格式後，下次開啟該專案檔，就可以繼續做聲音的剪輯或合成。我們延續上面的範例繼續設定。

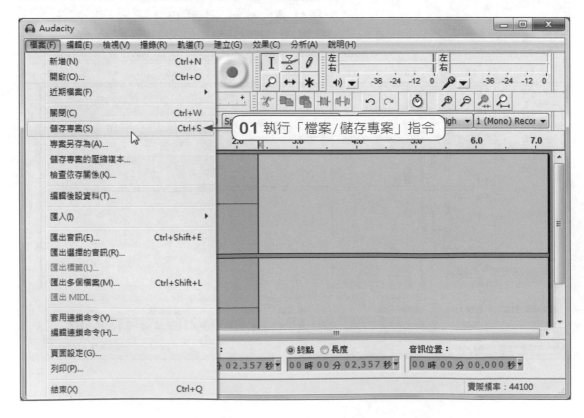

01 執行「檔案／儲存專案」指令

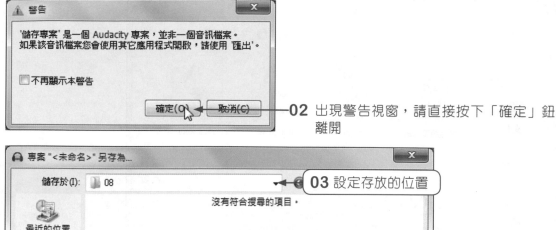

02 出現警告視窗，請直接按下「確定」鈕離開

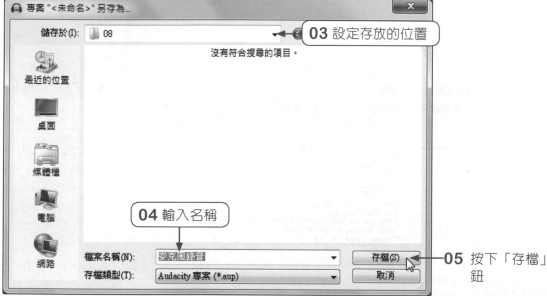

03 設定存放的位置

04 輸入名稱

05 按下「存檔」鈕

⇨ 7-2-1 匯出成WAV/AIFF聲音格式

如果錄製或編輯的聲音是要儲存成其他的音檔格式，諸如：WAV、AIFF等，那麼必須使用「檔案/匯出音訊」指令來處理。

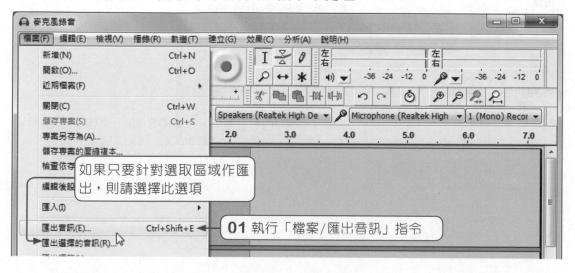

如果只要針對選取區域作匯出，則請選擇此選項

01 執行「檔案/匯出音訊」指令

03 輸入檔案名稱

04 按下「存檔」鈕

02 下拉選擇 WAV 或 AIFF 檔案格式

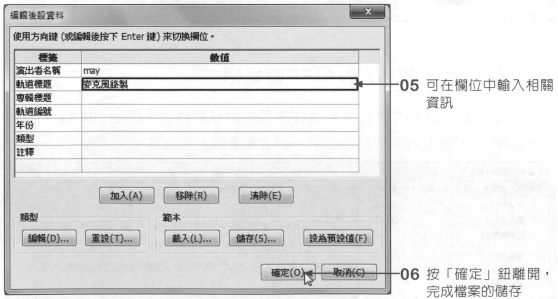

05 可在欄位中輸入相關資訊

06 按「確定」鈕離開，完成檔案的儲存

⇨ 7-2-2 匯出成MP3聲音格式

如果錄製或編輯的聲音想要儲存成MP3的格式，那麼首次使用時還必須先透過以下的設定，才能匯出成MP3的檔案。

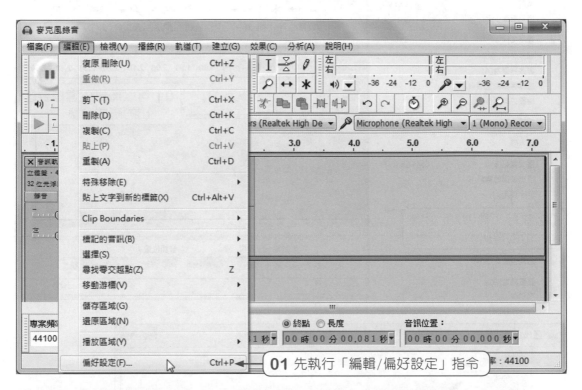

01 先執行「編輯/偏好設定」指令

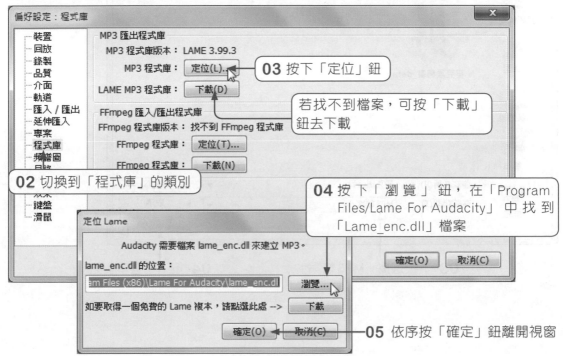

02 切換到「程式庫」的類別

03 按下「定位」鈕

若找不到檔案，可按「下載」鈕去下載

04 按下「瀏覽」鈕，在「Program Files/Lame For Audacity」中找到「Lame_enc.dll」檔案

05 依序按「確定」鈕離開視窗

完成如上設定後，現在就可以準備將檔案匯出成MP3格式。

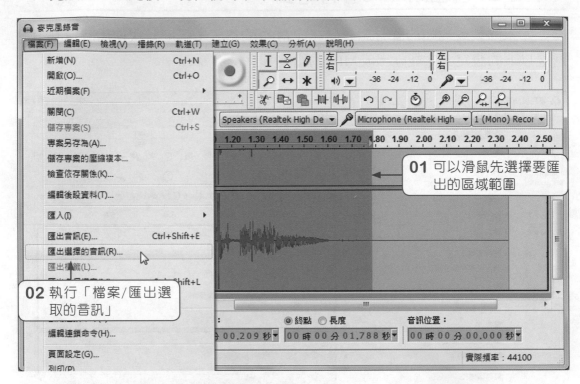

03 下拉選擇「MP3檔案」　　　　04 按下「選項」鈕

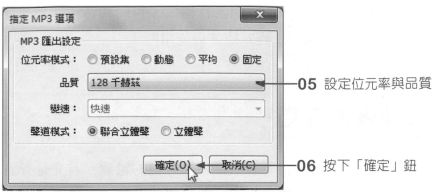

05 設定位元率與品質

06 按下「確定」鈕

07 設定檔名

08 按下「存檔」鈕

09 按下「確定」鈕
儲存檔案

除了MP3格式外，若是要匯出成WMA的聲音格式，也同樣必須透過「偏好設定」的程式庫先下載與定位FFmpeg程式庫才可使用喔！

7-3　修剪聲音技巧

學會專案檔的儲存與匯出方式，接著繼續學習聲音檔的編輯。首先是聲音的修剪，因為聲音錄製時，通常前後都會留下一些無聲的區段，各位可以選取不要的區段，再利用「編輯/刪除」指令加以刪除。

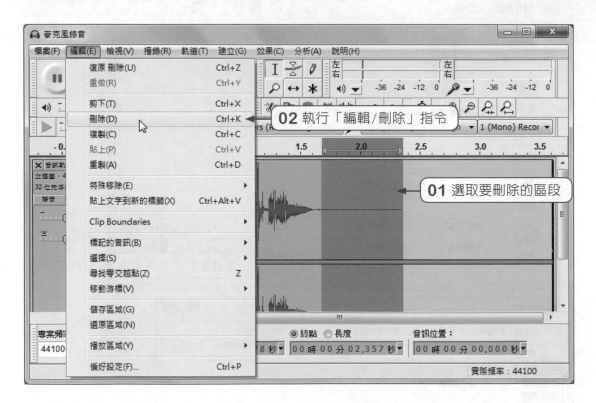

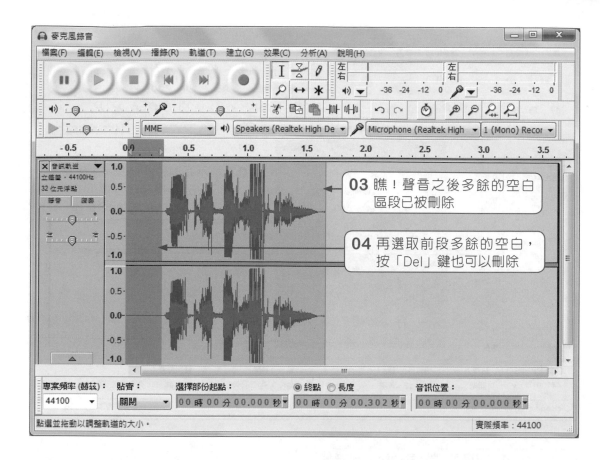

除了上述的修剪方式外，也可以選取要保留的區段，再由「編輯工具列」按下「修剪音訊」 ⅢⅢ 鈕，一樣可以修剪聲音。

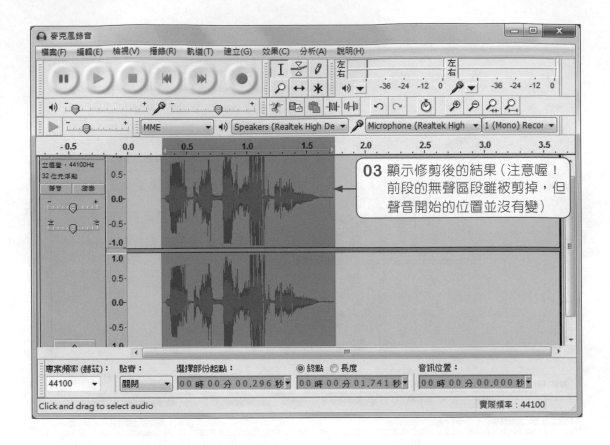

03 顯示修剪後的結果（注意喔！前段的無聲區段雖被剪掉，但聲音開始的位置並沒有變）

⇨ 7-3-1 聲音的重複設定

有些音效或背景音樂，想要讓它重複的播放，利用Audacity的「效果/重複」指令，即可指定要重複的次數。

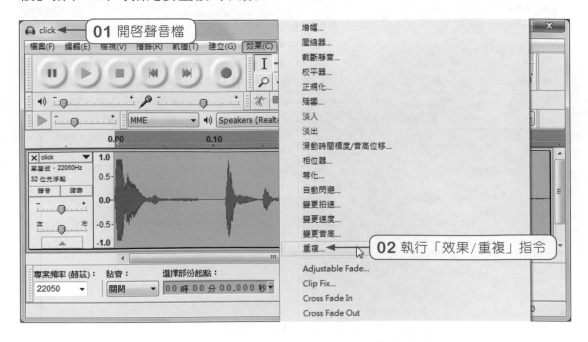

01 開啟聲音檔

02 執行「效果/重複」指令

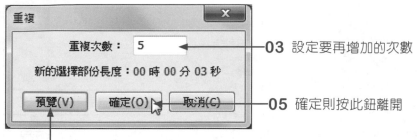

03 設定要再增加的次數

05 確定則按此鈕離開

04 按下「預覽」鈕可以聽到6次的相同聲音

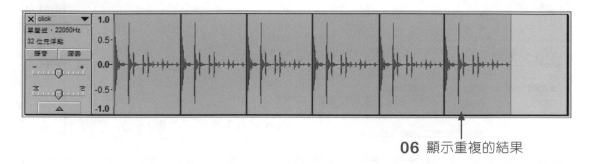

06 顯示重複的結果

⇨ 7-3-2 淡入淡出效果設定

要為音訊檔加入淡入與淡出的效果，透過「效果」功能表的「淡入」與「淡出」指令即可搞定。

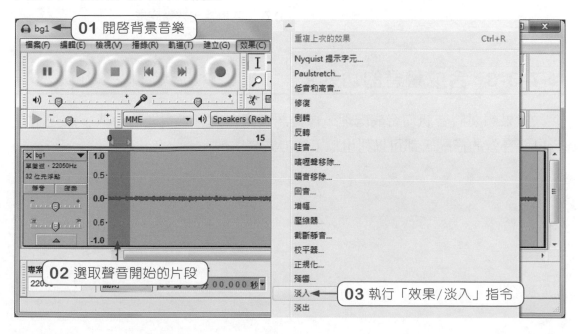

01 開啟背景音樂

02 選取聲音開始的片段

03 執行「效果/淡入」指令

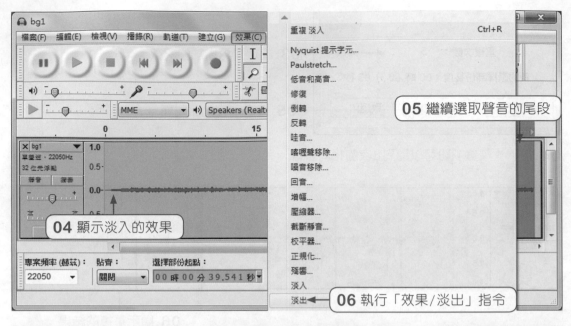

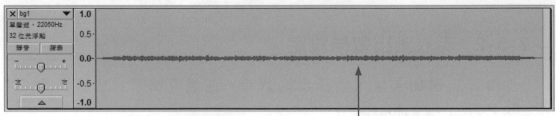

07 淡入與淡出效果完成

⇨ 7-3-3 合成聲音的功效

　　如果想要將音訊作合成處理，像是語音旁白與背景音樂的合成，或是語音旁白與音效的搭配，都可以利用以下的方式來處理。

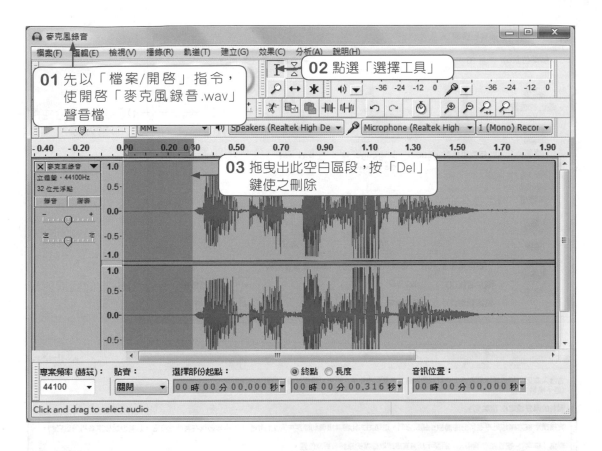

01 先以「檔案/開啟」指令，使開啟「麥克風錄音.wav」聲音檔

02 點選「選擇工具」

03 拖曳出此空白區段，按「Del」鍵使之刪除

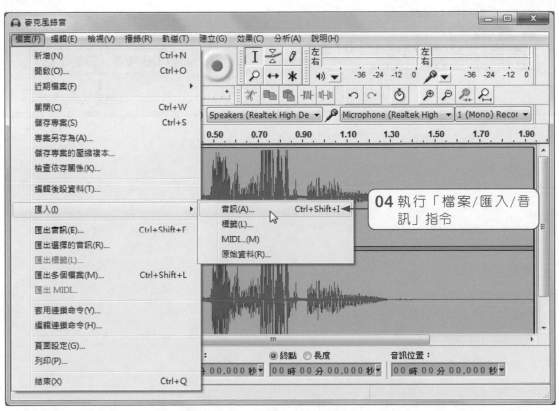

04 執行「檔案/匯入/音訊」指令

05 點選要合成的音效檔

06 按此鈕開啓檔案

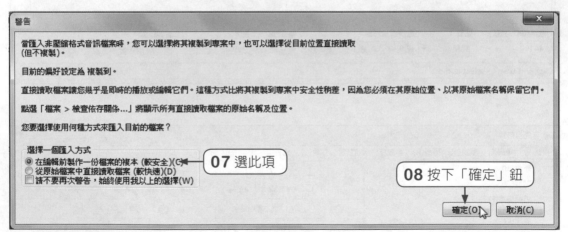

07 選此項

08 按下「確定」鈕

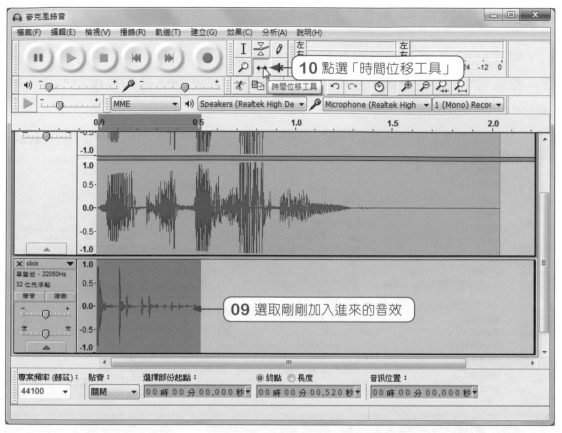

10 點選「時間位移工具」

09 選取剛剛加入進來的音效

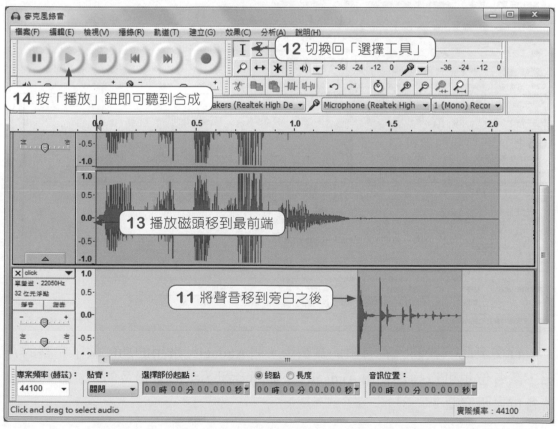

12 切換回「選擇工具」

14 按「播放」鈕即可聽到合成

13 播放磁頭移到最前端

11 將聲音移到旁白之後

⇨ 7-3-4 聲音分割與新增

開啓的聲音檔,如果需要從中間分割某一區段,並將其分離出來,那麼「編輯/Clip Boundaries/分割並新增」指令可以達到這樣的效果喔!設定方式如下:

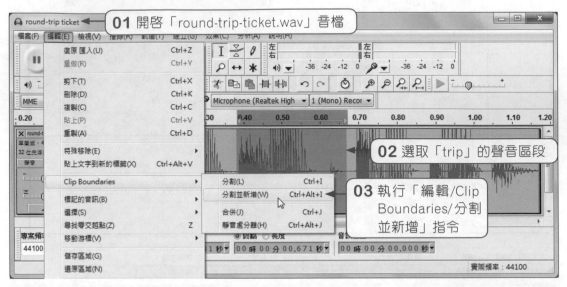

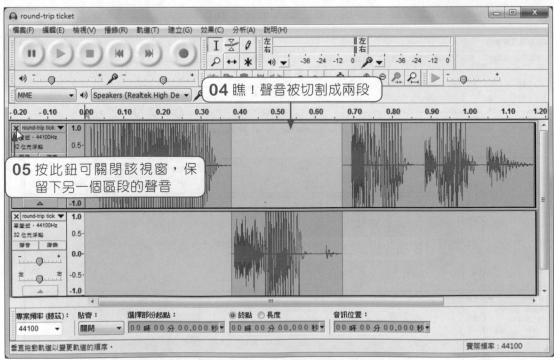

行文至此,我們已在有限的頁數中,將Audacity常用的功能做了完整的介紹,讓各位也可以輕鬆使用Audacity來編輯音訊,至於未提及的功能技巧則留待各位去研究囉!

● 是非題

1. （　） Audacity有提供繁體中文的切換功能。

2. （　） Audacity的專屬專案檔格式為 *.aup。

3. （　） Audacity編輯完成的音訊，使用「Ctrl」＋「S」鍵，就可以選擇想要儲存的音訊格式。

4. （　） 透過Audacity程式，也可以將聲音經由麥克風錄製成聲音檔。

5. （　） 透過麥克風錄製的聲音，只能錄製單聲道的聲音。

6. （　） Audacity程式無法將聲音匯出成MP3的格式。

7. （　） 使用「效果/重複」指令，可指定要重複的次數。

8. （　） 要將語音旁白與背景音樂做合成，可透過「檔案/匯入/音訊」指令來加入。

9. （　）「編輯/Clip Boundaries/分割並新增」指令，可將聲音從中間分割出某一區段，然後分離出來。

● 實作與簡答題

1. 請簡要說明Audacity軟體的特點。

_____

_____

_____

2. 請說明如何將Audacity的環境設定為繁體中文。

_____

_____

_____

3. Audacity開啟檔案的方式與其它軟體略有不同，請說明它所提供的兩種開啟檔案方式。

_____

_____

_____

4. 請利用 Audacity 的錄音功能，錄製一段自我介紹的語音旁白。

_____

_____

_____

08

視訊媒體簡介與
會聲會影X7

最早的視訊是用在電視，現在則是增加了電腦與手機等裝置上播放，視訊訊號也從早期的類比訊號發展到數位訊號。隨著社群平台的崛起，各位會發現最容易被分享和按讚的內容都是影片，例如YouTube是設立在美國的一個全球最大線上影音網站，每個月超過1億人次以上的人數造訪，這個網站可以讓使用者上傳、觀看及分享影片。

➡ Youtube上收藏了相當豐富的視訊影片

8-1　視訊媒體簡介

視訊（Video）就是一系列具有靜態影像與聲音效果的影片，並能加以儲存、傳送與重現的各種技術，當快速放映時，利用視覺暫留原理，影像會產生移動的感覺，這正是視訊播放的基本原理。

⇨ 8-1-1　視覺暫留的原理

視覺暫留指的是「眼睛」和「大腦」聯合起來欺騙自己所產生的幻覺，也就是光對視網膜所產生的視覺效應，視覺暫留效應在光停止後，會保留約二十四分之一秒。當有一連串的「靜態影像」在您面前「快速的」循序播放時，只要每張影像的變化夠小、播放的速度夠快，您就會因為視覺暫留而產生影像移動的錯覺。

以電影而言，其播放的速度為每秒24個靜態畫面，基本上這樣的速度不但已經非常足夠令您產生視覺暫留，而且還會讓您覺得畫面非常流暢（沒有延遲現象）。由於視訊是由一個個靜態圖像持續切換形成，每一個畫面被稱為影格（Frame），衡量影像播放速度的單位為「FPS」（Frame Per Second），也就是每秒可播放的畫框（Frame）數，一個畫框中即包含一個靜態影像。

就以早期電視機使用映像管為例，透過映像管後端電子槍射出電子，中間經過偏向電圈的磁場後打在螢幕上顯示出畫面；在很短的時間內將螢幕上的每一個點都撞擊過的順序稱為掃描方式。電視的原理就是電子束以水平方向掃描進行，螢幕畫面由一條條水平掃瞄線構成。基本上，決定視訊品質好壞的因素包括掃瞄線與播放影格數目（Frame），一個畫面的掃瞄線愈多，所顯現的影像就愈清晰細緻，一秒鐘播放的影格數目則決定播放出來的效果是否平順好看。

TIPS

交錯掃描（Interlaced）是將一個畫面分割成兩次傳送，水平掃描線分為奇數與偶數，先送出奇數線，再送偶數線，一直持續輪替。還有一種長寬比（Aspect Ratio），用來描述畫面上像素的比例，早期電視的長寬比為4:3，現今數位電視的長寬比多為16:9。

視訊資料在無線或有線傳輸的環境下可轉換成無線電波來傳送，目前全球常見的三大電視播放傳輸系統規格如下表所示，不同的電視播放系統規格所做出來的影帶是無法在另外兩種規格上播放，以下是視訊播放系統規格：

NTSC

1952年由美國國家電視標準委員會NTSC（National Television System Committee）制定的彩色電視廣播標準。標準規格：

- 水平掃描線525條
- 交錯式掃描
- 每秒30個畫面
- 解析度720×480
- 長寬比4:3 或 16:9

PAL

PAL（Phase Alternative Between Line）於1967年成立。針對美規NTSC的缺點來研究及改進。標準規格：

- 水平掃描線625條

- 交錯式掃描

- 每秒25個畫面

- 解析度720×576

- 長寬比4:3 或 16:9

SECAM

SECAM（Se'quential Co'uleur A Me'moire）是1966年由法國研發與制定的彩色電視廣播標準。標準規格：

- 水平掃描線625條

- 交錯式掃描

- 每秒25個畫面

- 解析度720×576

- 長寬比4:3 或 16:9

● 目前全球常見的播放傳輸系統規格

規格名稱	掃描線數	畫面更換頻率（畫格）	採用地區
NTSC	525	30 fps	美國、加拿大、墨西哥、以及台灣、日本、韓國、菲律賓等所採用的視訊規格。
PAL	625	25 fps	為歐洲國家、中國 、香港 等地所採用的視訊規格，除了採用NTSC與SECAM標準外，全球大部分國家都採用PAL標準。
SECAM	625	25 fps	為法國、東歐、蘇聯及非洲國家等地所採用之電視制式。

⇨ 8-1-2　視訊的種類與壓縮

視訊的型態可以分為兩種：一種是類比視訊，傳統電視系統是最具代表性的類比視訊，它是一種連續且不間斷的波形，藉由波的振幅和頻率來代表傳遞資料的內容；另一種則為數位視訊，例如電腦內部由0與1所組成的數位視訊訊號（Signal），由於資料本身儲存時便以數位方式，因此在傳送到電腦的過程中不會產生失真的現象，透過視訊剪輯軟體（例如：威力導演、會聲會影、Premiere）來進行編輯工作。

視訊壓縮的原理其實相當簡單，由於視訊是由一張張的靜態圖像組合而成，為了縮減資料量以使傳輸或播放順暢，因為視訊資料量也像音訊資料，允許壓縮過後的視訊在還原時可以有容許某種程度的「失真」現象。因為視訊是由一連串靜止畫面所組成，每個畫面雖然就是一張圖像，但其和一般圖像資料的不同點是相鄰近的畫面間可能會有極高的相關性，壓縮就是利用連續畫格的相似性，來降低儲存資料量，也就是連續兩個畫面的內容往往相差無幾，因此在儲存上，只需要記錄其中的某些關鍵畫格（稱為I-Frame）即可。

MPEG（Motion Pictures Expert Group） 是 一 個 國 際 標 準 委 員 會（International Organization for Standardization, ISO） 與 國 際 電 工 委 員 會（International Electro Technical Commission, IEC）下的一個協會組織，成立於1988年，負責發展之視訊與音訊的壓縮、解壓縮、處理、編碼之國際標準。MPEG檔的最大好處在於其檔案較其他檔案格式的檔案小許多，其較具代表性的標準如下所示：

MPEG-1

最早推出的MPEG技術，廣泛應用於VCD中；另外當今流行了MP3即是MPEG-1 Layer 3的縮寫。通常應用於VCD及一些視訊下載的網路應用上，可將原來的NTSC規格的類比訊號壓縮到原來的1/100大小，標準解析度為352×240。

MPEG-2

MPEG-2為MPEG-1技術的延伸，應用於DVD技術。除了作為DVD的指定標準外，於1993年推出的更先進壓縮規格，較原先MPEG-1解析度高出一倍，標準解析度為720×480，畫面掃描方式除了原先MPEG-1所使用的逐行掃描外，也增加交錯掃描的方式。

MPEG-4

MPEG-4的壓縮率是MPEG-2的1.4倍，影像品質接近DVD，同樣是影片檔案，卻比MP4錄製的檔案容量小很多，除了達到極高的壓縮比例之外，新增了互動功能，MPEG-4不是一張張圖像處理的方式進行編碼，而是以物件方式來表示視訊畫面中的各種資料。主要用於網路多媒體串流與視訊電話。目前隨身影音播放器或手機，都是以支援此種格式為主。

MPEG-7

MPEG-7並非視訊壓縮編碼規格，使用結構化描述語言紀錄視訊中的各個元件屬性（包含形狀、顏色、及紋理）以及元件之間的關係，滿足對視訊、影像、語音的多媒體應用要求。

AVI

AVI（Audio Video Interleave）即音頻視訊交叉存取格式，與MPEG及QuickTime並列三大視訊技術。AVI將視訊與音訊交錯排列，也就是播幾張影像後再播放聲音，如此交錯播放使得影像與聲音達到同步的效果。是由微軟所發展出來的影片格式，也是目前Windows平台上最廣泛運用的視訊與音訊格式。它可分為未壓縮與壓縮兩種，一般來講，網路上的avi檔都是經過壓縮，若是未壓縮的avi檔則檔案容量會很大，不過AVI僅是定義多媒體檔案的格式，但不包含編碼方式。

DivX

由Microsoft mpeg-4v3修改而來，使用 MPEG-4 壓縮演算法，最大的特點就是高壓縮比和清晰的畫質，更可貴的是DivX 的對電腦系統要求也不高。

MOV

是QuickTime影片格式，由蘋果（Apple）公司所開發的一種影音格式，以超高畫質與完美音效著稱，所以有很多精彩的電影預告片，幾乎都以QuickTime格式為首選，過去為Mac平台所使用的影片格式，不過現今的PC平台也QuickTime軟體的播放程式，這些支援QuickTime檔案格式的作業系統包括Apple Mac OS，Microsoft Windows 95/98/NT/2003/XP/VISTA/7/9等主流電腦平台。

HDTV（High-Definition Television）

是一種新的視訊顯示規格，各方面比現在的電視標準都要高級的視訊系統，並且支援到1,920×1,080 的螢幕解析度，使用長寬比16:9的顯示螢幕、也具備多種畫面更新率：23.976、24、25、29.97、30、50、59.94、或60 FPS，帶來更細膩的自然影像，也可以提供更大畫面觀賞的選擇。

⇨ 8-1-3　串流媒體

串流媒體（Streaming Media）是新一代的多媒體傳播方式，主要用於網路上影片的播放；過去若要觀賞網路上的影片，必須等待整部影片完成下載到本地端硬碟後才可播放，不僅花費大量時間也佔用不少硬碟空間。串流技術正式為解決上述問題而誕生，透過串流技術的傳輸，網路上的影片會被切割成數個小片段，每個片段以封包傳送到用戶端電腦上，用戶端電腦一邊持續接收封包，一邊使用者可以撥放已經接收的影片片段，不需要等待完整影片下載後才能觀賞，除了影片一開始播放的時候會有資料緩衝（Buffering）的延遲之外，幾乎不需要花費太多時間等待。這些影音封包在送達使用者的電腦之後，會依檔案格式由適當的播放軟體播放，串流技術僅傳輸資料，不會在用戶端電腦的硬碟留下檔案，因此版權的保護也較為周全。例如Windows Media Player、Real Player或QuickTime Player。

8-2 認識會聲會影X7操作介面

Corel公司所研發的會聲會影X7,是一套功能強大的影音視訊剪輯軟體,它簡單易學,彈指間就能輕鬆編輯家庭視訊,又支援多數的視訊來源,並提供各種濾鏡特效與轉場功能,讓各位完成的剪輯作品可以呈現專業水準。因此這一章節將針對會聲會影X7來做介紹。

當各位電腦上安裝了會聲會影X7的程式後,會在桌面上看到如下的圖示,按滑鼠兩下於圖示上便可啟動程式。

Corel
VideoStud
io Pro X7

啟動程式後將進入會聲會影的編輯程式,其視窗操作介面如下。

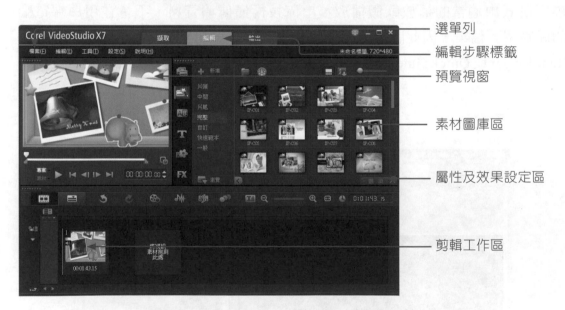

選單列
編輯步驟標籤
預覽視窗
素材圖庫區
屬性及效果設定區
剪輯工作區

⇨ 8-2-1　編輯步驟標籤

　　視訊的編輯過程，主要就是擷取視訊、編輯串接、最後輸出視訊。對於初學者來說，只要照著「擷取」、「編輯」、「輸出」等順序進行編輯，就能完成影片的製作。

「擷取」步驟可擷取各種不同來源的視訊，包括攝影機中的視訊，可透過數位媒體匯入，或是從螢幕錄製功能直接錄製電腦上的操作過程

「編輯」步驟提供各類影音素材的匯入，包括快速範本、轉場、標題、圖形、濾鏡等素材的編輯和使用

「輸出」步驟可建立視訊檔、聲音檔、光碟、匯
出到行動裝置中，或上傳到網站上與他人分享

⇨ 8-2-2 素材/專案的預覽

　　預覽視窗用來對編輯的專案內容或素材進行預覽，使用者可觀看到所有影
音、圖形、轉場變化、文字、濾鏡特效等的完整效果。

即時播放滑鈕

整個專案或單一素材的播放，
由專案及素材二鈕做切換

修剪的控制點

⇨ 8-2-3　剪輯工作區-時間軸與腳本

　　這是影片內容的編輯區域，素材排列的先後順序就是影片播放的順序，各位可以依照工作特點來選擇以「腳本檢視」或「時間軸檢視」模式來編輯素材。

腳本檢視

　　「腳本檢視」模式適合快速編排順序，或作轉場效果的加入。

— 腳本方框

— 轉場特效放置處

時間軸檢視

　　「時間軸檢視」模式則適合做細部的語音編輯、多層次的覆疊軌編輯或素材長短的設定。

— 視訊軌
— 覆疊軌
— 標題軌
— 語音軌
— 音樂軌

8-3 會聲會影的專案與素材

對於會聲會影的視窗環境有所了解後，接著要讓各位認識一下「專案」，以及一般初學者常碰到的找不到檔案的窘境。

⇨ 8-3-1 認識專案

在進入會聲會影時，程式都會預先開啟一個空白的專案，方便使用者編輯新的視訊內容。由於視訊編輯會包含許多視訊、相片、音檔…等素材，因此會聲會影把每個新編輯的檔案通稱為「專案」，它的特有格式是「*.vsp」，也就是 Video Studio Project 的意思。

專案檔的特點是檔案量相當的小，因為它僅儲存編輯的記錄，而沒有儲存素材內容，所以在備份時不可以只儲存專案檔，一定要將所有用到的素材一併存放在一起，否則下次開啟檔案就得重新來過。另外，編輯中所用到的相片、視訊、音檔等素材也不要隨便移動位置，否則開啟檔案時會發生找不到素材的窘境。

素材被移位了，就
會出現此符號

　　萬一會聲會影找不到原始視訊片段的路徑位置，此時只要在詢問視窗中按下「重新連結」鈕，依序在開啟的視窗中找到相關的影像與視訊影片，專案檔就會重新連結並檢查所有的檔案。萬一原始拍攝的素材有所遺失，那麼專案檔中該區段的畫面就不會顯現出來。因此建議各位在確定完成專案製作後，最好利用「智慧型包裝」功能來包裝所有素材。

⇨ 8-3-2　智慧型包裝專案與素材

　　「智慧型包裝」功能可以將專案與專案內會用到所有素材一併包裝起來，如此一來就可以隨時帶著資料夾到其它的電腦上繼續編輯，也可以利用此功能來備份存檔，相當的方便。

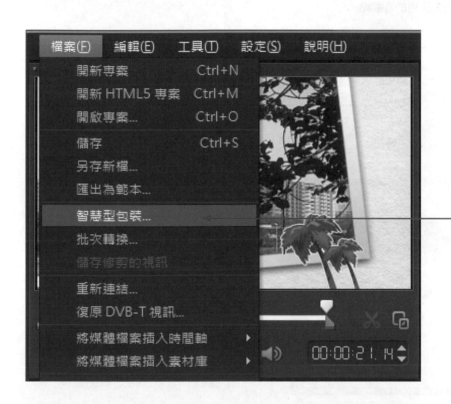

01 開啟專案檔後，執行「檔案/智慧型包裝」指令

02 按下「是」鈕儲存目前專案

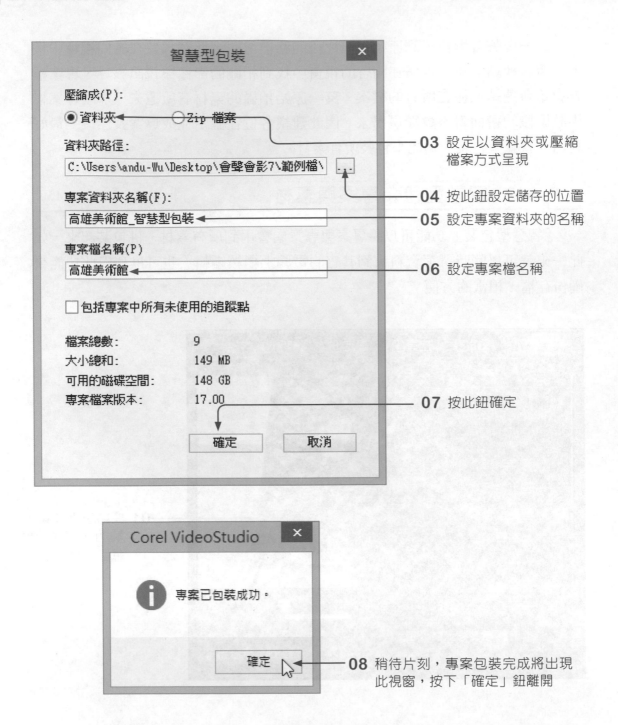

智慧型包裝

壓縮成(P):
◉ 資料夾　　○ Zip 檔案

資料夾路徑:
C:\Users\andu-Wu\Desktop\會聲會影7\範例檔\

專案資料夾名稱(F):
高雄美術館_智慧型包裝

專案檔名稱(P)
高雄美術館

☐ 包括專案中所有未使用的追蹤點

檔案總數:　　　　9
大小總和:　　　　149 MB
可用的磁碟空間:　148 GB
專案檔案版本:　　17.00

確定　　　取消

03 設定以資料夾或壓縮
　　檔案方式呈現

04 按此鈕設定儲存的位置

05 設定專案資料夾的名稱

06 設定專案檔名稱

07 按此鈕確定

Corel VideoStudio

ℹ️ 專案已包裝成功。

確定

08 稍待片刻，專案包裝完成將出現
　　此視窗，按下「確定」鈕離開

　　完成如上動作後，開啟資料夾即可看到專案檔與所有的外框、圖形、影像、視訊和音檔，下回只要執行「檔案/開啟專案」指令，即可繼續編輯內容。

8-4 以快速範本打造精緻影片

前面已經為各位介紹了會聲會影的操作環境及相關注意事項，由於會聲會影是一套適用於家用影片編輯的軟體，因此它提供許多的範本可以讓各位套用與修改，這一節將針對這些範本的使用技巧作介紹，讓各位可以快速完成具專業效果的視訊影片。

▷ 8-4-1 快速範本的套用

會聲會影將快速範本分成片頭、中間、片尾、完整、自訂、快速範本、一般等七種類別，請在「編輯」步驟中按下「快速範本」鈕，即可在右側看到片頭、中間、片尾…類別，以及所點選類別中的所有範本縮圖。如果各位沒有看到中間的瀏覽面板，那麼請按下素材圖庫區下方的 ◀ 鈕，它就會顯示中間的各項類別。

- 這裡可控制縮圖大小
- 「快速範本」鈕
- 「瀏覽面板」顯示快速範本所包含的類別
- 目前顯示「片頭」類別的各種範本
- 按此鈕顯示/隱藏「瀏覽面板」

如果要瀏覽範本的內容，請直接點選縮圖，再由左側的預視窗來預覽素材。

- **01** 點選類別
- **02** 點選範本縮圖
- **03** 按此鈕預覽素材

要快速套用範本，只要將範本縮圖拖曳到時間軸中，這樣就完成影片的基本雛形。

01 點選「完整」的類別

02 點選縮圖不放

03 將縮圖拖曳到時間軸上，瞧！時間軸馬上顯示所有的素材樣本

➡ 8-4-2 素材的取代

在時間軸上，各位看到有數字編號的就是相片或視訊可以替代的位置，只要利用右鍵執行「取代素材」指令，便可替換素材。

01 先將完整範本中的「IP-C16」 縮圖拖曳到時間軸

03 執行「取代素材/相片」指令

02 按右鍵於數字1的影片縮圖

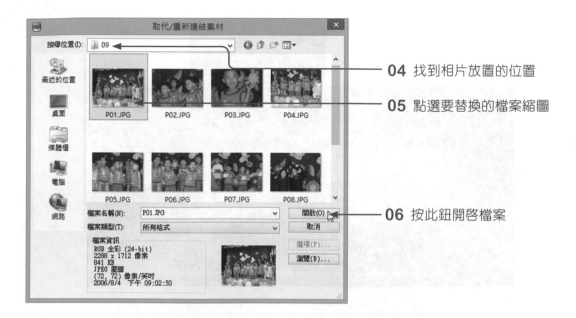

04 找到相片放置的位置

05 點選要替換的檔案縮圖

06 按此鈕開啟檔案

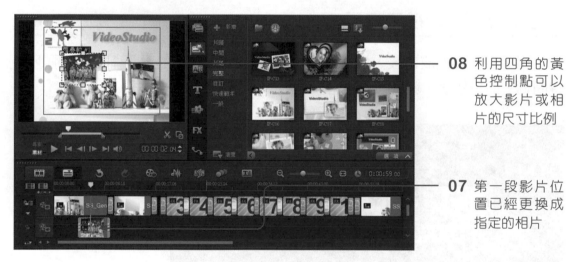

08 利用四角的黃色控制點可以放大影片或相片的尺寸比例

07 第一段影片位置已經更換成指定的相片

　　依序替換成自己的素材後,如果需要調整素材的時間長短,作自動平移與縮放的處理,或是要刪除多餘的影片…等,都可透過右鍵所顯示的快顯功能表來選擇。

⇨ 8-4-3 替換視訊標題與片尾文字

相片素材替換成功後，接著就是標題與片尾文字的替換。請按滑鼠兩下於時間軸上的標題軌，就可以準備替換文字內容。

01 按滑鼠兩下於標題軌的素材，使預視窗顯示範本的標題文字

02 點選文字區塊後，輸入影片的主題文字

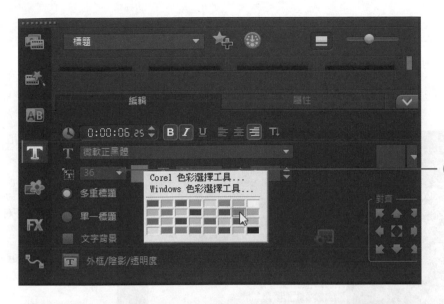

03 由「選項」面板
可調整字體樣式
與顏色

05 由文字框中輸入
片尾文字

06 由「編輯」標籤
替換字體

04 同上方式按滑鼠
兩下於片尾的標
題素材

　　套用與修改範本內容後，可利用預覽視窗來預覽整個專案內容，確定沒有
問題，就可以利用「檔案/另存新檔」指令來儲存專案。

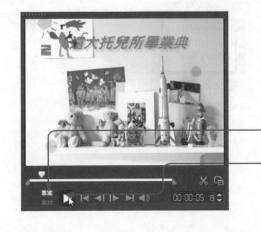

01 由此點選「專案」鈕

02 按此鈕播放整個專案內容

⇨ 8-4-4 輸出與分享視訊

快速完成影片視訊後，最後就是將它輸出成影片。這裡先介紹以MPEG-4的格式，並將影片存放在電腦上。

01 切換到「輸出」步驟

02 點選「電腦」

03 選擇「MPEG-4」

04 由此下拉選擇設定檔的尺寸

05 輸入檔案名稱

06 按此鈕設定存放的位置

07 按此鈕開始輸出

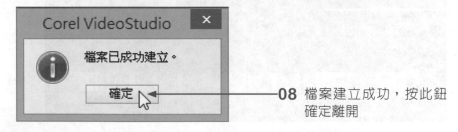

08 檔案建立成功，按此鈕確定離開

完成如上動作後，開啟資料夾，即可看到剛剛輸出的影片檔。

8-5 視訊的剪輯與安排

這個章節主要介紹影片的剪輯與安排。諸如：影像/影片的匯入、修剪視訊技巧、素材安排…等，都會詳加的說明。

⇨ 8-5-1 匯入現有的影片/影像素材

假如有現成的視訊影片，想要匯入到會聲會影中來編輯串接，可切換到「編輯」步驟，透過「媒體」類別的「匯入媒體檔案」鈕，就能將所要的視訊素材匯入到會聲會影中。

01 由「編輯」步驟中點選「媒體」類別

02 按「匯入媒體檔案」鈕準備匯入視訊

03 點選檔案所在的資料夾

04 點選要匯入的視訊檔

05 按下「開啟檔案」鈕

06 只點選此鈕，使顯示視訊

07 瞧！影片已顯示在 視訊 類別中

　　要匯入數位影像，一樣是按下「匯入媒體檔案」鈕，就能在開啟的視窗中選取影像檔。匯入後切換到「相片」鈕就可以只顯現相片。如圖示：

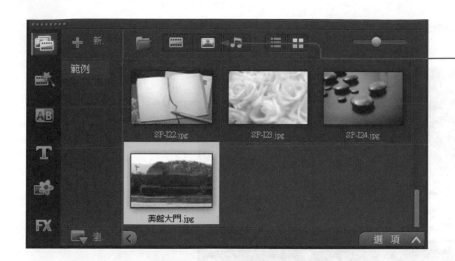

只點選此鈕，使顯
示相片

⇨ 8-5-2 修剪視訊影片

　　匯入進來的視訊影片，不見得每個畫面都是必要的，通常都必須經過修
剪，才能將精彩的片段保留下來。要修剪影片可利用標記符號 **[** 和 **]** 來標記
開始與結束的時間。設定方式如下：

02 拖曳此鈕預覽影
片，決定要保留
的起始點位置

01 先點選要編修的
影片，使顯示在
預覽視窗

03 按下此鈕使標記
為開始時間

04 按此鈕可以繼續預覽視訊內容

05 決定影片的結束點，按下此鈕使標記為結束時間

07 按此鈕可播放已剪裁的素材

06 瞧！已剪裁的區段會以白色滑桿

⇨ 8-5-3 擷取靜態畫面

編輯的過程中，如果需要從影片中擷取單張影像，只要設定好要擷取的畫面，再透過「錄製/擷取選項」功能來擷取畫面。擷取方式如下：

01 拖曳到要擷取的影像畫面

02 由時間軸上方按此鈕，使開啓下圖視窗

03 按下「畫面擷取」鈕

04 切換到「相片」的類別

05 瞧！擷取下來的畫面以bmp格式呈現

⇨ 8-5-4 素材的變形處理

擷取下來的靜態畫面也可以和視訊影片一起作串接。萬一串接時發現二者尺寸不同，那麼可透過素材的變形處理來做修正。

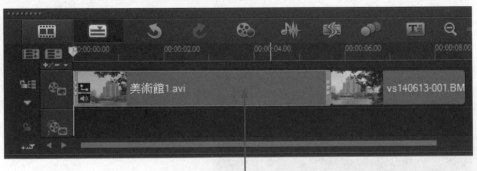

01 先點選時間軸上的視訊片段

02 開啟「選項」面板,切換到「屬性」標籤

03 勾選「素材變形」的選項

04 在預視窗上按右鍵

05 執行「顯示全圖」,使畫面佈滿整個視窗

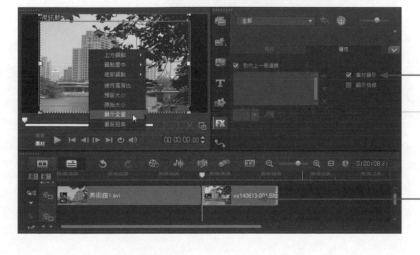

07 勾選「素材變形」

08 按右鍵執行「顯示全圖」

06 再點選影像片段

09 瞧！視訊與影像素材就能擁有相同的尺寸大小了

各位要知道，會聲會影專案的寬高比例主要有兩種比例，一個是4：3，另一個是16：9，通常可由「設定/專案內容」指令中作設定。

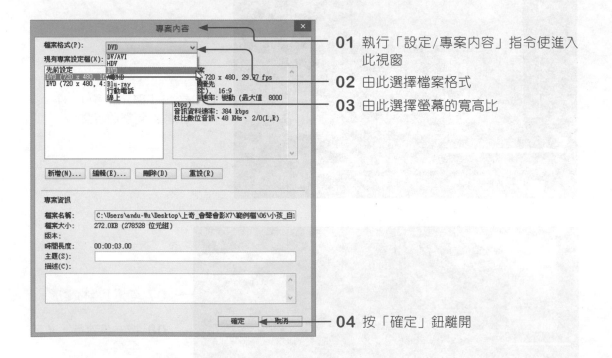

01 執行「設定/專案內容」指令使進入此視窗

02 由此選擇檔案格式

03 由此選擇螢幕的寬高比

04 按「確定」鈕離開

做完專案內容的設定後，素材寬高的調整則可以透過「選項」做調整。

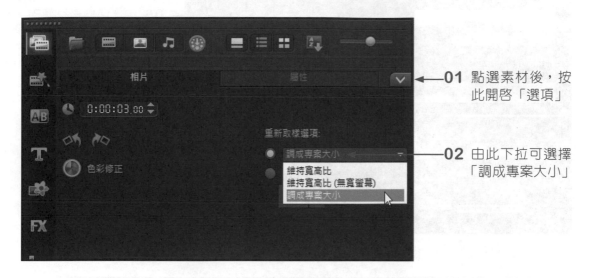

01 點選素材後，按
此開啟「選項」

02 由此下拉可選擇
「調成專案大小」

經由以上的設定，就可以讓專案中的影像或視訊調整成所需的比例了！

⇨ 8-5-5 由剪輯工作區編排素材順序

當視訊影片都修剪完成後，接下來就是陸陸續續將修剪過的素材由圖庫中
拖曳到剪輯工作區中，即可安排影片內容出現的先後順序。

02 顯示要加入的圖庫
類別

03 點選要加入的視訊
素材縮圖不放

01 點選「腳本檢視」
模式

04 將素材縮圖拖曳到
剪輯工作區中

05 由此切換素材類別

06 點選要加入的影像素材

07 依序將素材拖曳到工作區中

08 瞧！圖片顯示在視訊之前了

素材若要更動前後位置，只要利用滑鼠左右拖曳，就可以改變先後順序。

8-6 視訊影像的編輯技巧

學會素材的加入/修剪與順序安排後，接著要來看看素材的色彩調整，以及如何讓靜態影像有動感。

⇨ 8-6-1 修正視訊/影像的色彩

當拍攝的視訊色彩需要做調整時，可以在點選視訊縮圖後，由「選項」面板上「視訊」標籤進行色彩修正。如果點選的是影像縮圖，則「選項」面板上會顯示「相片」標籤。

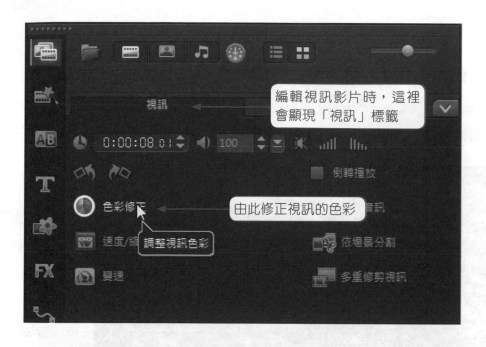

編輯視訊影片時，這裡會顯現「視訊」標籤

由此修正視訊的色彩

調整視訊色彩

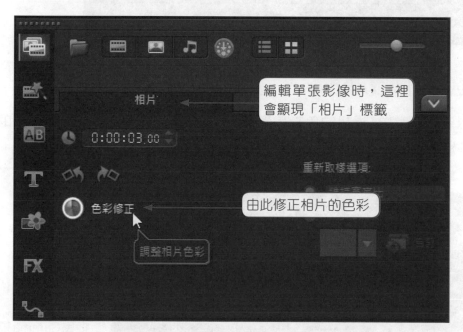

編輯單張影像時，這裡會顯現「相片」標籤

由此修正相片的色彩

調整相片色彩

相關功能這裡簡要跟各位做說明：

自動色調調整

「自動色調調整」功能提供以最亮、較亮、一般、較暗、最暗五個等級來調整畫面的色調。因此當視訊畫面偏暗或是過亮，就可以考慮使用此功能。

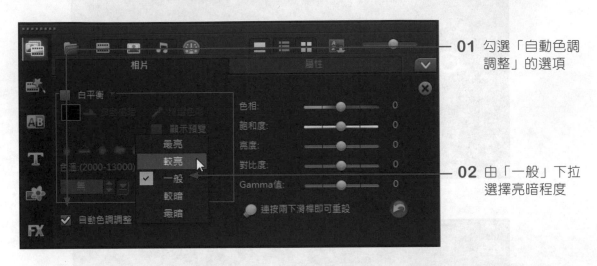

01 勾選「自動色調調整」的選項

02 由「一般」下拉選擇亮暗程度

調整色相/明亮度/飽和度

想要修正影像/視訊的色彩差異度、反差明暗變化、或是顏色的飽和程度，都可各別針對色相、飽和度、亮度、對比值、Gamma值等屬性來調整。

拖曳Gamma值、飽和度的滑鈕，由預覽視窗可查看影像的變化

調整白平衡

白平衡主要是修正由燈泡、日光燈、或因照明不足而造成的白平衡問題。

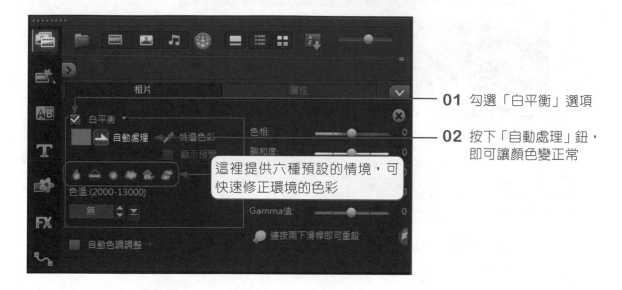

01 勾選「白平衡」選項

02 按下「自動處理」鈕，即可讓顏色變正常

這裡提供六種預設的情境，可快速修正環境的色彩

⇨ 8-6-2 靜態影像動態化-平移和縮放

單一張的影像雖然是靜態的，但是善加應用也可以產生動態效果，其效果就如同各位將攝影機以平行移動的方式拍攝，或是將鏡頭做放大或縮小的處理一樣。

要做出這樣的效果，請先將影像拖曳到時間軸，由「選項」面板的「平移和縮放」下拉，即可決定要套用的縮圖變化。

02 按此使顯現選項

05 播放時就會看到視訊畫面的縮放效果

03 點選「平移和縮放」

04 下拉選擇效果縮圖

01 將影像素材拖曳到時間軸

如果想要自行根據畫面的需求來自訂平移或縮放的變化，那麼請在「平移和縮放」選項後按下 自訂 鈕，就可以做以下的內容設定。

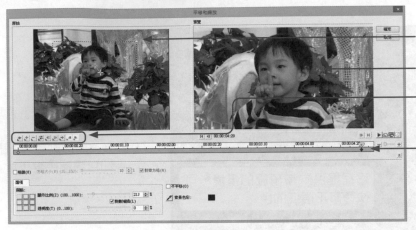

虛框為攝影機拍攝的鏡頭畫面

顯示設定後的畫面效果

由此設定開始與結束的畫格

紅色菱形表示目前要設定的主畫格

使用時只要設定開始的主畫格以及結束主畫格的畫面即可，而畫面的尺寸大小則是利用左側的虛框來控制就可以了。

8-7　加入轉場與濾鏡

當各位將素材一一排入時間軸後，接著可以考慮在每個素材與素材之間加入轉場特效，讓畫面之間的轉換變得活潑生動，而濾鏡的使用可為影片加入藝術效果，讓影片變得色彩繽紛而多樣，因此這一小節要針對此二部分做說明。

⇨ 8-7-1　加入轉場特效

轉場特效主要放置在兩段影片的交接處，因此編輯工作區裡必須要有影片或相片，才能加入轉場特效。會聲會影所預設的轉場時間為1秒，如果要加長轉場的時間，可透過「選項」面板來調整。

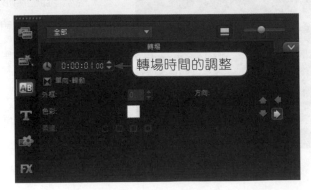

轉場時間的調整

　　想要將轉場特效加入到視訊軌中，請由「編輯」步驟中按下「轉場」
鈕，再依類別選擇要套用的類型與效果。套用時最好利用「腳本檢視」模式，
只要直接拖曳效果縮圖到素材與素材之間的小方格中，再透過屬性設定，就能
產生各種變化。

01 開啟專案檔

02 先下拉選擇特效類別

03 選定轉場效果的縮圖樣示

04 將縮圖效果拖曳到兩段影片間的小方塊之中

05 開啟「選項」面板

06 由此可改變十字對剝落的色彩

07 由此預覽轉場變化

09 瞧！方向更換了

08 由此可更換方向

萬一加入的轉場效果不滿意，若要刪除，可按右鍵執行「刪除」指令。

— 01 按右鍵於轉場位置上

— 02 執行「刪除」指令

⇨ 8-7-2 隨機套用轉場效果

如果沒有太多時間一個一個慢慢挑選特效，也可以先套用隨機特效到視訊軌中，待預覽效果時，再針對較不恰當的轉場效果作替換就可以了。

— 02 按此鈕，即可
套用隨機特效
到視訊軌

— 01 點選「轉場」類別

⇨ 8-7-3 套用指定特效至視訊軌

若是只想將某一轉場效果套用到整個視訊之中，那麼可按下 ▦ 鈕就可搞定，如圖示：

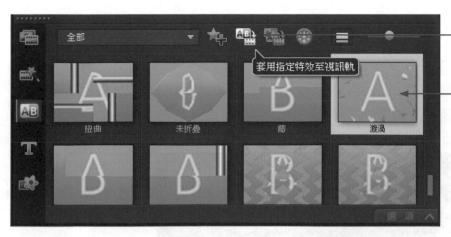

02 按此鈕套用指定特效至視訊軌

01 點選轉場縮圖

套用指定特效至視訊軌

⇨ 8-7-4 套用濾鏡特效

「視訊濾鏡」可替視訊或相片添加光暈、肖像畫、泡泡、彩色筆、旋轉、漫畫效果、鏡射、萬花筒、鏡頭光暈…等濾鏡效果。選定效果後，只要將效果拖曳到工作區的腳本縮圖中，就可以立即看到變化。

02 點選要套用的縮圖樣式不放

01 點選「濾鏡」類別

03 將縮圖樣式拖曳到想要套用的視訊或影像上

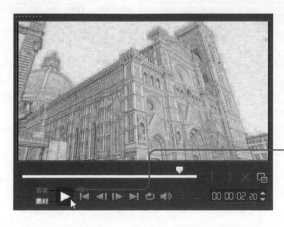

04 按此播放素材，就能看到效果的變化

⇨ 8-7-5　自訂濾鏡效果

套用視訊濾鏡後，透過選項中的「屬性」標籤，除了做細部的效果調整外，還可自訂濾鏡的變化。請點選剛剛已加入濾鏡效果的視訊縮圖，然後按下「選項」鈕，就可以依照如下的方式做設定。

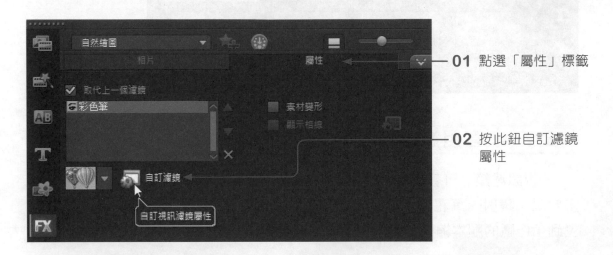

01 點選「屬性」標籤

02 按此鈕自訂濾鏡屬性

03 按此鈕使移到結束主畫格

目前在開始主畫格上

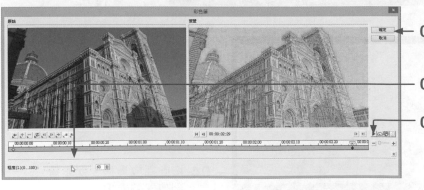

06 設定完成按此鈕離開

04 設定結束畫格所顯現的彩色筆程度

05 按此鈕預覽效果變化

除了進入自訂視窗來自設定主畫格的濾鏡程度外，「屬性」標籤還提供幾組不同程度的變化效果供各位快速選擇。如圖示：

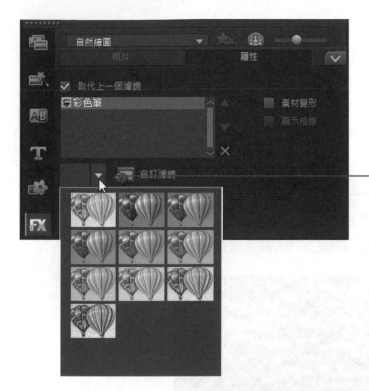

下拉有預設的效果可馬上套用

➪ 8-7-6 使用多重濾鏡

在預設狀態下，一個影片片段可以加入一種視訊濾鏡，後加入的視訊濾鏡會取代前一個濾鏡效果。不過透過以下的設定，就可以在影片中加入多種的濾鏡變化。

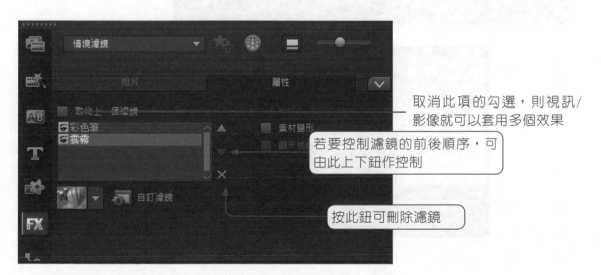

取消此項的勾選，則視訊/影像就可以套用多個效果

若要控制濾鏡的前後順序，可由此上下鈕作控制

按此鈕可刪除濾鏡

8-8 視訊標題設定

　　想要讓觀看影片者能夠了解影片主題，那麼片頭標題的設定就少不了。一般來講，視訊影片中會使用到文字的地方包括片頭、片尾、以及字幕三個地方。片頭包含標題和副標題，讓觀賞者在觀看影片前能夠了解影片的主題和製作單位，而片尾作為謝幕之用，可將參與的工作人員通通列上去。這裡介紹的技巧主要就用在片頭或片尾的地方。

➪ 8-8-1 加入標題文字

　　要自行加入視訊標題，請在時間軸的標題軌上按滑鼠兩下，預視窗中會出現「連按兩下此處以新增標題」的文字，此時連按兩下滑鼠即可輸入文字內容。

02 出現此文字後，在此按滑鼠兩下

01 在此標題軌上連按滑鼠左鍵兩下

03 出現文字框時，即可輸入文字

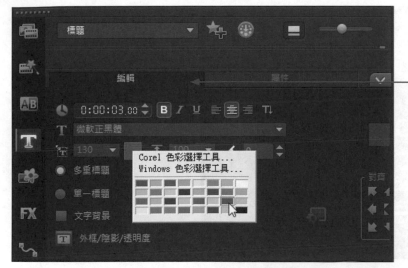

04 由「編輯」標籤可修改文字大小、色彩或字體等格式

⇨ 8-8-2　套用預設標題樣式

　　會聲會影本身也提供很多的標題樣式可以選用，只要將縮圖樣式拖曳到標題軌中就可搞定。

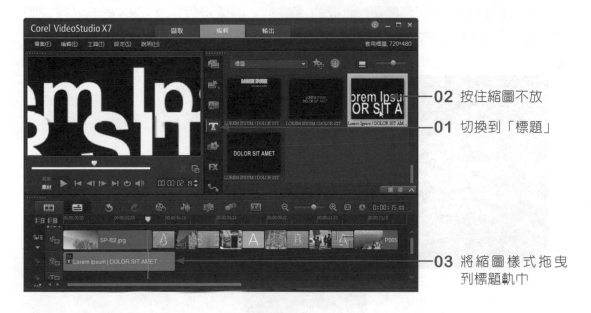

02 按住縮圖不放

01 切換到「標題」

03 將縮圖樣式拖曳到標題軌中

04 反白文字框,即可輸入文字內容

同樣地,透過「編輯」標籤可更改字體和文字大小,預視窗中可移動文字位置,或作大小的調整。

⇨ 8-8-3 套用預設的文字樣式

加入標題文字後,「選項」面板的「編輯」標籤可設定文字格式,另外右側還提供二十多種標題樣式的預設項目,也可以下拉直接套用效果。

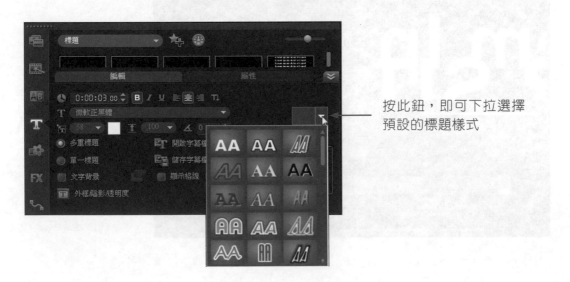

按此鈕,即可下拉選擇預設的標題樣式

⇨ 8-8-4　設定文字外框與陰影

　　想為文字加入外框或陰影效果，由「選項」面板的「編輯」標籤按下「外框/陰影/透明度」鈕，就可以透過「外框」標籤與「陰影」標籤來設定。

01 進入標題編輯狀態後，由「選項」面板切換到「編輯」標籤

02 按下「外框/陰影/透明度」鈕

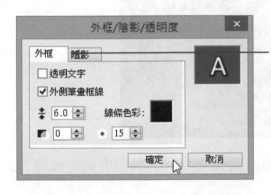

03 點選「外框」標籤，即可設定文字外框的效果

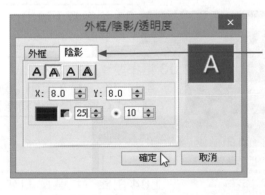

04 切換到「陰影」標籤，則可設定陰影效果

8-9 視訊影片的輸出

　　好不容易完成視訊影片的剪輯與串接，最大的快樂莫過於將視訊輸出，以便與親朋好友分享。在會聲會影中必須透過「輸出」步驟，才可以將檔案依照需求運算成所需的影片檔。目前會聲會影提供的輸出功能包括了電腦、裝置、網站、光碟、3D影片等方式。

　　限於篇幅的關係，這裡僅介紹MPEG最佳化程式的輸出方式。設定方式如下：

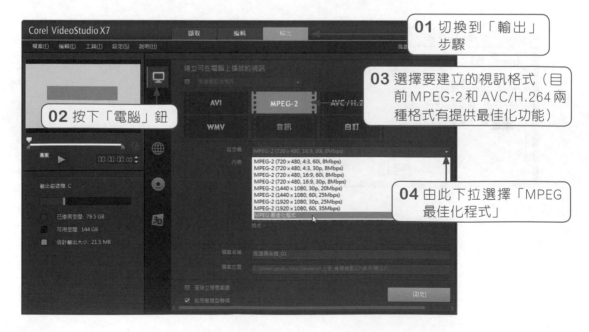

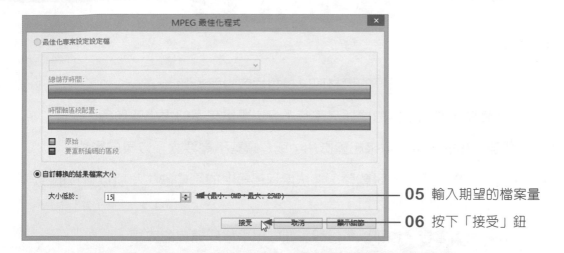

05 輸入期望的檔案量

06 按下「接受」鈕

07 按「開始」鈕開始建立視訊檔

08 檔案建立成功，按「確定」鈕離開

·自我評量·

●是非題

1. (　) 快速範本中所能替換的素材可以是相片或視訊影片。

2. (　) 在替換快速範本中的標題文字時，無法變更文字的大小或顏色。

3. (　)「腳本模式」適合用來粗剪影片，或是順剪不需要太多效果的影片。

4. (　) 會聲會影為視訊編輯軟體，無法處理視訊上的影像缺失，所以選擇的視訊畫面品質要好一些才行。

5. (　) 使用會聲會影，也可以將靜態影像做出平移或縮放的效果。

6. (　) 使用自訂平移或縮放效果時，必須自設開始主畫格與結束主畫格的位置與大小。

7. (　) 視訊影片上，也可以套用「選項」面板中的「平移和縮放」。

●選擇題

1. (　) 會聲會影X7提供下列哪一種功能？ (A)圖形 (B)濾鏡 (C)轉場 (D)以上皆可。

2. (　) 素材的圖示上如果出現 ■ 符號，是表示什麼意義？ (A)素材連結 (B)素材與檔案連結 (C)找不到素材 (D)素材被貼標籤。

3. (　) 下列何種編輯模式適合用來粗剪影片，或是順剪不需要太多效果的影片？ (A)時間軸檢視 (B)腳本檢視 (C)音訊檢視 。

4. (　) 下列何者是會聲會影的專案檔格式？ (A)avi (B)uvp (C)vsp (D)wmv。

5. (　) 要改變素材的先後順序，利用何種模式編輯最適合？ (A)腳本模式 (B)時間軸模式 (D)一樣快。

6. (　) 會聲會影的色彩修正功能，不包括下面哪一個選項？ (A)自動色調調整 (B)白平衡設定 (C)Gamma值設定 (D)調整曲線。

7. (　) 下列哪一項功能，可以針對燈光偏色的視訊影片作色彩調整？ (A)飽和度 (B)白平衡 (C)Gamma值設定 (D)對比度。

8. (　) 請問「平移和縮放」的功能，必須由哪裡作設定？ (A)「編輯」功能表 (B)「設定」功能表 (C)選項面板的「屬性」標籤 (D)選項面板的「相片」或「視訊」標籤。

9. (　) 下列何者可替影片或圖片添加有趣的特殊效果？(A)視訊濾鏡 (B)轉場特效 (C)音訊濾鏡 (D)覆疊管理員。

10.(　) 對於轉場或濾鏡特效的說明，下列何者有誤？(A)一個影片片段可以加入多個轉場效果(B)一個影片片段可以加入多個濾鏡效果 (C)轉場效果是加在影片與影片片段之間 (D)視訊濾鏡是加在影片片段之上。

● 實作簡答題

1. 請簡述視訊編輯的三個過程。

2. 視訊剪輯過程中可能會使用到的素材包括哪些，試簡述之。

3. 請說明「編輯」步驟中提供哪些功能？

4. 請問會聲會影的快速範本共分為哪幾個類別？

5. 請將習題所提供的「高雄佛陀紀念館.avi」視訊影片，利用「標記開始時間」及「標記結束時間」的功能來修剪影片，並將修剪完成的視訊，以「檔案/儲存修剪的視訊」加以儲存。

   ▶ 來源檔案：高雄佛陀紀念館.avi

   ▶ 完成檔案：高雄佛陀紀念館-1.avi

6. 請將提供的5張數位照片，匯入到會聲會影中，利用腳本功能與特效功能，快速串接影片，同時為串接的影片加入如下的濾鏡特效。

   第1張：彩色筆

   第2張：雨滴

   第3張：視訊平移和縮放

   第4張：雲霧

   第5張：肖像畫

   ▶ 來源檔案：001.jpg-005.jpg

   ▶ 完成檔案：習作6.vsp

09

威力導演13輕鬆學

在科技不斷進步下，數位化視訊的風潮已經席捲全球，視訊資料在數位化之後，不但所能產生的效果更加豐富，畫質更清晰，而且只要使用適合的剪輯軟體，一般人就能輕鬆學習到視訊資料的處理與製作，當然也為新一代的視訊產品帶來龐大的市場商機。

威力導演是訊連科技所研發的一套功能強大的影音剪輯軟體，它和會聲會影一樣，都擁有簡易且直覺的操作介面，使用者只要照著「擷取」、「編輯」、「輸出檔案」、「製作光碟」等步驟進行編輯，就能完成影片的製作。其官方網站提供多個版本可供下載試用，而本章節則是以極致版做介紹。網址如下：http://tw.cyberlink.com/products/powerdirector-ultra/features_zh_TW.html

9-1　認識威力導演

首先我們要來了解威力導演的視窗環境，同時針對專案檔格式、專案比例、開新檔案與儲存方式等基本知識作說明，讓各位對威力導演有初步的認識。

⇨ 9-1-1　認識威力導演的操作介面

各位下載軟體並完成安裝的動作後，於桌面上按滑鼠兩下於「訊連科技威力導演13的捷徑圖示，就會看到如下的歡迎畫面：

　　歡迎視窗中包含三種編輯模式：完整功能編輯器、簡易編輯器、幻燈片秀編輯器，這裡請各位選擇「完整功能編輯器」，之後就會看到如下的視窗畫面。

影音編輯流程

　　影音編輯流程主要是「擷取」、「編輯」、「輸出檔案」、「製作光碟」四個步驟，使用者只要依此順序編輯影片，就能完成影片的製作。

媒體資料庫

　　媒體資料庫位在視窗的左上方，由「工房按鈕」與「素材區」所組成，「工房按鈕」共分10大類，運用工房可加入各種素材，並為視訊加入標題、聲音和特效，增添視訊影片的可看性。而「素材區」是以縮圖方式顯示素材，以方便使用者選用。

時間軸/腳本

　　時間軸/腳本是影片內容編輯的區域，由此可控制素材排列的先後順序，「腳本」適合快速編排素材的順序，而「時間軸」適合做語音、覆疊或素材等細部設定。

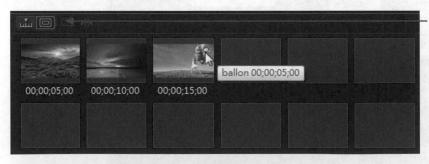

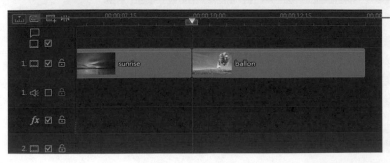

預覽視窗

預覽視窗可針對選定的片段素材或整個專案進行預覽，預覽時可觀看到所有影音、圖形、特效、轉場、文字等設定的完整效果。

由此切換素材或整個專案的瀏覽

按此鈕進行播放

⇨ 9-1-2 專案檔格式

在威力導演中，每個新編輯的檔案通稱為「專案」，它的特有格式是「*.pds」，意思是「威力導演劇本」。專案檔的特點是檔案量小，因為它僅儲存編輯的記錄，而沒有儲存素材內容，所以儲存檔案時不可以只儲存專案檔，一定要將所有用到的素材存放在一起，否則當素材位置被搬動位置，下次開啟專案檔時，就得重新連結素材。當威力導演找不到原始素材的路徑，此時只要在顯示的詢問視窗中按下「瀏覽」鈕，重新找到相關素材就可以了。萬一專案檔連結不到原先的素材，那麼原素材位置就會顯示成黑色縮圖。

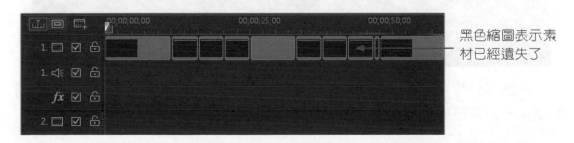

黑色縮圖表示素材已經遺失了

專案編輯到一個程度，建議各位先儲存專案，以便將來能夠再度開啟或做編修轉存。要儲存專案請執行「檔案/儲存專案」指令，即可儲存新專案。

⇨ 9-1-3 專案比例

在威力導演中，視訊專案常用的畫面比例有兩種，一個是 16：9，另一個
是 4：3。在建立專案前，最好先設定好要使用的專案顯示比例。設定時請由功
能表右側作切換，如圖示：

由此切換專案的顯示比例

各位最好先依照視訊用途或您的素材比例來選擇專案比例，才不會遇到如
下的窘境。像是 4：3 的專案比例，若用到 16：9 的畫面，會在上下方顯示黑色
底（如左下圖例）。反之，16：9 的專案比例，若用到 4：3 的畫面，會在左右兩
側顯示黑色底（如右下圖例）。

當然各位也可以利用威力導演所提供的「修改」功能來為素材作不等比例
的變形，但是變形之後的人物就可能變胖或被拉長喔！

⇨ 9-1-4　開新檔案

　　在開啓威力導演程式時，通常就會預先開啓一個空白的專案，若之後需要重新開新專案，那麼請執行「檔案/開新專案」指令，它會將先前匯入的素材及時間軸一併清空，只剩下威力導演所提供的範例素材。如果先前匯入進來的素材檔案還會使用到，此時可以改選「檔案/開新工作區」指令，那麼威力導演只會清空時間軸，媒體資料庫的素材則會保留下來，方便使用者直接選用。

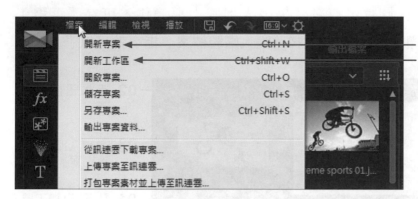

開啓全新的空白專案
選此項可以保留原先
已匯入的素材

⇨ 9-1-5　輸出專案資料

　　專案的內容製作完成時，為了方便管理與備份，可執行「檔案/輸出專案資料」指令，此指令就會將專案檔及所有用到的素材一併打包，放在同一個資料夾中。

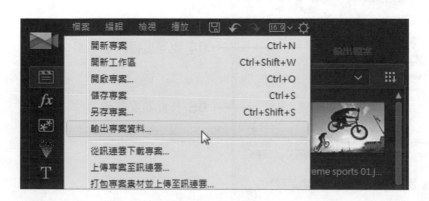

9-2 加入素材

對威力導演的視窗環境有所了解後,接著要學習如何把視訊、圖片、音訊等素材匯入到威力導演中。

➡ 9-2-1 匯入媒體檔

想要將視訊影片、圖片,或是音檔匯入到威力導演中,可在「媒體工房」中按下「匯入媒體」🔼 鈕,再選擇「匯入媒體檔案」指令就可以了。

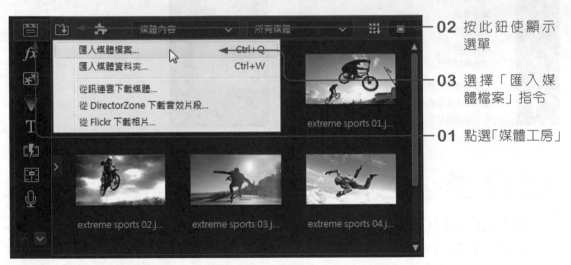

02 按此鈕使顯示選單

03 選擇「匯入媒體檔案」指令

01 點選「媒體工房」

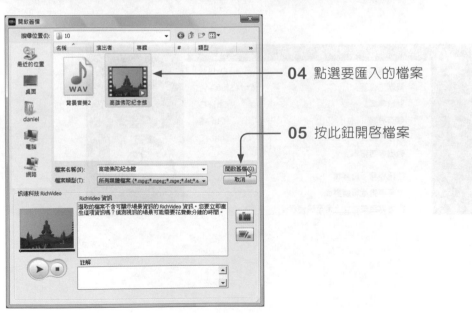

04 點選要匯入的檔案

05 按此鈕開啟檔案

06 瞧！剛剛選取的
視訊檔已顯示在
媒體資料庫中

⇨ 9-2-2　匯入媒體資料夾

　　如果已事先將所有要使用的素材都放置在一個資料夾中，那麼可以選擇將整個資料夾匯入到威力導演中。不過，想要同時省去重新整理檔案的麻煩，可在匯入媒體資料夾之前，事先指定好要匯入的標籤位置，這樣一來，編輯專案時就可以直接從該標籤中選取素材。設定方式如下：

01 按此鈕使顯現檔案總管檢視

02 按此鈕使加入新標籤

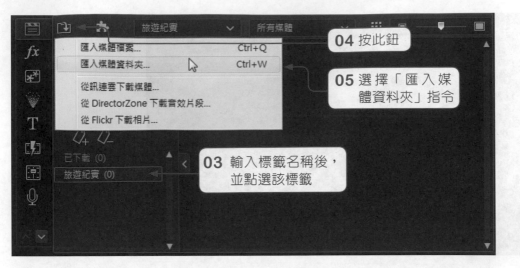

⇨ 9-2-3 從Flicker網站下載相片

除了將自己收集的素材匯入到威力導演中,各位也可以從Flicker網站下載相片來使用。只要是非營利為目的的用途,再了解Flicker的圖片使用規定,即可取得免費的圖片素材。

01 點選「媒體工房」

02 按下「匯入媒體」鈕

03 下拉選擇「從Flicker 下載相片」指令

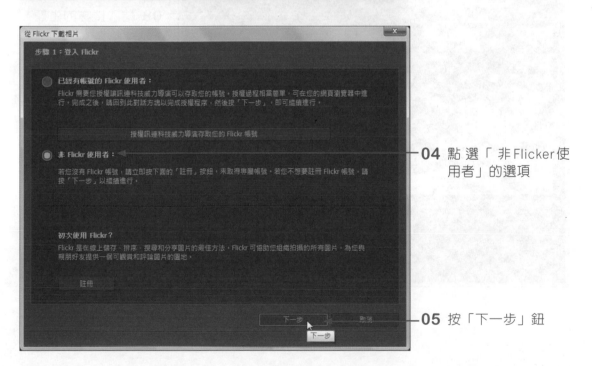

04 點選「非Flicker使用者」的選項

05 按「下一步」鈕

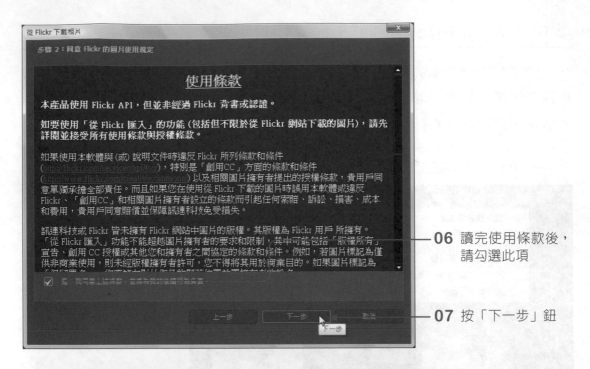

06 讀完使用條款後，
請勾選此項

07 按「下一步」鈕

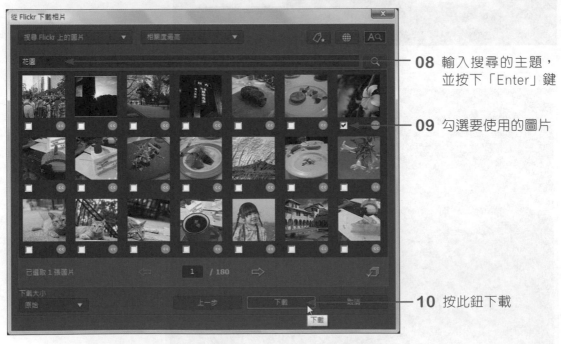

08 輸入搜尋的主題，
並按下「Enter」鍵

09 勾選要使用的圖片

10 按此鈕下載

11 瞧!圖片已下載到媒體資料庫中

除了透過Flicker網站下載相片外,如果各位擁有CyberLink帳戶,就可以透過DirectorZone網站或訊連雲來下載免費的媒體、特效或範本。如下圖所示:

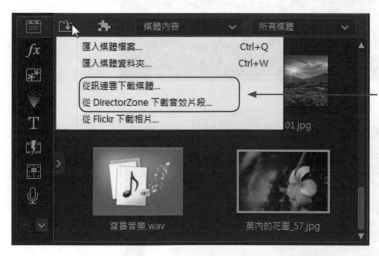

此二指令需要有CyberLink帳戶才可使用

如果各位還沒有CyberLink帳戶,也可以馬上註冊DirectorZone帳號,輸入有效的電子郵件地址、密碼、生日、國家地區、驗證碼等資訊,即可取得DirectorZone會員資格。

9-3 使用簡易編輯器打造專業影片

學會加入素材的方式後,接下來讓各位體驗一下編輯影片的樂趣。下面我們將利用威力導演的「簡易編輯器」來快速完成專業影片的製作。

01 在桌面上按此圖示兩下

歡迎使用
PowerDirector 13

設定影片的畫面顯示比例:

16:9 4:3

02 先選擇專案畫面的顯示比例

直接進入完整功能編輯器

CyberLink

完整功能編輯器

簡易編輯器

03 按此鈕啟動簡易編輯器

幻燈片秀編輯器

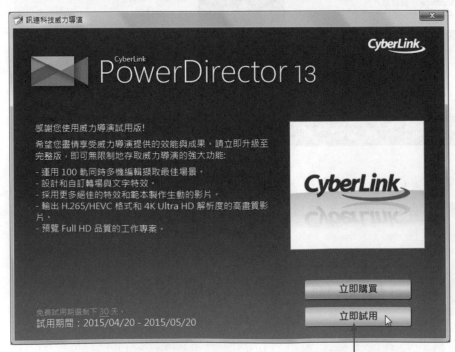

訊連科技威力導演

CyberLink
PowerDirector 13

CyberLink

感謝您使用威力導演試用版!

希望您盡情享受威力導演提供的效能與成果。請立即升級至完整版,即可無限制地存取威力導演的強大功能:

- 運用 100 軌同時多機編輯擷取最佳場景。
- 設計和自訂轉場與文字特效。
- 採用更多絕佳的特效和範本製作生動的影片。
- 輸出 H.265/HEVC 格式和 4K Ultra HD 解析度的高畫質影片。
- 預覽 Full HD 品質的工作專案。

CyberLink

免費試用期還剩下 30 天。
試用期間:2015/04/20 - 2015/05/20

立即購買

立即試用

04 若是試用者,將會出現此視窗,請按下「立即試用」鈕

05 進入 MagicMovie 精靈的視窗畫面

06 按下「匯入媒體」鈕

07 選擇「匯入媒體資料夾」

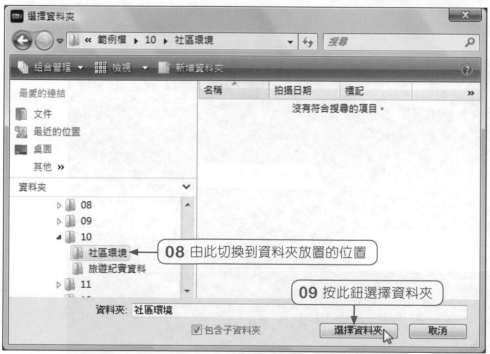

08 由此切換到資料夾放置的位置

09 按此鈕選擇資料夾

拖曳縮圖，可以調整素材出現的先後順序

10 若不需要調整順序，按「下一步」鈕進入樣式的編輯

11 選擇範本縮圖

也可以按此到DirectorZone網站下載範本

12 按「下一步」鈕進入「調整」步驟

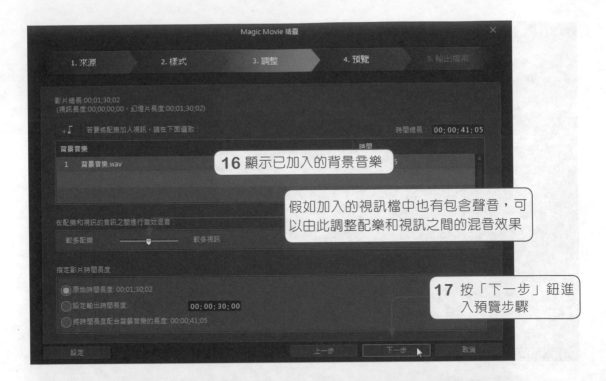

16 顯示已加入的背景音樂

假如加入的視訊檔中也有包含聲音,可以由此調整配樂和視訊之間的混音效果

17 按「下一步」鈕進入預覽步驟

18 分析影片中,請稍待片刻

19 由此按下「播放」鈕可
預覽影片效果

20 確認沒問題,則按「下一步」
鈕進入輸出檔案

21 這裡提供三種輸出方式,
在此請按此鈕輸出視訊

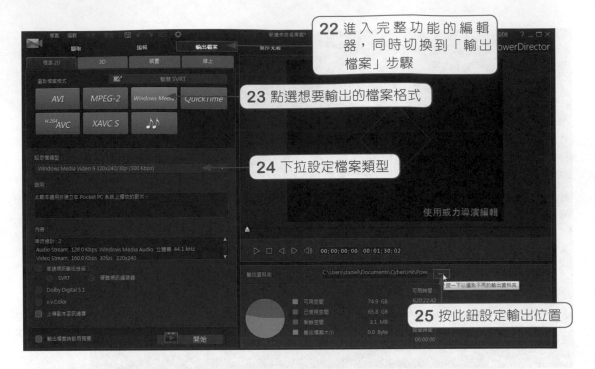

22 進入完整功能的編輯器，同時切換到「輸出檔案」步驟

23 點選想要輸出的檔案格式

24 下拉設定檔案類型

25 按此鈕設定輸出位置

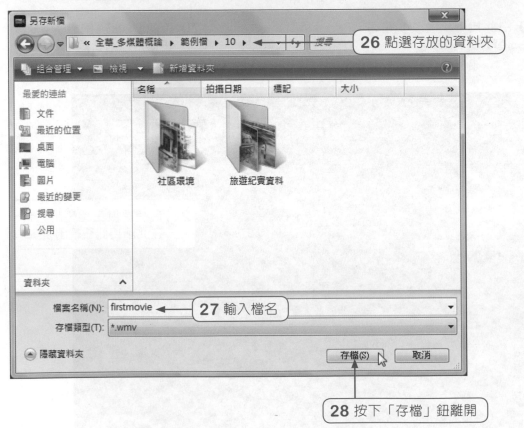

26 點選存放的資料夾

27 輸入檔名

28 按下「存檔」鈕離開

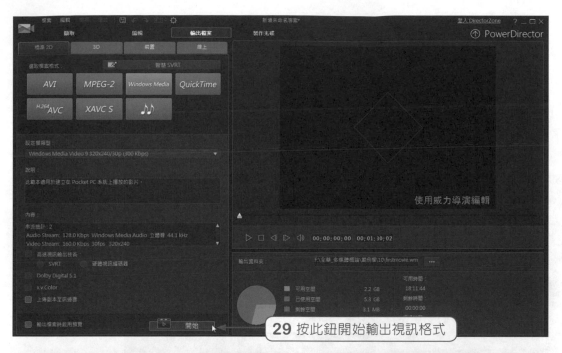

29 按此鈕開始輸出視訊格式

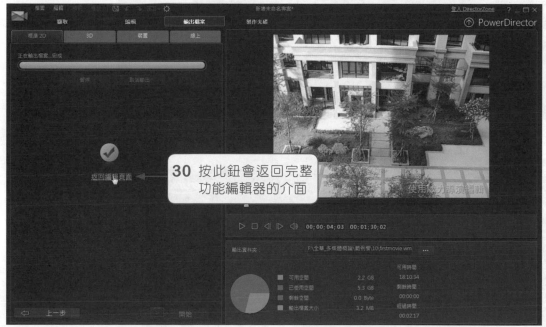

30 按此鈕會返回完整
功能編輯器的介面

　　在輸出檔案時，如果沒有特別指定輸出的位置，那麼檔案將放置在「C：
使用者/我的文件/CyberLink/PowerDirector/13.0」的資料夾中喔！

9-4 以幻燈片秀編輯器編輯影片

　　想要將影像以幻燈片的方式呈現，那麼「幻燈片編輯器」可以讓各位快速
將相片串接成視訊影片，只要在桌面上按下「訊連科技威力導演13」的圖示兩
下，即可依照下面的步驟進行串接。

01 先選擇專案畫面的顯示比例

02 按此鈕啟動
幻燈片秀編
輯器

03 按此鈕立即試用

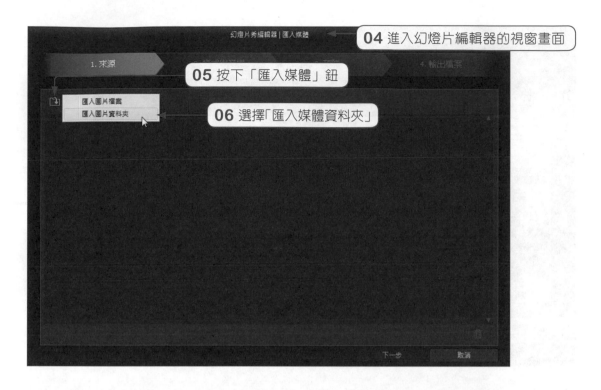

04 進入幻燈片編輯器的視窗畫面

05 按下「匯入媒體」鈕

06 選擇「匯入媒體資料夾」

07 點選資料夾

08 按下「選擇資料夾」鈕

12 點選聲音檔

13 按下「開啟舊檔」鈕

14 按「下一步」鈕進入下一個步驟

15 按此「播放」鈕可預覽視訊的效果

如要調整可按「自訂」鈕

16 確定則按「下一步」鈕

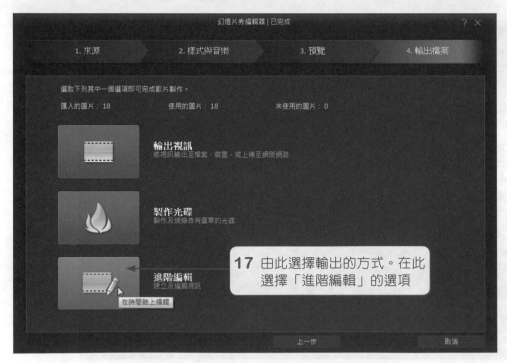

17 由此選擇輸出的方式。在此選擇「進階編輯」的選項

18 顯示編輯的內容

在此完整功能編輯器中，各位還可以繼續發揮創意來加入標題、片尾、特效…等各種素材。

9-5 加入片頭標題

影片中想要加入標題文字，由左側的媒體資料庫按下「文字工房」 T 鈕，再選擇所要套用的縮圖樣式，即可開始編輯文字內容與其屬性。我們延續上面的範例繼續進行設定。

02 按下「文字工房」鈕

01 將播放磁頭放在影片的最前端

11 由此輸入副標題文字

10 同上方式點選副標題的文字方塊

12 選擇要套用的文字類型

13 按下「儲存」鈕

14 按下「播放」鈕,即可看到標題文字的效果

● 是非題

1. (　) 編輯視訊專案時，常用的畫面比例有16：9和4：3兩種。

2. (　) 從Flicker網站可以下載圖片、視訊與音訊等媒體素材。

3. (　) 「簡易編輯器」是透過MagicMovie的引導來快速建立視訊影片。

4. (　) 將圖檔匯入到簡易編輯器後，無法自行調整圖片的先後順序。

5. (　) 在簡易編輯器中，利用「調整」步驟可為影片加入喜歡的背景音樂。

6. (　) 加入的標題文字，必須要放在時間軸的文字軌中。

● 選擇題

1. (　) 威力導演13沒有提供下列哪一種功能？(A)炫粒工房 (B)章節工房 (C)範本工房 (D)文字工房。

2. (　) 下面哪個社群網站，威力導演13並不支援？(A)Facebook (B)DailyMotion (C)Google (D)Vimeo。

3. (　) 安裝威力導演13記憶體至少達多少？(A)2 GB (B)8 GB (C)1GB(D)512MB。

4. (　) 威力導演13所支援的音訊格式不包括？(A)MP3 (B) WMA (C)WAV (D)ICO。

5. (　) 威力導演13所支援的影片格式不包括？(A)3GPP2 (B)AVI (C)WAV (D)MPEG-4。

● 實作簡答題

1. 威力導演的歡迎畫面中，包含哪三種編輯模式。

_____

_____

_____

2. 請說明威力導演編輯的四大步驟。

_____

_____

_____

3. 請說明「開新專案」與「開新工作區」兩種功能有何不同。

_____

_____

_____

4. 請說明 MagicMovie 精靈所提供的視訊製作步驟為？

_____

_____

_____

5. 請將所提供的「台南赤崁樓」資料夾中的圖片和「bgmusic.wav」聲音檔，利用「幻燈片秀編輯器」功能的「動態」樣式，完成視訊影片的編輯，並將檔案輸出成 WMV 格式。

▶ 完成檔案：台南赤崁樓 .wmv

10

多媒體簡報設計

在目前的商品行銷策略中，大都是採取一般媒體廣告的方式來進行，例如報紙、傳單、看板、廣播、電視、網站、社群網站等媒體來進行商品的宣傳，或者實際舉行所謂的「產品發表會」的簡報模式來與消費者面對面的直接行銷。

➡ 產品說明會是傳統行銷常用的模式

「簡報」在現今的社會普遍被使用，它意味著演講者必須面對聽眾，將想要表達的思想與創意，忠實地傳達給聽眾道，同時又必須掌握聽眾的反應，設身處地以聽眾的立場做考量，使他們能產生興趣，進而獲得利益。因此簡報已被運用到各種的場合上，舉凡在商場上、職場上、學術上、生活上，都可以看到簡報的使用。

所謂多媒體簡報指的是可以使用很多種媒體或數位化影音設備，使各位在報告時可以有讓聽眾或客戶更加讚不絕口，並能立即了解主講者的訴求，達成事半功倍的效果。例如視覺資料有助於激發聽眾的興趣和思考力。對於投影片中較抽象的概念，或不易理解的理論，都可以考慮使用圖像來輔助說明，尤其是和數據有關的資料，利用圖表來說明，更能加深聽眾的印象。

多媒體簡報製作在現今生活或工作場合上，被運用的比例越來越高，例如一些福利制度良好的公司或集團，員工在辛苦工作之餘，也會自組社團，號召志同道合的同事，一起來從事有興趣的社團活動。學校裡，無論是教學、演講、開會時，教師都必須利用簡報作為輔助工具。

PowerPoint 是 Microsoft Office 成員之一，可以說是目前大眾最熟悉的簡報軟體。PowerPoint 所包含的不只是投影片的功能，各種圖表、圖片、聲音，甚至影片都可以整合在 PowerPoint 簡報中，也可以說是最簡便的多媒體整合軟體。現在利用 PowerPoint 來製作簡報，是學習或工作上不可或缺的數位工具。在這裡就以此為主題，告訴各位如何運用大綱模式來快速編輯相關文案，同時學會投影片大小的變更、佈景主題的套用與變化、以及外部圖案的插入。

總體市場與競爭廠商
- 總體市場
  - 約100億產值，年成長率為15%，有70%以上由AV行業推廣
- 主要競爭廠商
  - 生寶、鈺麗、杉陽、大童、普立

廣告宣傳
- 新品上市時，需有較大規模、較集中密集的宣傳活動，以提高各銷售通路推銷的意願，並提高產品的曝光率
- 廣告媒體上宜以電視、雜誌、報紙…等宣傳媒體做為媒介

10-1 投影片設計第一步

　　在最新的PowerPoint 2013版本中，預設的投影片尺寸是屬於寬螢幕，其比例為16:9，如果想要製作4:3的標準螢幕，可以透過「設計」標籤的「投影片大小」來做變更。

　　請由「檔案」標籤點選「新增」指令，再點選「空白檔簡報」，然後再依照下面的步驟進行變更。

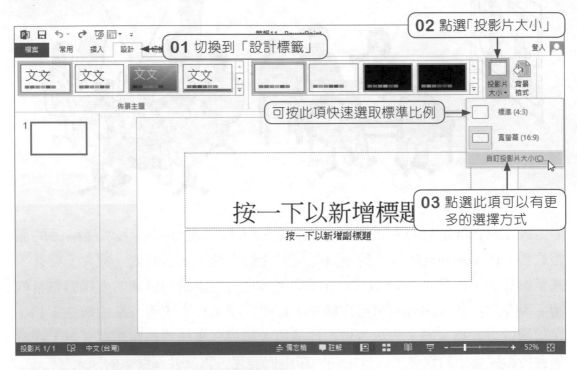

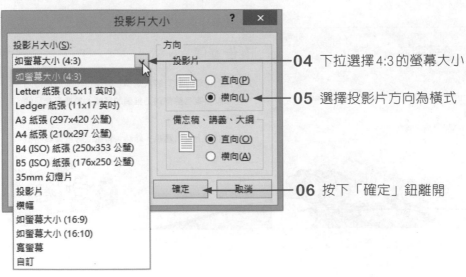

04 下拉選擇4:3的螢幕大小

05 選擇投影片方向為橫式

06 按下「確定」鈕離開

07 投影片尺寸變更 為 4:3 的比例了

　　請各位自行儲存檔案名稱，以方便待會的編輯過程可隨時按「Ctrl」+「S」鍵儲存編輯結果。

⇨ 10-1-1　套用佈景主題

　　決定投影片的比例與尺寸後，接著來為投影片選擇適合的佈景主題，好讓簡報有個美美的背景。請由「設計」標籤的「佈景主題」下拉，即可由縮圖中挑選喜歡的主題樣式。

01 點選「設計」標籤

02 按下「其他」鈕

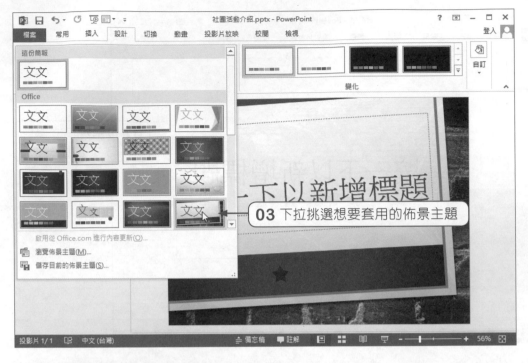

03 下拉挑選想要套用的佈景主題

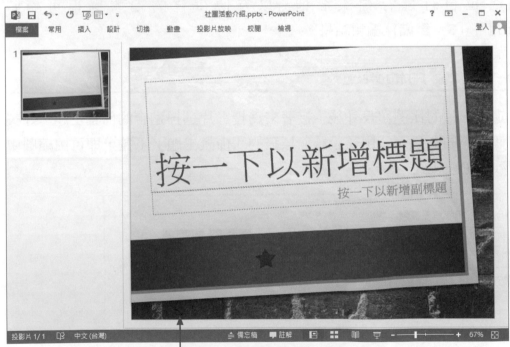

04 瞧!漂亮的背景與文字樣式已映
入眼簾中

　　除了透過「設計」標籤來套用佈景主題外,其實在新增簡報時,也可以順
便選用喜歡的佈景主題喔!方式如下:

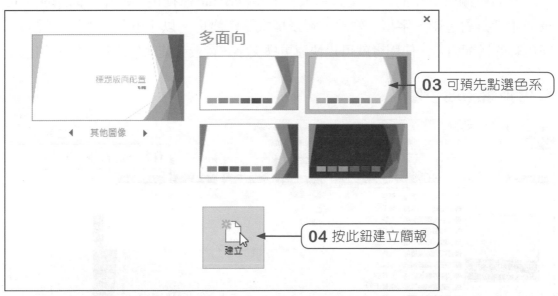

05 瞧！這樣也可以快速套用佈景主題

10-2 自訂佈景主題變化

　　針對剛剛所套用的紅色調磚牆版面，PowerPoint還提供「變化」的功能，可讓使用者針對色彩、字型、效果、背景樣式等作變更。以「色彩」為例，透過不同色彩的搭配組合，使用者就可以快速更換文字、背景、輔助色或超連結的顏色。

變更佈景主題色彩

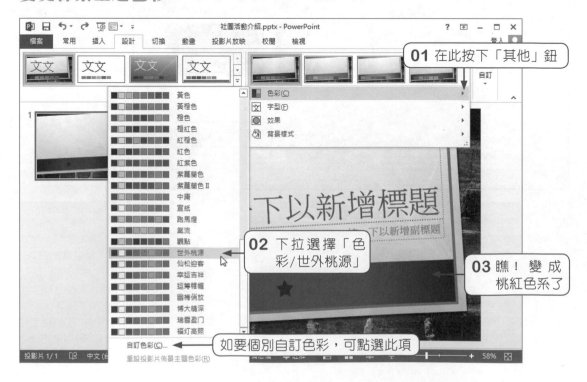

01 在此按下「其他」鈕

02 下拉選擇「色彩/世外桃源」

03 瞧！變成桃紅色系了

如要個別自訂色彩，可點選此項

變更佈景主題的字型

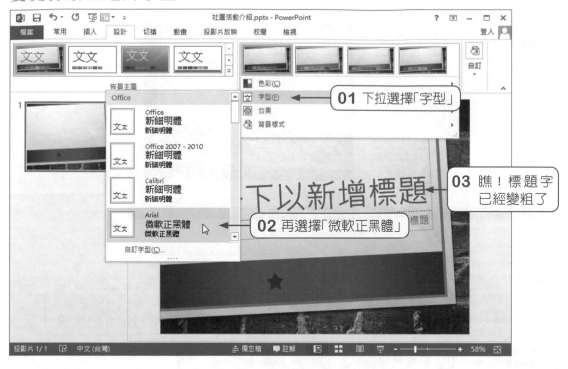

10-3 從大綱模式編輯投影片

　　在前面的單元中，我們都是直接在投影片的文字區塊中輸入標題與內容，其實各位也可以利用大綱模式來編輯。請由「檢視」標籤按下「大綱模式」鈕，輸入文字後再透過「減少清單階層」 ⋸ 與「增加清單階層」 ⋸ 鈕來控制文字為標題或內文。

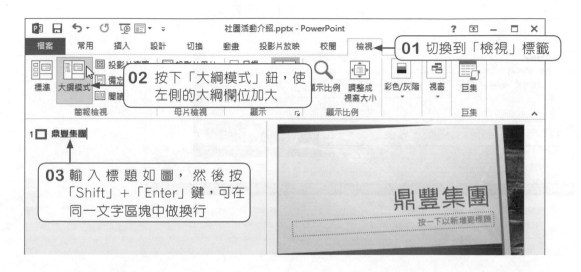

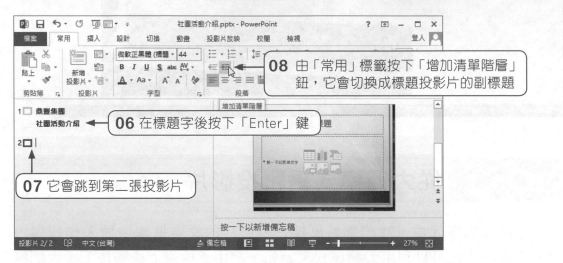

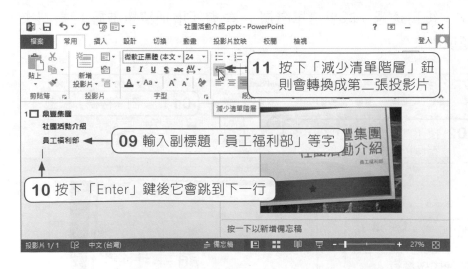

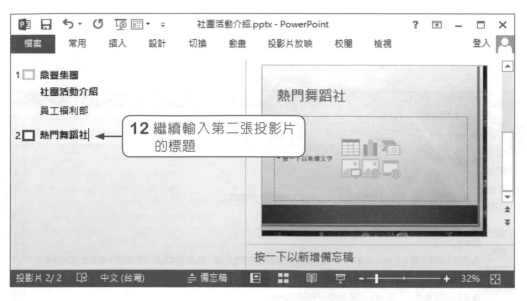

12 繼續輸入第二張投影片的標題

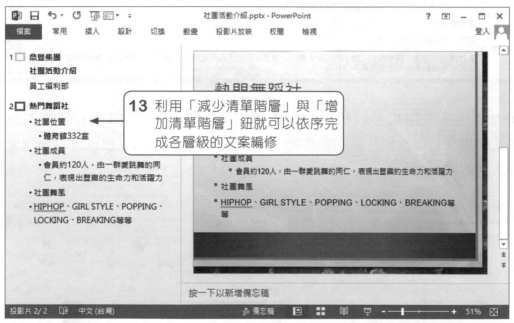

13 利用「減少清單階層」與「增加清單階層」鈕就可以依序完成各層級的文案編修

⇨ 10-3-2 從大綱插入投影片

如果有現成的文字大綱，那麼你也可以有更簡便的方式來處理簡報文字。

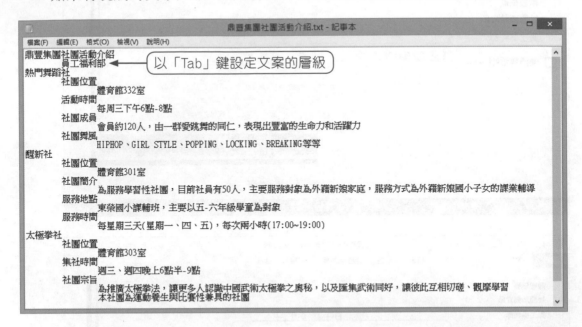

如上圖所示，你也可以利用記事本來編輯大綱，運用「Tab」鍵控制階層，然後利用「新增投影片」功能中的「從大綱插入投影片」，也就可以快速完成整個大綱的編輯。

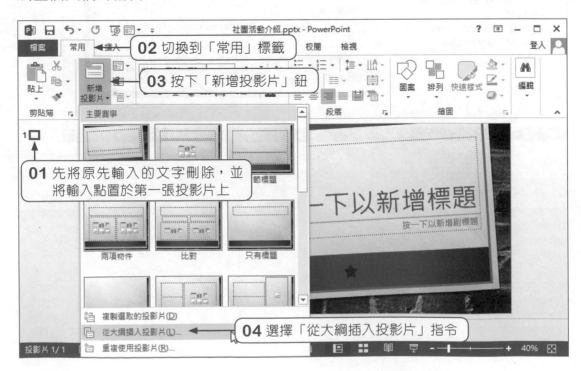

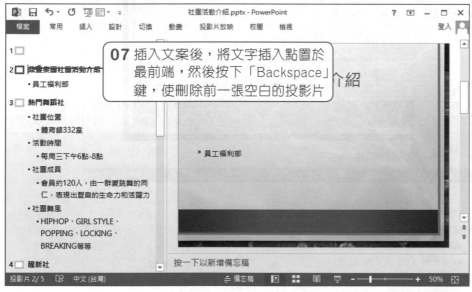

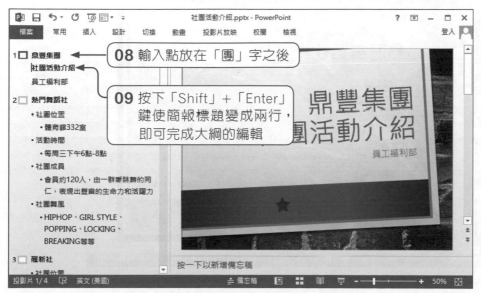

⇨ 10-2-3 插入圖片

完成大綱的編輯後,接著要加入插圖來美化簡報。因為只有純文字會顯得較單調些,加入與簡報內容相關的圖片,可以讓投影片吸引觀眾的目光。

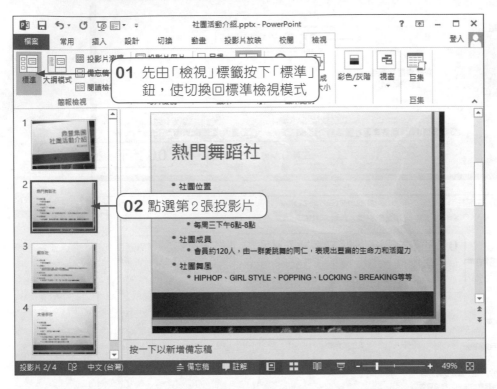

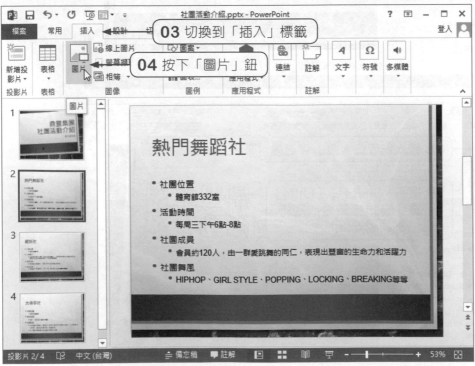

⇨ 10-2-4 插入線上圖片

　　如果沒有現成的圖片可以使用，也可以考慮到網路上面去搜尋。PowerPoint提供有「線上圖片」的功能，可將搜尋的圖片插入到簡報中，現在就試著來插入心形圖案到第三張投影片裡。

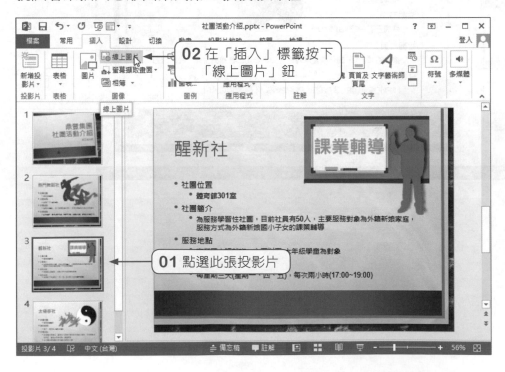

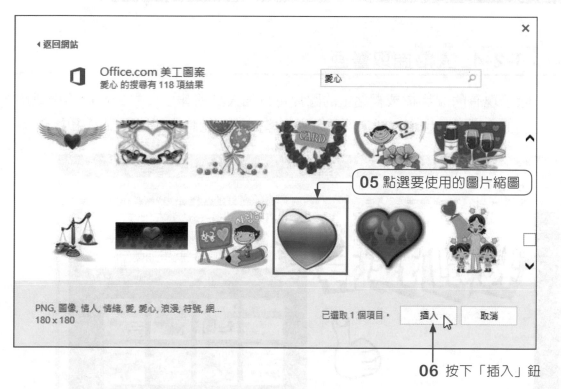

03 輸入要搜尋的字串

插入圖片

Office.com 美工圖案
免權利金的相片和圖例　　　　　　愛心

04 按此鈕開始搜尋

Bing 圖像搜尋
搜尋網頁　　　　　　搜尋 Bing

使用您的 Microsoft 帳戶登入，以從 Facebook、Flickr 及其他網站插入相片和視訊。

◀ 返回網站

Office.com 美工圖案
愛心 的搜尋有 118 項結果　　　　　　愛心

05 點選要使用的圖片縮圖

PNG, 圖像, 情人, 情緒, 愛, 愛心, 浪漫, 符號, 網...
180 x 180

已選取 1 個項目。　　插入　　取消

06 按下「插入」鈕

08 複製一份後，按此鈕使旋轉角度

醒新社

課業輔導

07 將圖片縮放到適切的比例

- 社團位置
  - 體育館301室
- 社團簡介
  - 為服務學習性社團，目前社員有50人，主要服務對象為外籍新娘家庭，服務方式為外籍新娘國小子女的課業輔導
- 服務地點
  - 東榮國小課輔班，主要以五-六年級學童為對象
- 服務時間
  - 每星期三天(星期一、四、五)，每次兩小時(17:00~19:00)

⇨ 10-2-4 螢幕擷取畫面

除了現有的圖片檔或網站上的圖片可以加入到簡報中，對於電腦桌面或應用程式上的畫面，也可以透過「螢幕擷取畫面」功能將畫面擷取到簡報中。

在google.com網站上方按下「圖片」鈕，然後搜尋「社團活動」，將可找到此張插圖

如上圖所示，這是在Google Chrome瀏覽器上搜尋「社團活動」圖片時所找到的插圖，這裡將利用「螢幕擷取畫面」功能把圖片擷取到標題投影片中。

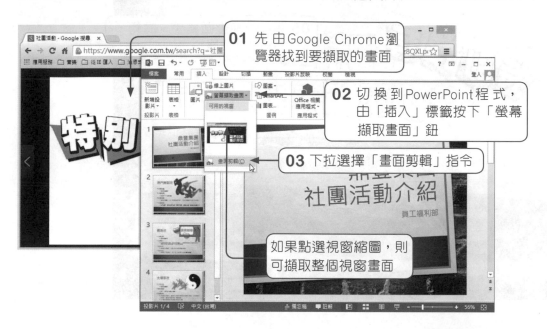

01 先由Google Chrome瀏覽器找到要擷取的畫面

02 切換到PowerPoint程式，由「插入」標籤按下「螢幕擷取畫面」鈕

03 下拉選擇「畫面剪輯」指令

如果點選視窗縮圖，則可擷取整個視窗畫面

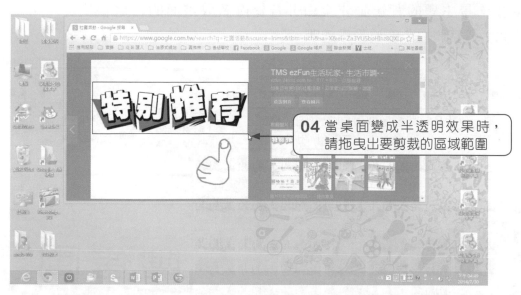

04 當桌面變成半透明效果時，請拖曳出要剪裁的區域範圍

05 將擷取的畫面縮小、旋轉，並移到此位置

由於佈景主題的背景並非全白，若覺得擷取畫面的白底很突兀，可透過「格式」標籤將白色區域設為透明。

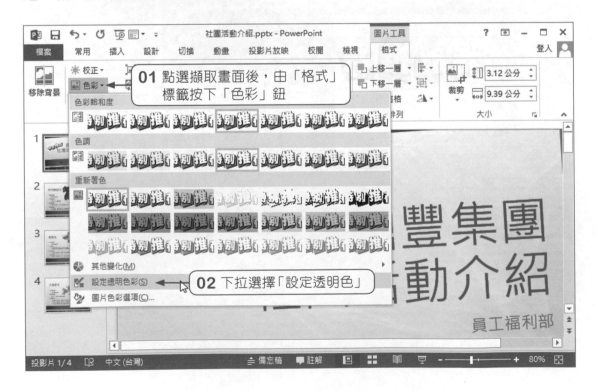

01 點選擷取畫面後，由「格式」標籤按下「色彩」鈕

02 下拉選擇「設定透明色」

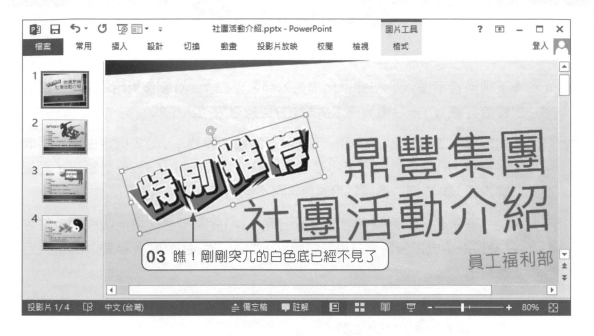

03 瞧!剛剛突兀的白色底已經不見了

04 瞧!精美的簡報製作完成囉

自我評量

● 選擇題

1. (　) 下列何者不是 PowerPoint 所提供的簡報優點？ (A)製作費用低廉 (B)檔案修改容易 (C)一台電腦搞定檔案 (D)可轉存成視訊格式。

2. (　) 對於簡報設計步驟的說明，下面何者的順序有誤？ (A)先確定主題，再收集資料 (B)先準備備忘稿和講義，再架構簡報內容 (C)先設計結論，再架構內容 (D)先增添多媒體資料後，再不斷演練。

3. (　) 上台簡報時，下列何者的說明不正確？ (A)手勢要多，才能吸引聽眾注意 (B)結束前要預留時間做重點強調 (C)要面帶微笑(D)服裝穿著以簡單大方為原則。

4. (　) 下列何者不是 PowerPoint 所提供的版面配置？ (A)標題投影片 (B)兩項物件(C)圖表投影片 (D)比對。

5. (　) 功能鈕為何種工具的圖示？ (A)複製 (B)填色 (C)貼上 (D)複製格式。

6. (　) 下列何者不是儲存檔案的方法？ (A)按下 鈕 (B)按下「Ctrl」+「O」快速鍵 (C)由「檔案」標籤下拉選擇「儲存檔案」指令 (D)由「檔案」標籤下拉執行「另存新檔」指令。

7. (　) 於簡報內插入新投影片的方法，必須從哪個標籤中進行新增？ (A)「插入」標籤 (B)「常用」標籤 (C)「設計」標籤 (D)以上皆可。

8. (　) 在 Microsoft PowerPoint 中製作投影片，若要顯示所有投影片的縮圖，並重排投影片的順序，要在哪一種檢視模式進行最合適？ (A)標準模式 (B)投影片放映 (C)閱讀檢視 (D)投影片瀏覽。

9. (　) 在 Microsoft PowerPoint 中，哪一種操作模式最適合對全部投影片作新增、刪除、複製及先後順序等之調整，進而改善投影簡報的流暢度？ (A)大綱模式 (B)閱讀檢視模式 (C)投影片放映模式 (D)投影片瀏覽模式。

10. (　) 在標準檢視模式中，三框式視窗是由哪三部分構成？ (A)投影片、投影片放映、投影片瀏覽 (B)投影片放映、大綱、備忘稿 (C)投影片、大綱、備忘稿 (D)投影片瀏覽、大綱、備忘稿。

11. (　) Microsoft Powerpoint 提供了下列哪一項功能？ (A)投影片的製作 (B)防火牆架設 (C)資料庫建立 (D)檔案壓縮。

12. (　　) PowerPoint簡報檔的副檔名為：(A)doc或docx (B)ppt或pptx (C)txt (D) xls或xlsx。

13. (　　) 下列那一個Microsoft的軟體為簡報軟體？ (A)Access (B)Excel (C) PowerPoint (D)Word。

11

2D動畫媒體與
Flash CS6

電腦繪圖已逐步替代需要大量人力作業的繪圖工作，讓以往需精密繪製的圖得以經由電腦繪圖，做得更精密準確，並且讓需要視覺表現的圖樣或影像透過電腦繪圖，能夠無限發揮無窮的創意。所謂2D動畫是由一張一張的圖所構成，具有呈現多元的視覺藝術風格的優點，通常對於2D圖形只需考慮所顯示景物的表面形態和平面移動方向情況即可，做傳統2D動畫就是需要花上大量的勞力。

➡ 2D動畫的作品

11-1　2D動畫簡介

電腦中顯示的動畫實際上可以區分為2D（2維/Two Dimensional）和3D（3維）兩種，其中2D圖形只涉及所顯示景物的表面形態和其平面（水平和垂直）方向運行情況。2D影像是平面的，只有水平和垂直兩種方向，以座標系統來看，只要X、Y兩個參數就能表示物件的位置，如下圖所示。

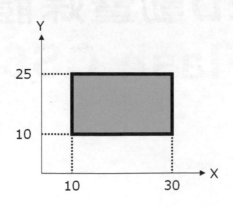

⇨ 11-1-1 動畫的原理

動畫的基本原理與視訊類似，也就是以一種連續貼圖的方式快速播放，再加上人類視覺暫留的因素，因而產生動畫呈現效果。例如以下的6張影像，每一張影像的不同之處在於動作的細微變化，如果能夠快速的循序播放這6張影像，那麼您便會因為視覺暫留所造成的幻覺而認為影像在運動。如下圖所示：

11-2 　Flash的工作環境環境

Flash最早是一套由Macromedia所推出的2D動畫設計軟體，因為是採用向量圖案來產生動畫效果，所以具有檔案容量小的優點，非常適用於網路上的傳輸，此Flash可以內嵌於網頁之中，也可以編譯為Windows可單獨執行的exe檔，要執行Flash動畫，使用者的電腦中必須安裝FlashF Player的播放器。透過元件和關鍵畫格的建立，就可快速產生產生動畫，加上它有程式語言做為後盾，所以不管是單純的動畫設計，或是複雜的遊戲製作，利用Flash這套程式就可搞定。因此這一章中，將針對Flash的工具使用、元件設定、動畫製作等功能做介紹，讓各位也可以輕鬆做出精巧又好看的動畫作品。

➡ 國立故宮博物院（中文版網址：http://www.npm.gov.tw）

當各位將Flash CS6軟體安裝至電腦後，由「開始」功能表執行「Adobe/
Adobe Flash Professional CS6」指令，即可看到以下的歡迎畫面。

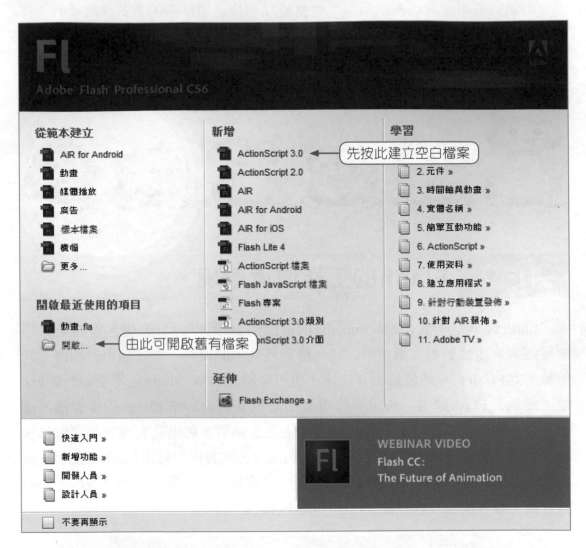

當各位按下「Actionscript 3.0」的選項後，就會進入Flash的視窗畫面，其
各部分簡要說明如下：

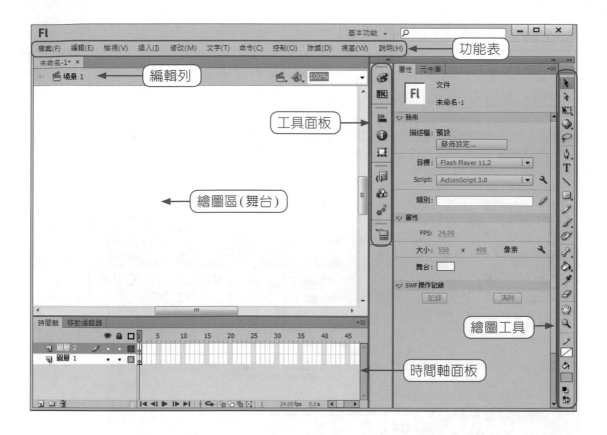

⇨ 11-2-1 面板的顯示與隱藏

Flash的面板雖然很多，不過都可以隱藏起來。請按滑鼠兩下在面板上方的灰色橫條，即可顯示或隱藏面板。另外按下面板上的工具鈕，即可顯示該面板的功能。如圖示：

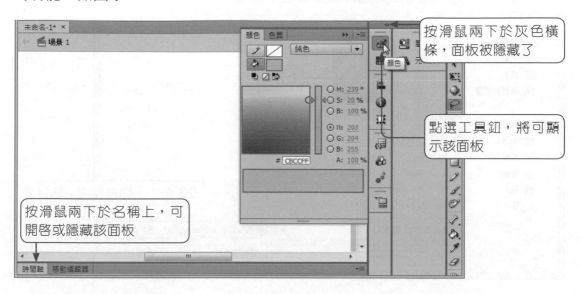

⇨ 11-2-2 開啓新/舊檔案

除了在歡迎畫面可開啓新/舊檔案外，執行「檔案/新增」指令後，在如下的視窗中做設定，即可開啓空白文件。

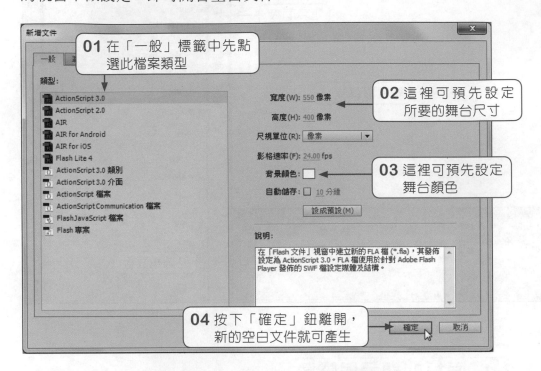

如果有現成的Flash檔，則是利用「檔案/開啓舊檔」指令來開啓。方式如下：

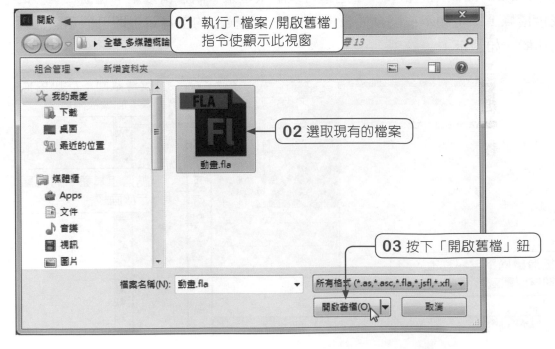

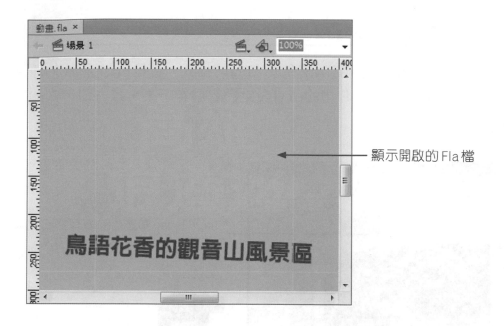

顯示開啟的Fla檔

⇨ 11-2-3 設定影片尺寸

在開啟檔案後,如果需要再次修改影片的尺寸,則是透過屬性面板來調整。

01 開啟「屬性」面板

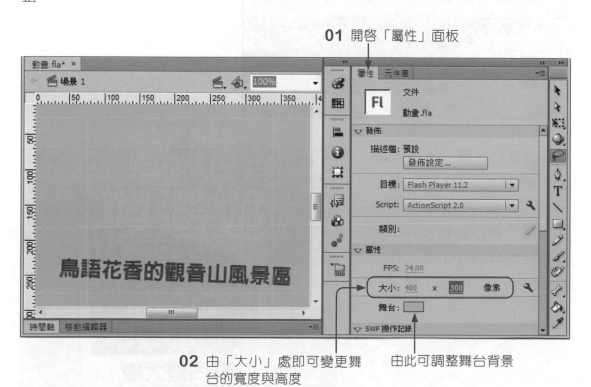

02 由「大小」處即可變更舞台的寬度與高度

由此可調整舞台背景

⇨ 11-2-4 檔案格式的儲存

　　各位所編輯的 **Flash** 動畫檔，必須儲存成 ***.Fla** 的格式，這是 Flash 影片的原始檔案格式，儲存此格式可將影片中的所有設定內容儲存下來，以方便下次的再度編輯。

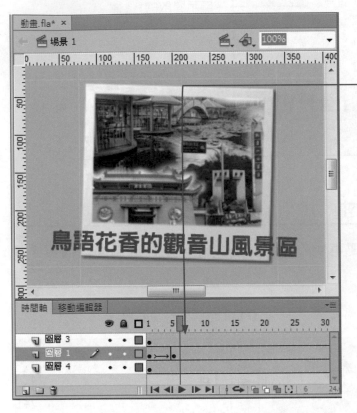

*.fla 是 Flash 動畫檔的專有格式，會將所有元件與圖層保留下來

fla 的檔案圖示

　　通常放在網頁上的 **Flash** 影片則是 ***.swf** 格式，各位可利用「檔案/發佈」指令做發佈。若在編輯過程中想要測試影片效果，可按快速鍵「**Ctrl**」+「**Enter**」鍵。

按「Ctrl」+「Enter」鍵可以快速測試影片效果

　　另外，透過「檔案/發佈設定」指令，若是有勾選「Win放映檔」的選項，
它會將檔案儲存成 *.exe 的執行檔，如此一來使用者不必安裝Flash或是透過瀏
覽器，就能看到動畫效果。

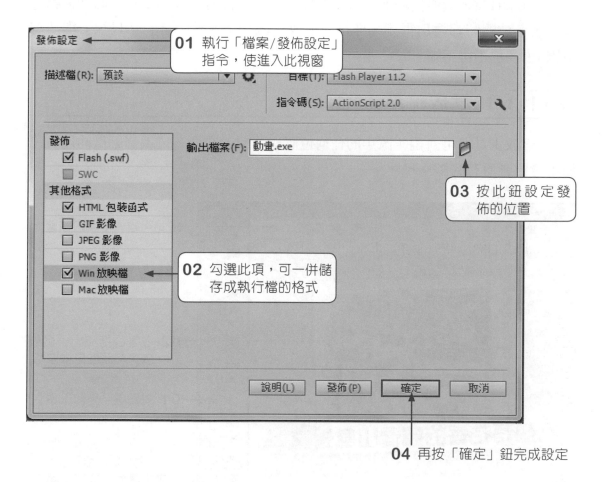

04 再按「確定」鈕完成設定

11-3 編輯輔助工具介紹

在介紹Flash編輯技巧前，我們還要跟各位介紹幾項輔助工具，因為編輯過程中，各位隨時都會用得到，像是「縮放工具」、「手掌工具」、「尺規」與「導引線」，各位不可不知。

⇨ 11-3-1 縮放工具

「縮放工具」可對編輯區中的任何位置作縮放，方便各位編修細微的地方，但不會影響原有的影片尺寸。

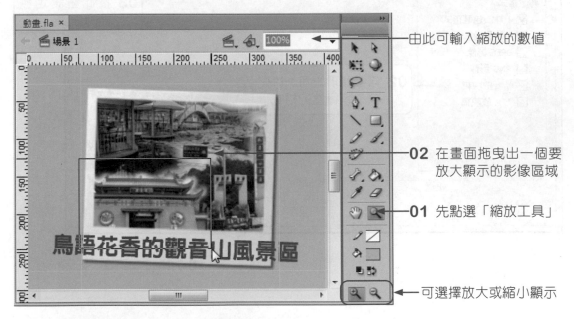

由此可輸入縮放的數值

02 在畫面拖曳出一個要放大顯示的影像區域

01 先點選「縮放工具」

可選擇放大或縮小顯示

03 瞧！該區域的比例被放大了

⇨ 11-3-2 手掌工具

放大顯示有利於舞台細微部分的編修，但是顯示範圍以外的影像，則是要透過「手掌工具」來移動才行。

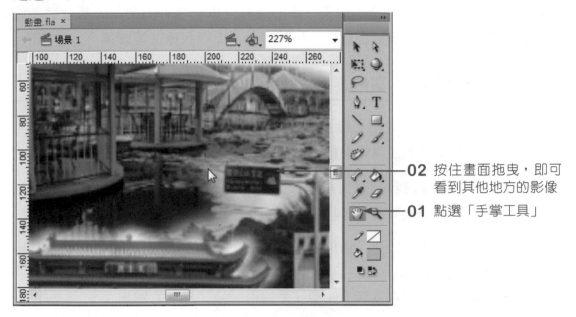

02 按住畫面拖曳，即可看到其他地方的影像

01 點選「手掌工具」

⇨ 11-3-3 尺規/導引線

尺規在預設狀態會顯示在視窗的上方與左側，可做精確的測量。若按住水平尺規往下拖曳，或是由垂直尺規往右拖曳，則可拉出導引線，使用這些線條可做為貼齊定位之用。

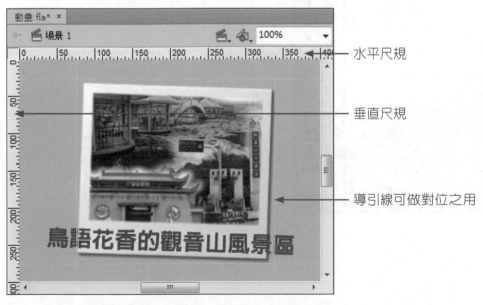

水平尺規

垂直尺規

導引線可做對位之用

若是不需要使用尺規，也可執行「檢視/尺規」指令來隱藏尺規。

11-4 以工具繪製造型

對於工作環境與輔助工具有所了解後，我們開始要利用 Flash 所提供的工具來繪製造型。這裡包括造型的繪製、圖形運算、單一色彩的使用，都會替各位作詳細的解說，好讓大家能輕鬆設計出動畫所需要的各種造型圖案。

⇨ 11-4-1 幾何圖案的繪製

幾何圖案的繪製，包括矩形工具、橢圓形工具、基本矩形工具、基本橢圓形工具、以及多邊星形工具等五種繪製工具。

矩形工具用來繪製矩形/圓角矩形圖案，橢圓形工具繪製正圓/橢圓等造型，這兩種工具繪製後的圖案會呈現打散的狀態。

基本矩形工具繪製矩形/圓角矩形圖案，基本橢圓形工具繪製正圓/橢圓/派形/甜甜圈等造型，這兩種工具繪製後的圖案會在四周顯示端點，方便編輯造型。而多邊星形工具可在頁面上繪製「多邊形」及「星形」圖案。

繪製造型前，可先由「屬性」面板設定所要的填色與筆畫，如圖示：

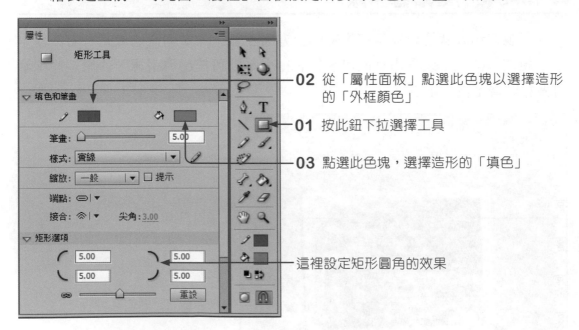

02 從「屬性面板」點選此色塊以選擇造形的「外框顏色」

01 按此鈕下拉選擇工具

03 點選此色塊，選擇造形的「填色」

這裡設定矩形圓角的效果

　　點選色塊進行選色時會出現「顏色挑選器」，若要設定為無填色效果，請按下☑鈕，若要設定顏色的透明度，則是由「Alpha」做設定。

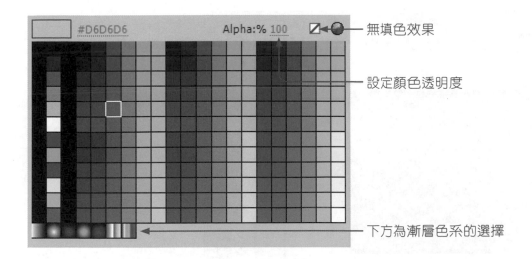

無填色效果

設定顏色透明度

下方為漸層色系的選擇

　　在此以「基本矩形工具」來做為造型繪製範例。

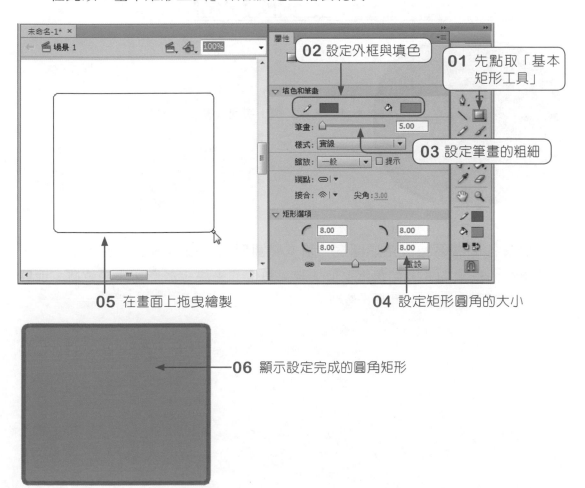

02 設定外框與填色

01 先點取「基本矩形工具」

03 設定筆畫的粗細

05 在畫面上拖曳繪製

04 設定矩形圓角的大小

06 顯示設定完成的圓角矩形

　　剛剛有提到，選用基本矩形工具或基本橢圓形工具繪製的造型，其圖案會在四周顯示端點，利用「選取細部工具」 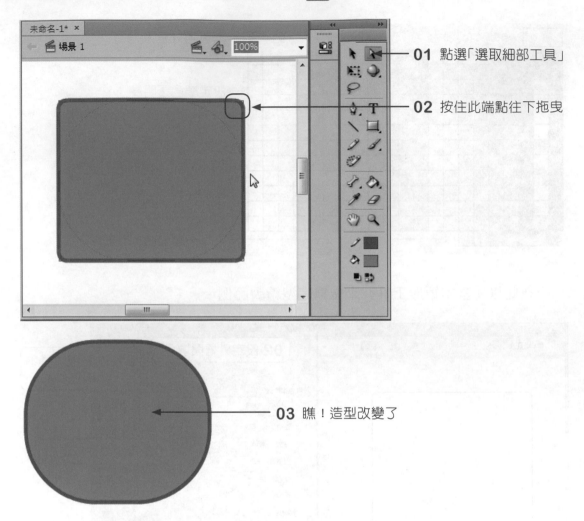 即可針對端點做編修喔！如圖示：

01 點選「選取細部工具」

02 按住此端點往下拖曳

03 瞧！造型改變了

　　如果各位需要繪製派形圖案，基本橢圓形工具就可辦到。點選工具後，透過屬性面板上的「開始角度」與「結束角度」來決定派形切角的位置，而設定「內半徑」會產生甜甜圈的造型。

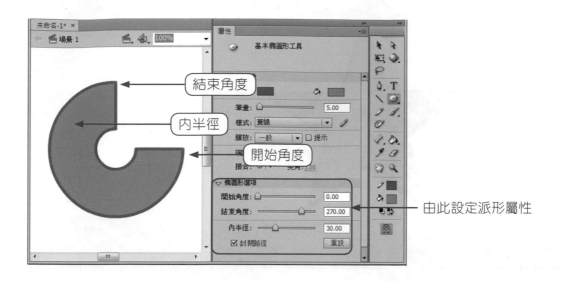

結束角度

內半徑

開始角度

由此設定派形屬性

對於多邊形或星形的切換，主要是由「屬性」面板上的「選項」鈕做選擇，設定方式如下：

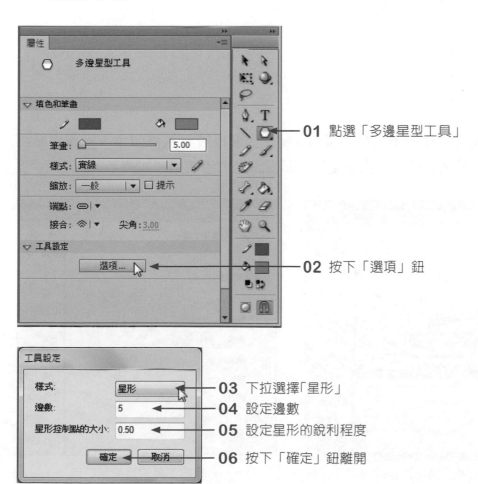

01 點選「多邊星型工具」

02 按下「選項」鈕

03 下拉選擇「星形」

04 設定邊數

05 設定星形的銳利程度

06 按下「確定」鈕離開

07 瞧！星形產生了

⇨ 11-4-2 線條圖案繪製

繪製線條圖案的工具包括線段工具、鉛筆工具、以及筆刷工具等三種。線段工具用來繪製直線，加按「Shift」鍵可繪製45度角的直線。鉛筆工具用來繪製自由線段，筆刷工具則是用於填色處理。

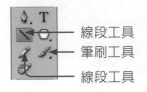

— 線段工具
— 筆刷工具
— 線段工具

選用線段工具和鉛筆工具，可由「屬性」面板設定線條顏色、筆畫粗細及筆畫樣式，而筆刷工具只可由「屬性」面板設定填色而已。如圖示：

➡ 線段工具和鉛筆工具可設定線條顏色、筆畫粗細及筆畫樣式

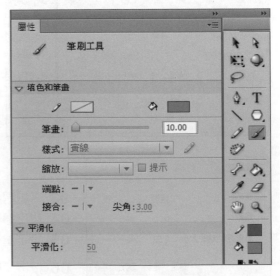

➡ 筆刷工具只可設定填色

⇨ 11-4-3 造型填色

　　Flash的填色工具有「墨水瓶工具」與「油漆桶工具」兩種,墨水瓶工具只對造型圖案套上「外框」效果,而油漆桶工具只對造型圖案套上「填色」效果。

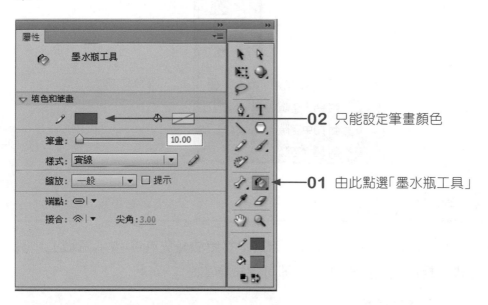

02 只能設定筆畫顏色

01 由此點選「墨水瓶工具」

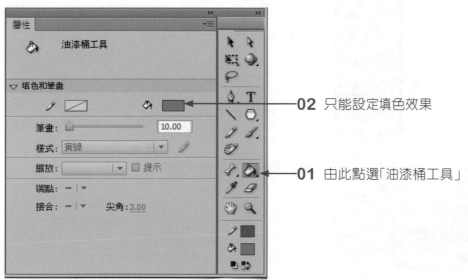

02 只能設定填色效果

01 由此點選「油漆桶工具」

以油漆桶工具做填色時，萬一圖形並非完全封閉，仍然留有小空隙，可透過工具選項來做調整。如下圖所示，預設值是選用「不封閉空隙」，要填入顏色的造型圖案，必須是完全封閉的造型才能填色完成，而其他三項允許填色的缺口大小。

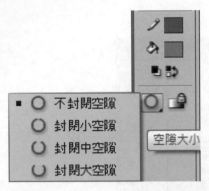

⇨ 11-4-4 橡皮擦工具

「橡皮擦工具」用來擦拭與清除造型圖案；其做法是先在「選項區域」中設定要擦拭的方式，再回到畫面按住拖曳即可擦拭圖案。

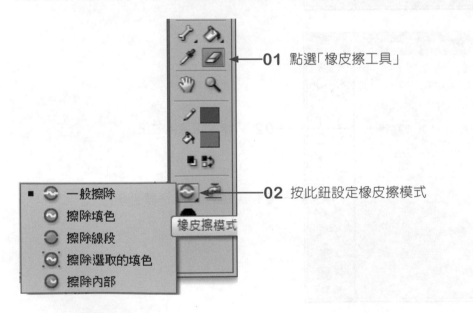

01 點選「橡皮擦工具」

02 按此鈕設定橡皮擦模式

這裡簡要說明橡皮擦模式的作用：

⭐ 一般擦除：會將圖案的「外框」及「填色」同時清除。

⭐ 擦除填色：會將圖案的「填色」清除，而「外框」不受影響。

⭐ 擦除線段：將圖案的「外框」清除，而「填色」不受影響。

☺擦除選取的填色：指針對選取區域的填色部分做清除。

☺擦除內部：「內部」是指填色區域，必須在「填色區域」內點取往外拖曳，才能產生擦拭的效果，若是從「填色區域」以外的地方點取往內拖曳，則看不出效果。

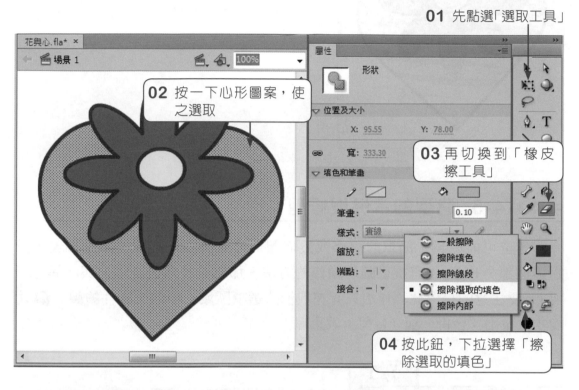

01 先點選「選取工具」

02 按一下心形圖案，使之選取

03 再切換到「橡皮擦工具」

04 按此鈕，下拉選擇「擦除選取的填色」

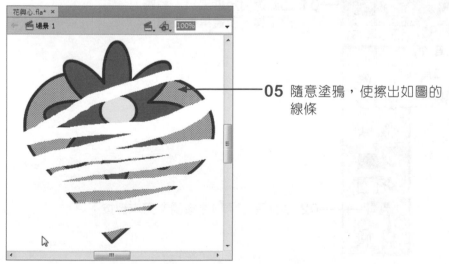

05 隨意塗鴉，使擦出如圖的線條

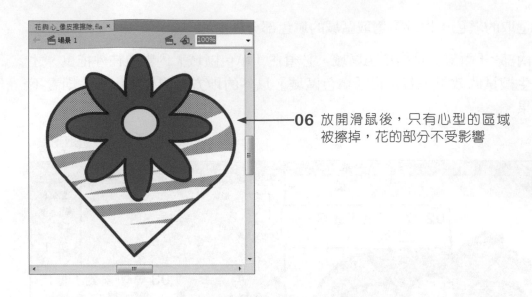

06 放開滑鼠後，只有心型的區域
被擦掉，花的部分不受影響

⇨ 11-4-5 造型的合併與修剪

各位可能認為，簡單的線條或幾何圖形，無法表現複雜的造型圖案，針對這個部分Flash也有提供圖形編修的方法，那就是「同色合併」與「異色修剪」。要注意的是，此種作法只有在取消「選項區域」中的「物件繪製」 功能才可做出「合併」與「修剪」效果喔！

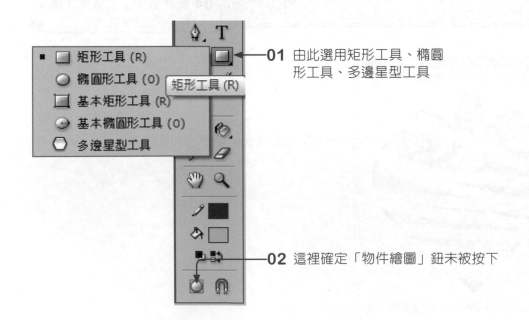

01 由此選用矩形工具、橢圓
形工具、多邊星型工具

02 這裡確定「物件繪圖」鈕未被按下

同色合併

繪製二個相同顏色且重疊的造型,這二個造型會自動合併成單一造型。

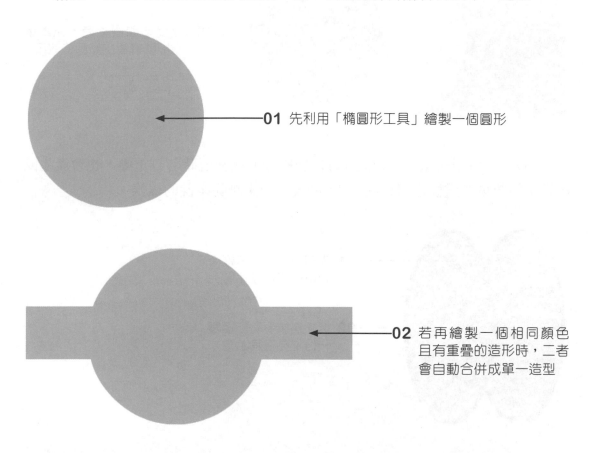

01 先利用「橢圓形工具」繪製一個圓形

02 若再繪製一個相同顏色
且有重疊的造形時,二者
會自動合併成單一造型

異色修剪

如果這二個造型圖案是屬於不同顏色時,則會產生「修剪」的效果。

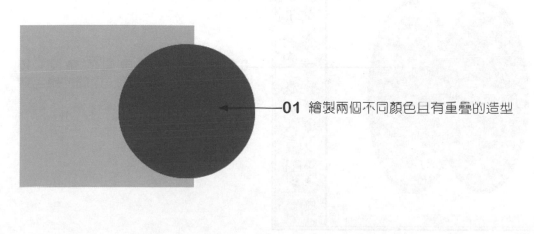

01 繪製兩個不同顏色且有重疊的造型

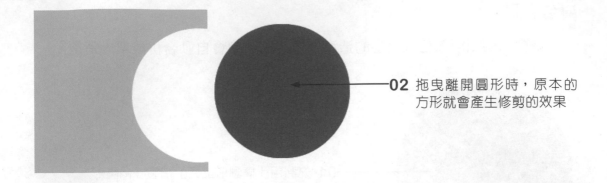

02 拖曳離開圓形時，原本的
方形就會產生修剪的效果

另外，「造型與線段」或是「線段與線段」在繪製時若有重疊，也會產生圖
形切割的效果，這樣也可以利用「Delete」鍵來刪除多餘的線條。

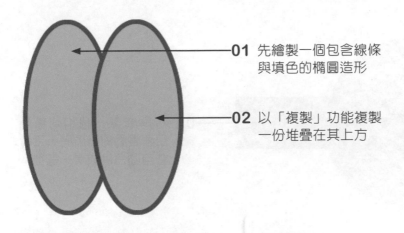

01 先繪製一個包含線條
與填色的橢圓造形

02 以「複製」功能複製
一份堆疊在其上方

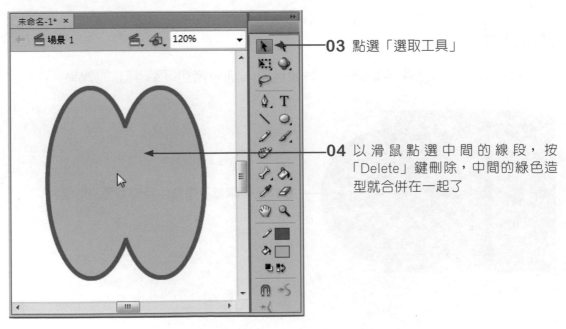

03 點選「選取工具」

04 以滑鼠點選中間的線段，按
「Delete」鍵刪除，中間的綠色造
型就合併在一起了

　　各位要知道，Flash中所繪製的造型，其「外框」與「填色」是互相分離的，因此利用拖曳的方式，就可以將「外框」或「填色區域」分離。

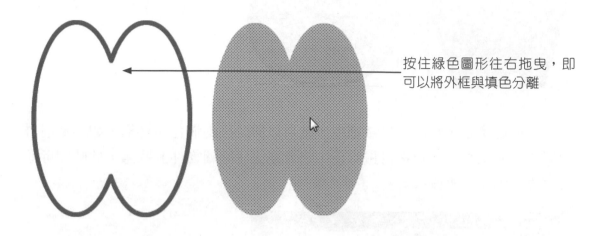

按住綠色圖形往右拖曳，即可以將外框與填色分離

　　如果想要圖時移動外框與填色，則請按滑鼠兩下並點選填色區域，這樣就可以同時選取，如圖示：

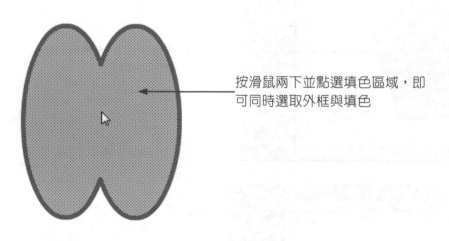

按滑鼠兩下並點選填色區域，即可同時選取外框與填色

⇨ 11-4-6　物件繪製模式

　　當各位選用矩形工具、橢圓形工具、多邊星型工具三種工具時，若於工具下方按下「物件繪製」 ◉ 鈕，那麼同時繪製的造型與線條將會形成類似「群組」的狀態，所以就不會出現合併與裁切的情形。若以選取工具選取造型，就會在其四周看到矩形框線，如圖示：

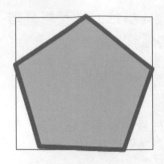
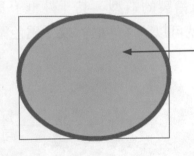

造型外圍有此方框，就是以「物件繪製」模式繪製的造型

　　它的好處是，單點滑鼠做拖曳，就可以同時移動填色與外框，如果造型需要變更色彩或框線，可按滑鼠兩下，它會進入「繪圖物件」狀態，此時即可進行變更的動作。如圖示：

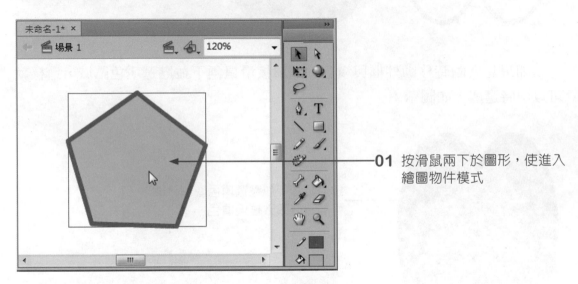

01 按滑鼠兩下於圖形，使進入繪圖物件模式

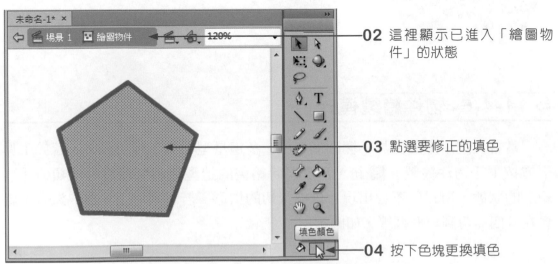

02 這裡顯示已進入「繪圖物件」的狀態

03 點選要修正的填色

04 按下色塊更換填色

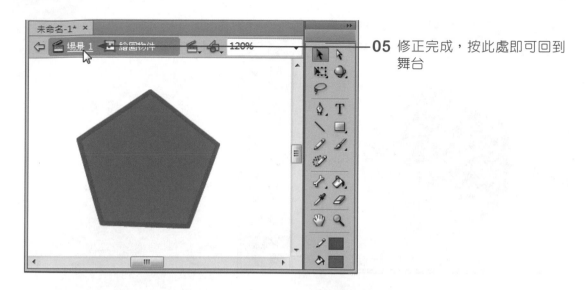

05 修正完成,按此處即可回到舞台

　　若各位選用「基本矩形工具」或「基本橢圓形工具」所繪製的造型,基本上也是屬於物件繪製模式,一樣必須進入「繪圖物件」模式才可變更造型的色彩或外框。

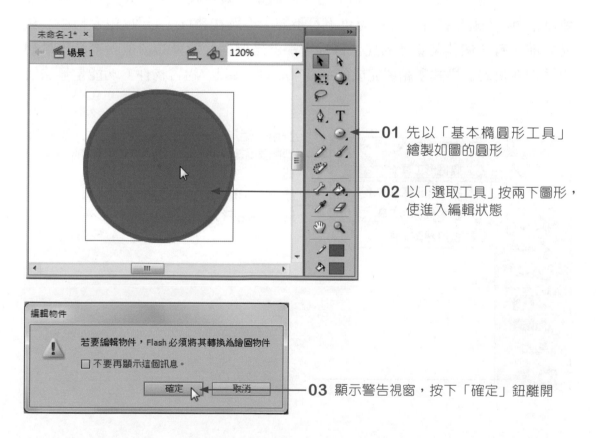

01 先以「基本橢圓形工具」繪製如圖的圓形

02 以「選取工具」按兩下圖形,使進入編輯狀態

03 顯示警告視窗,按下「確定」鈕離開

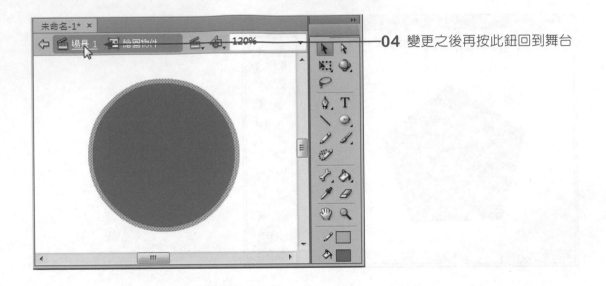

04 變更之後再按此鈕回到舞台

⇨ 11-4-7 組合物件

　　除了利用造型的合併與修剪，可以將簡單的幾何圖形或線條變化出各種複雜圖形外，「組合物件」的功能也不可不知。不過在執行「修改/組合物件」功能之前，有一個非常重要的先決條件，那就是要進行運算的造型圖案必須是利用「物件繪製」模式所繪製完成的造型，否則「修改/組合物件」功能是無法使用的。

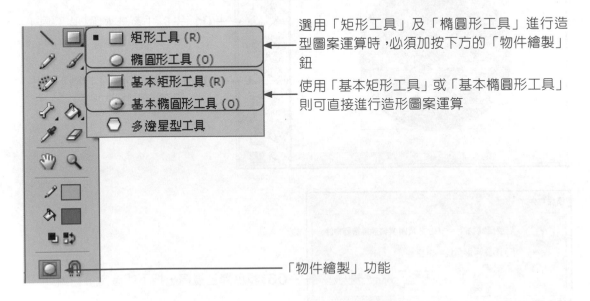

選用「矩形工具」及「橢圓形工具」進行造型圖案運算時，必須加按下方的「物件繪製」鈕

使用「基本矩形工具」或「基本橢圓形工具」則可直接進行造形圖案運算

「物件繪製」功能

組合物件的功能包括了聯集、交集、打洞、裁切四種效果,「聯集運算」可使多個造型圖案合併成爲單一造型;「打洞運算」可產生圖形修剪的效果,運算時是由上方的圖案來裁切下方的圖案;「交集」與「裁切」運算會得到相同的造型結果,其差異只在於最後的造型顏色是以上方或是下方的造型爲主。限於篇幅關係,這裡僅爲各位示範聯集的運算方法,其餘的請自行嘗試。

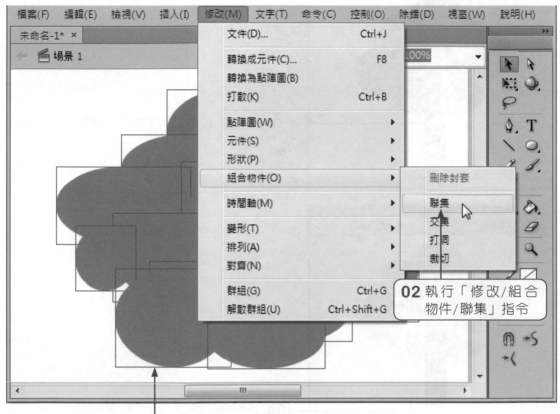

01 選取要進行「聯集運算」的多個造形圖案

02 執行「修改/組合物件/聯集」指令

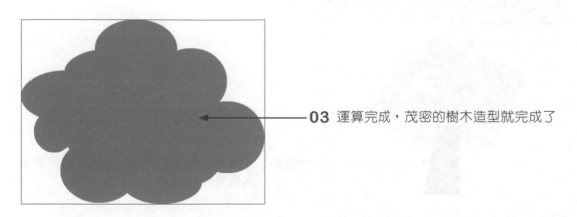

03 運算完成,茂密的樹木造型就完成了

⇨ 11-4-8 編修造型圖案

組合物件功能可以快速將造型圖案運算出來，但卻無法針對圖案細部作調整，所以這裡還要告訴各位如何運用「選取工具」來編修造型。

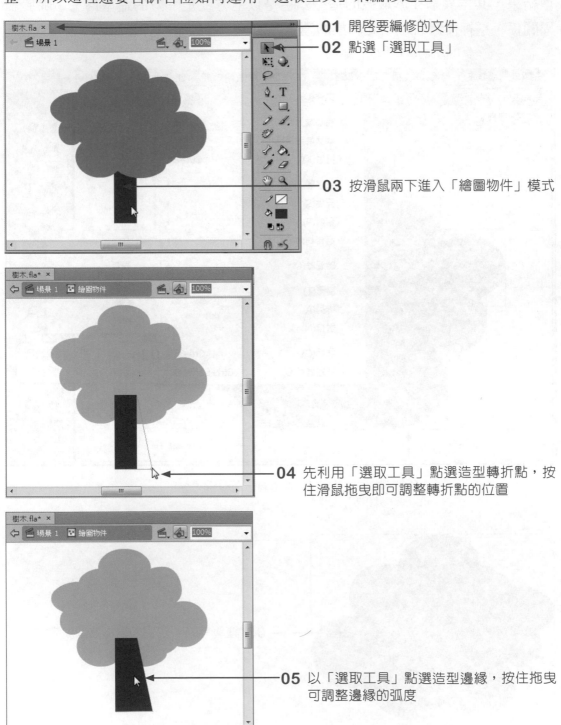

01 開啟要編修的文件

02 點選「選取工具」

03 按滑鼠兩下進入「繪圖物件」模式

04 先利用「選取工具」點選造型轉折點，按住滑鼠拖曳即可調整轉折點的位置

05 以「選取工具」點選造型邊緣，按住拖曳可調整邊緣的弧度

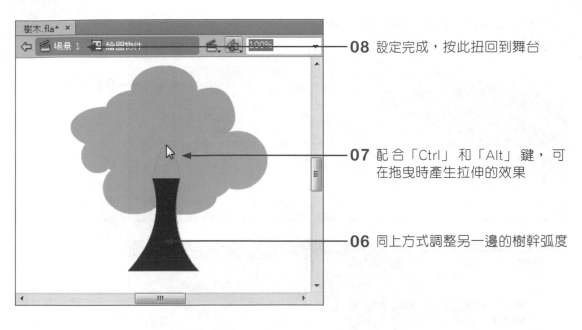

08 設定完成，按此扭回到舞台

07 配合「Ctrl」和「Alt」鍵，可在拖曳時產生拉伸的效果

06 同上方式調整另一邊的樹幹弧度

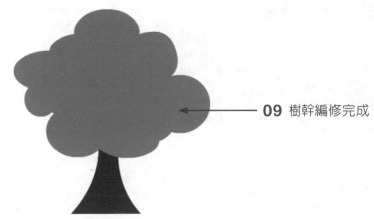

09 樹幹編修完成

11-5 文字處理

　　文字與造型圖案是動畫設計的二大主角，在前面已經為各位介紹過造型圖案的繪製與編修技巧，而現在該輪到文字工具上場了。

⇨ 11-5-1 建立文字區塊

　　使用「文字工具」在舞台上按一下，或是拖曳出一個區域，就可以直接輸入文字，文字輸入完成後會變成一個文字區塊，而文字建立前，可預先在屬性面板中設定好文字格式。

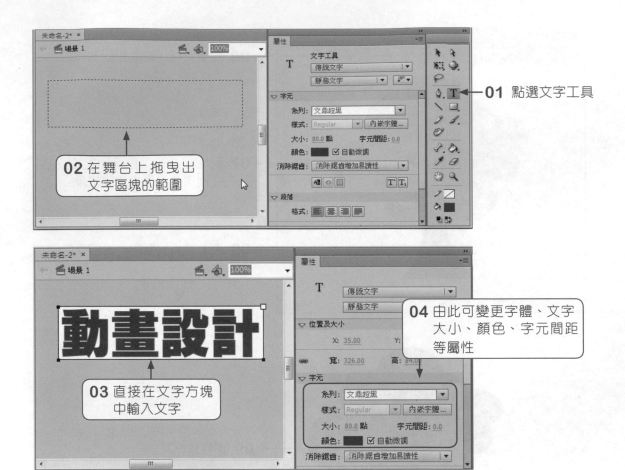

01 點選文字工具

02 在舞台上拖曳出文字區塊的範圍

03 直接在文字方塊中輸入文字

04 由此可變更字體、文字大小、顏色、字元間距等屬性

⇨ 11-5-2 修改文字方向

加入文字後,萬一需要修改文字的走向,可在屬性面板上做變更,變更方式如下:

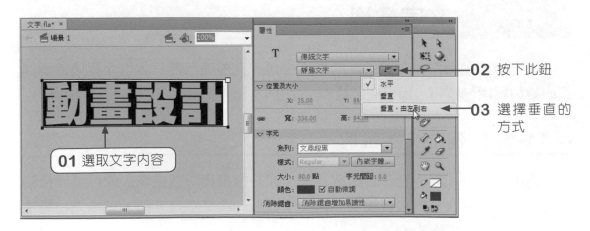

02 按下此鈕

03 選擇垂直的方式

01 選取文字內容

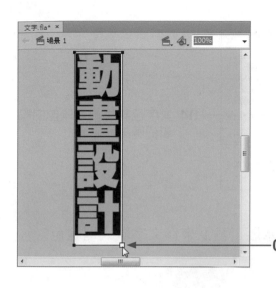

04 以滑鼠拖曳此處，改變文字框的長度，即可
看到直排的文字效果

⇨ 11-5-3 打散文字

利用文字工具所建立的文字，可利用屬性面板進行字體、顏色、大小、字元間距、文字方向等屬性做調整，但無法對區塊內的文字進行外形與邊框顏色的編修，若要讓文字可以像圖形一樣的自由編輯時，就要利用「打散」指令來將它轉換成圖形。

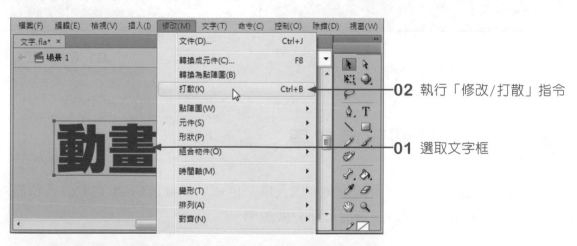

02 執行「修改/打散」指令

01 選取文字框

03 文字轉換成各自獨立
的文字區塊，再次執
行「修改/打散」指
令

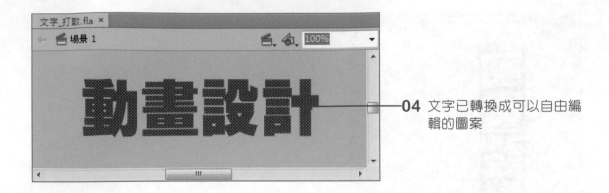

變成繪圖物件後,各位可以選用「墨水瓶工具」來為文字填入框線色彩,如下所示:

11-6 漸層顏色效果

在前面我們只為造型圖案或文字填入單一色彩,事實上Flash也允許各位設定漸層色彩,這一小節將針對此一部分做說明。

⇨ 11-6-1 建立漸層顏色

建立新造型時,可以選擇預設的漸層效果來做為填色顏色,或是利用「油漆桶工具」來替造型圖案加上漸層效果。

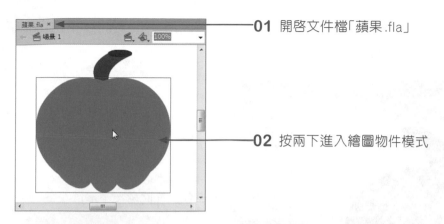

01 開啟文件檔「蘋果.fla」

02 按兩下進入繪圖物件模式

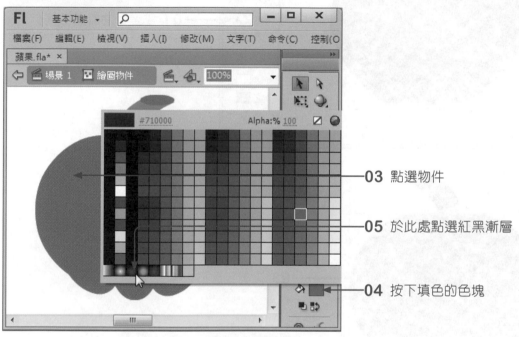

03 點選物件

05 於此處點選紅黑漸層

04 按下填色的色塊

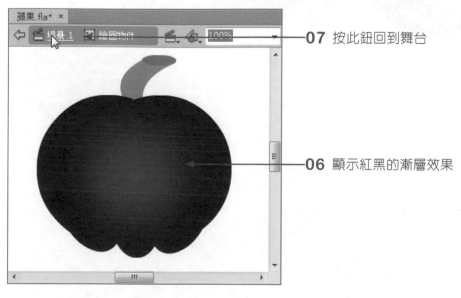

07 按此鈕回到舞台

06 顯示紅黑的漸層效果

另外，各位也可以直接利用「油漆桶工具」來做漸層填色，而按下滑數的地方就是漸層中心點的位置。如圖示：

02 在此處按下滑鼠左鍵

01 點選「油漆桶工具」

03 漸層效果不一樣了

⇨ 11-6-2 漸層變形工具

「漸層變形工具」可在漸層效果上建立顏色控制點，用以調整漸層顏色的效果。

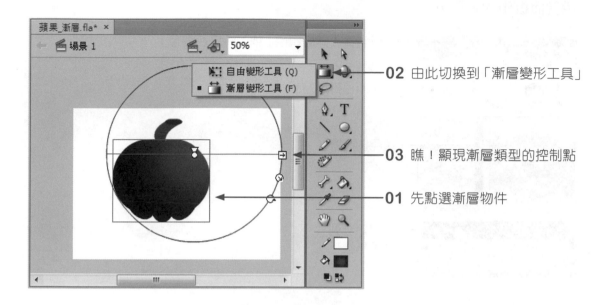

02 由此切換到「漸層變形工具」

03 瞧！顯現漸層類型的控制點

01 先點選漸層物件

這裡簡要說明一下個符號所代表的意義。

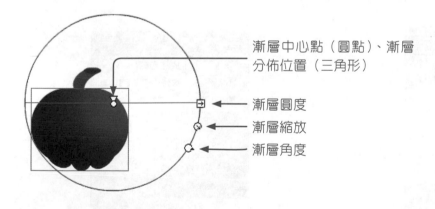

漸層中心點（圓點）、漸層分佈位置（三角形）

漸層圓度

漸層縮放

漸層角度

除了放射性漸層外，線性漸層或點陣圖的填色效果，都可使用「漸層變形工具」來加以調整喔！

⇨ 11-6-3 多樣化的漸層效果

Flash預設的漸層效果並不多，如果各位想要自行設計漸層效果，可以使用「顏色」面板來處理。請執行「視窗/顏色」指令開啟顏色面板，先來看看調色盤面板中的各部分功能。

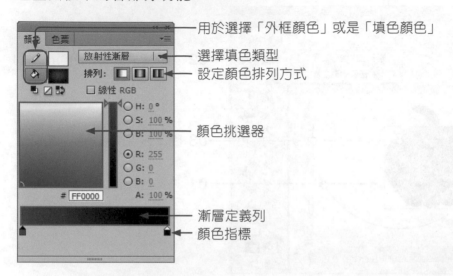

- 用於選擇「外框顏色」或是「填色顏色」
- 選擇填色類型
- 設定顏色排列方式
- 顏色挑選器
- 漸層定義列
- 顏色指標

要自訂漸層效果，就要使用面板下方的「漸層定義列」，然後利用「顏色指標」來設計漸層中的顏色內容。設定方式如下：

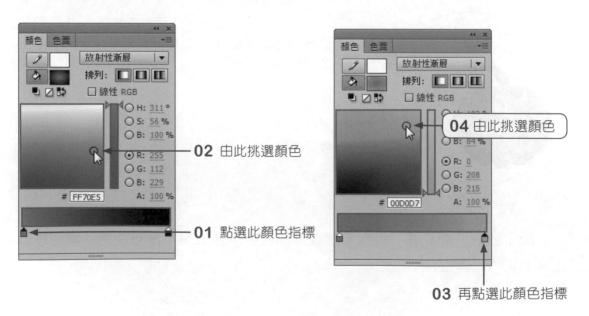

02 由此挑選顏色

01 點選此顏色指標

04 由此挑選顏色

03 再點選此顏色指標

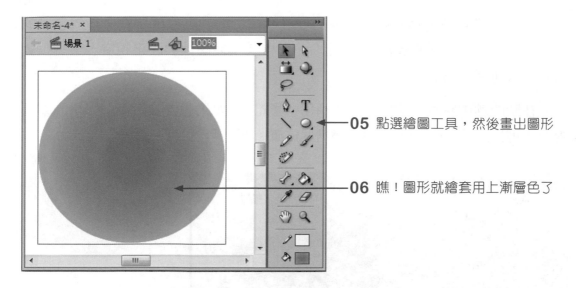

05 點選繪圖工具，然後畫出圖形

06 瞧！圖形就繪套用上漸層色了

自訂的顏色若要儲存在「色票」面板中，只要從「顏色」面板右上角執行「增加色票」指令就行了。

11-7 認識時間軸面板

時間軸面板是Flash動畫設計的地方，利用關鍵影格的功能，就能對造型元件建立動畫效果，不過每個圖層只能設定一個動畫，若要在舞台上建立多組動畫，那麼就得使用多個圖層來分開設計。

➪ 11-7-1 時間軸面板

請執行「視窗/時間軸」指令開啟時間軸面板，我們先對時間軸做個簡要的介紹。

紅色矩形為時間軸面板上的播放磁頭　調整影格的顯示尺寸及方式

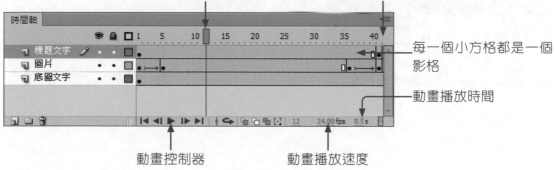

每一個小方格都是一個影格

動畫播放時間

動畫控制器　　動畫播放速度

　　各位在時間軸上顯示播放速度的位置連按二下，可以直接輸入播放速度的數值，也可以執行「修改/文件」指令，開啓「文件屬性」設定視窗，來調整動畫的播放速度。

　　在時間軸中將每一個畫面位置稱爲「影格」，如果想要檢視每個影格的畫面內容，可以點選時間軸上方的影格刻度位置。如圖示：

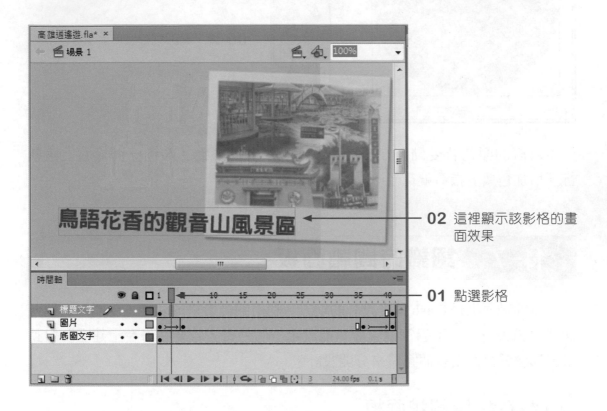

02 這裡顯示該影格的畫面效果

01 點選影格

　　圖層位於時間軸的左半部，其各部分功能簡要說明如下。

圖層名稱，藍色反白表示目前編輯中的圖層

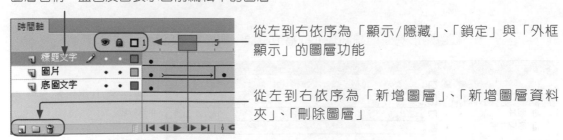

從左到右依序為「顯示/隱藏」、「鎖定」與「外框顯示」的圖層功能

從左到右依序為「新增圖層」、「新增圖層資料夾」、「刪除圖層」

⇨ 11-7-2　圖層基本操作

圖層的基本操作包含了「隱藏/顯示」、「鎖定」及「框線顯示」等項目。

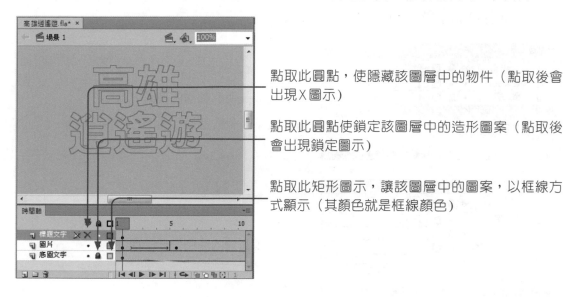

點取此圓點,使隱藏該圖層中的物件(點取後會出現X圖示)

點取此圓點使鎖定該圖層中的造形圖案(點取後會出現鎖定圖示)

點取此矩形圖示,讓該圖層中的圖案,以框線方式顯示(其顏色就是框線顏色)

⇨ 11-7-3　調整圖層上下順序

利用拖曳的方式可以調整圖層的上下順序,而位於上方圖層的圖案會覆蓋下方圖層的圖案。

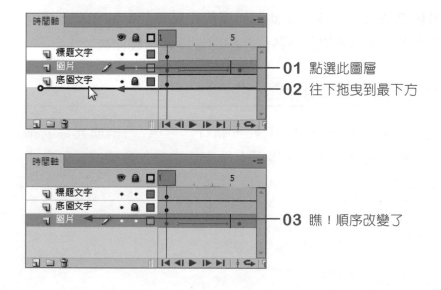

01 點選此圖層

02 往下拖曳到最下方

03 瞧!順序改變了

⇨ 11-7-4 圖層的新增與刪除

要新增圖層，按下圖層下方的 鈕，則新圖層就會顯示在點取圖層的上方，同時會以流水號的方式來做為圖層名稱。

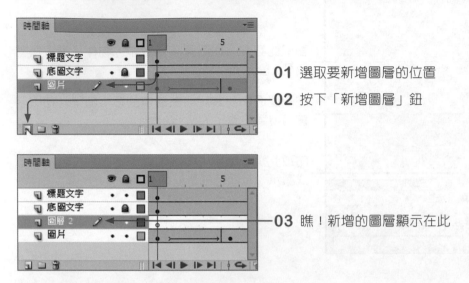

01 選取要新增圖層的位置
02 按下「新增圖層」鈕

03 瞧！新增的圖層顯示在此

11-8 元件的使用

元件可說是Flash的圖形資料庫，利用「元件」功能能將影片中的各種「圖案」及「動畫」效果包裝成單一物件，如此不僅能簡化動畫設計的作業，也能製作出更複雜的動畫效果。此處我們將為各位介紹圖像元件的製作技巧。

⇨ 11-8-1 將現有的造型轉換成元件

想要將畫面上現有的造型圖案轉換成元件，執行「修改/轉換成元件」指令，即可將選取的造型轉成元件，轉換後畫面上原來的造型也會變成是元件中的一個實體。

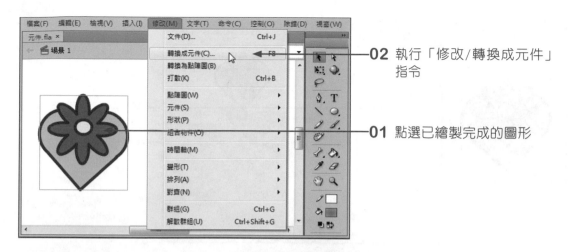

02 執行「修改/轉換成元件」
指令

01 點選已繪製完成的圖形

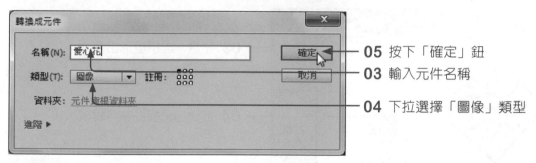

05 按下「確定」鈕

03 輸入元件名稱

04 下拉選擇「圖像」類型

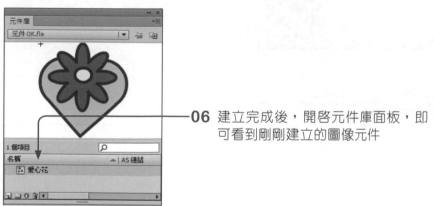

06 建立完成後，開啟元件庫面板，即
可看到剛剛建立的圖像元件

　　元件建立後，只要利用拖曳的方式，就可以將元件庫中的元件項目放置到
畫面上，而且可重覆拖曳來快速產生多個相同的造型圖案（放置到畫面中的元
件稱為「實體」）。放置到舞台中的實體，能任意的進行縮放及旋轉等變形效
果，若不再使用，也可以直接從舞台上刪除。

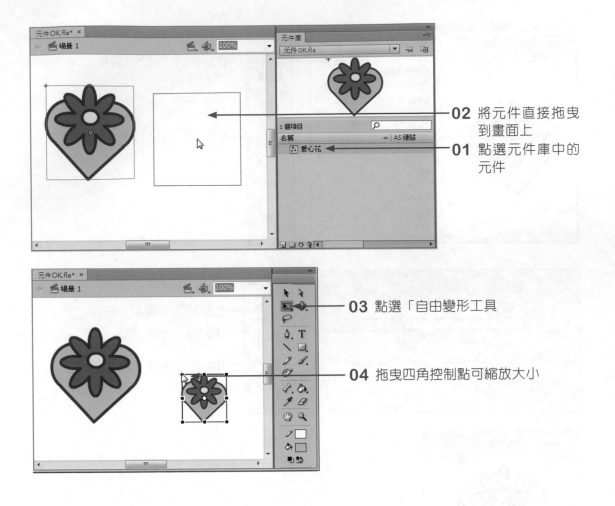

02 將元件直接拖曳到畫面上

01 點選元件庫中的元件

03 點選「自由變形工具

04 拖曳四角控制點可縮放大小

⇨ 11-8-2 從無到有建立新元件

若要設計一個全新的元件,請執行「插入/新增元件」指令,這裡就以放大鏡的造型來做說明,同時練習繪圖工具的使用。

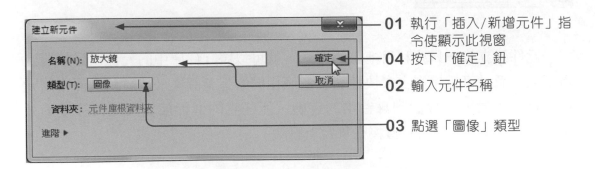

01 執行「插入/新增元件」指令使顯示此視窗

04 按下「確定」鈕

02 輸入元件名稱

03 點選「圖像」類型

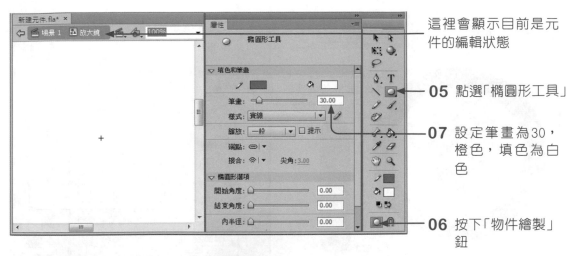

這裡會顯示目前是元件的編輯狀態

05 點選「橢圓形工具」

07 設定筆畫為30，橙色，填色為白色

06 按下「物件繪製」鈕

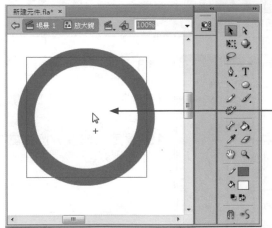

08 繪製如圖的圓形造型，然後按滑鼠兩下進入繪圖物件模式

這裡顯示進入繪圖物件模式

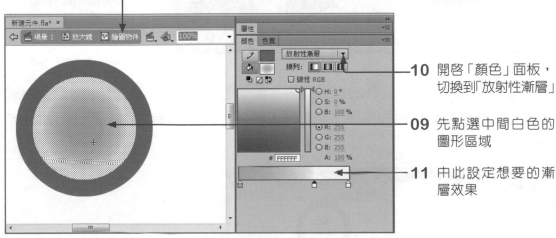

10 開啟「顏色」面板，切換到「放射性漸層」

09 先點選中間白色的圖形區域

11 由此設定想要的漸層效果

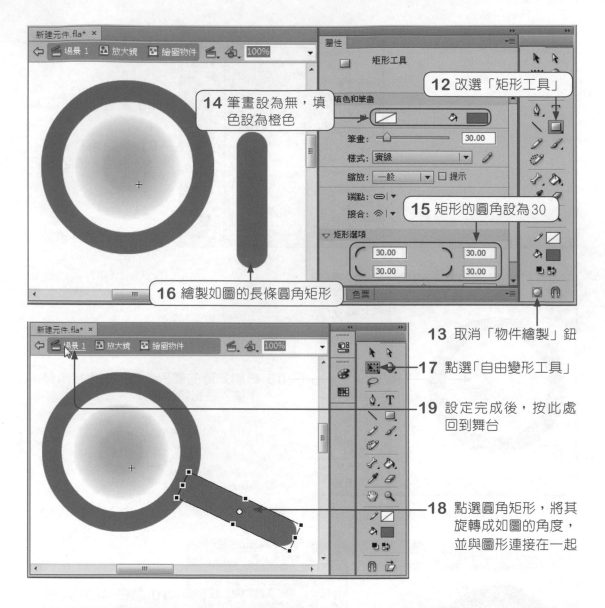

13 取消「物件繪製」鈕

17 點選「自由變形工具」

19 設定完成後，按此處
回到舞台

18 點選圓角矩形，將其
旋轉成如圖的角度，
並與圖形連接在一起

剛才的畫面是屬於元件的編輯畫面，並不是 Flash 的舞台，所以當切換回舞台後，並不會看到任何的造型，請打開元件庫，就可以看到剛剛新件的元件。如圖示：

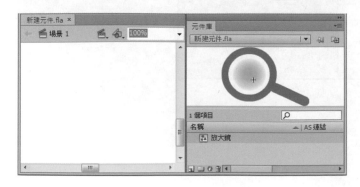

⇨ 11-8-3 元件的複製與修改

假如需要相同外形的其他元件，只要將元件進行複製，然後再加以修改就可快速搞定。重製的方式如下：

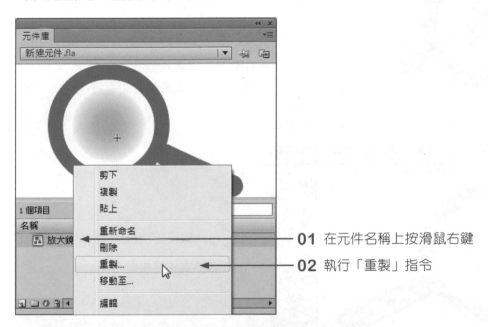

01 在元件名稱上按滑鼠右鍵

02 執行「重製」指令

03 設定如圖所示後，按下「確定」鈕

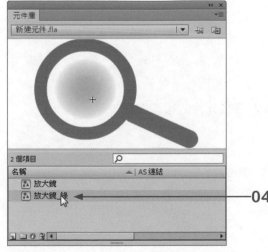

04 在剛剛重製的元件名稱上連按滑鼠兩下，使進入元件編輯狀態

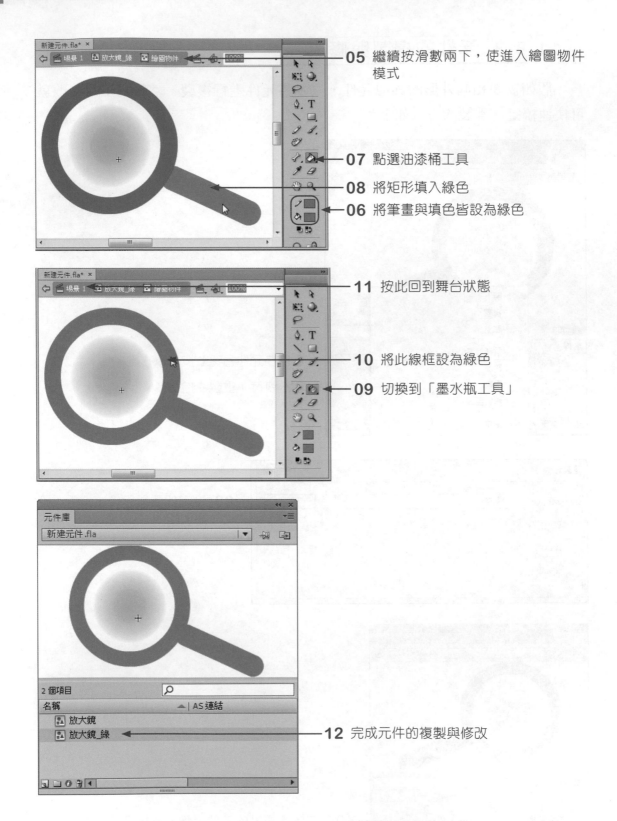

05 繼續按滑數兩下，使進入繪圖物件模式

07 點選油漆桶工具

08 將矩形填入綠色

06 將筆畫與填色皆設為綠色

11 按此回到舞台狀態

10 將此線框設為綠色

09 切換到「墨水瓶工具」

12 完成元件的複製與修改

⇨ 11-8-4 元件的顏色效果

製作完成的元件，除了方便做縮放或變形處理外，還可以透過「屬性」面板的「顏色效果」，來針對元件做亮度、透明度(Alpha)或色調的調整。這裡我們以色調做示範說明。

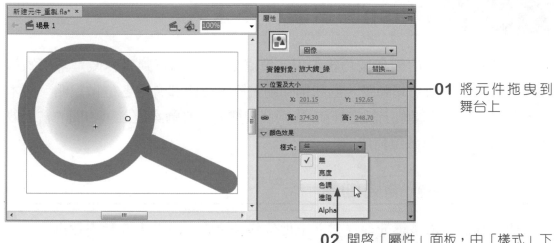

01 將元件拖曳到舞台上

02 開啟「屬性」面板，由「樣式」下拉選擇「色調」

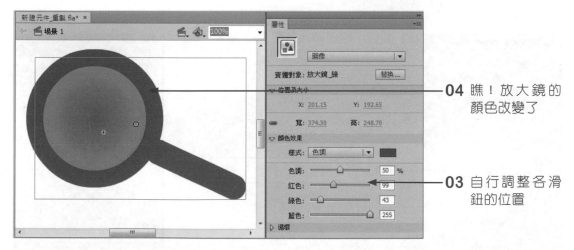

04 瞧！放大鏡的顏色改變了

03 自行調整各滑鈕的位置

這裡針對Flash所提供的樣式做簡單的說明：

- 亮度：調整元件顏色的亮度值，亮度值越高則顏色會接近白色，若亮度值越低則顏色會接近黑色。

- 色調：調整元件的顏色值，可先從下方的「紅綠藍」或是色塊來設定要套用的顏色，然後再從色調的百分比來設定套用程度。

⊙ 進階：可同時設定多種顏色效果，包含紅綠藍顏色的百分比例、亮度、及透明度。

⊙ Alpha：調整元件顏色的透明度，其值介於0與100間，數值越小越透明。

11-9 Flash動畫製作不求人

學會圖像元件的製作技巧後，現在準備來製作Flash動畫，像是常用的傳統補間動畫、移動補間動畫、形狀補間動畫等，在此都會為各位做說明。基本上，各位只要在時間軸上設定好前/後兩個關鍵畫格的圖案位置，中間的畫面效果，Flash會自動幫各位完成。

⇨ 11-9-1 傳統補間動畫

傳統補間動畫是讓元件在畫面上做位移、縮放、淡出入等動畫效果。這裡我們示範位移與縮小的動畫效果。

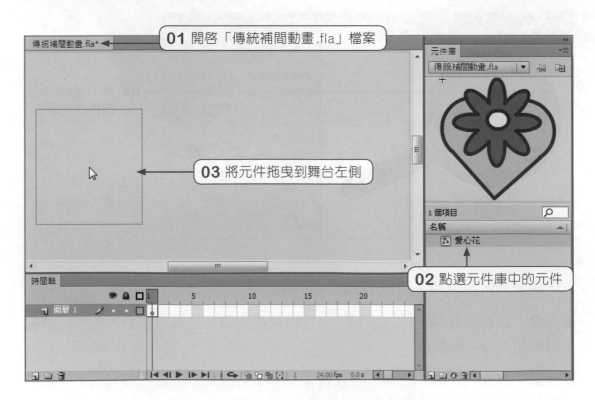

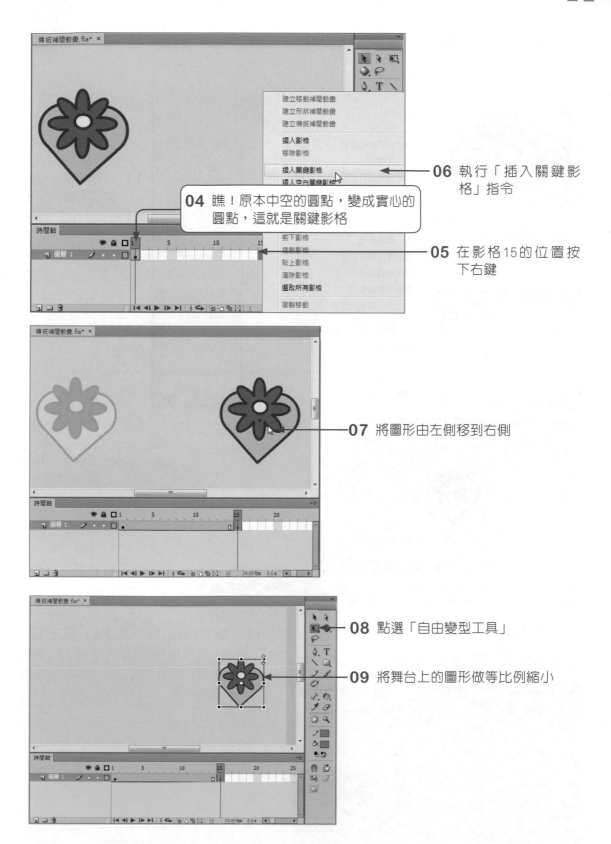

06 執行「插入關鍵影格」指令

04 瞧！原本中空的圓點，變成實心的圓點，這就是關鍵影格

05 在影格15的位置按下右鍵

07 將圖形由左側移到右側

08 點選「自由變型工具」

09 將舞台上的圖形做等比例縮小

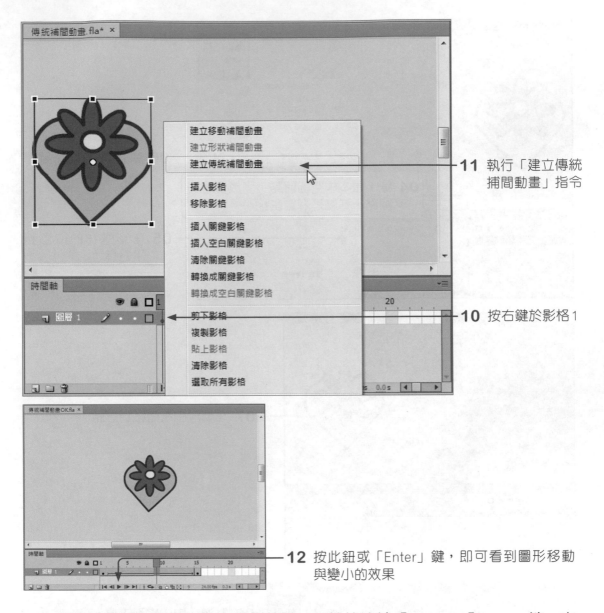

11 執行「建立傳統
捕間動畫」指令

10 按右鍵於影格1

12 按此鈕或「Enter」鍵,即可看到圖形移動
與變小的效果

　　如果要測試一下影片輸出後的效果,可按快速鍵「Ctrl」+「Enter」鍵,它
會顯示如下的視窗來播放影片。

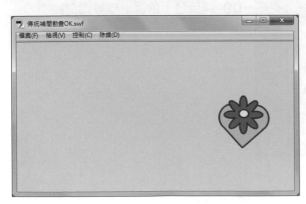

如果覺得圖形移動的速度過快，那麼只要增加影格的數目就行了。下面提供兩種增加影格的方式供各位做參考。

將關鍵影格向右移

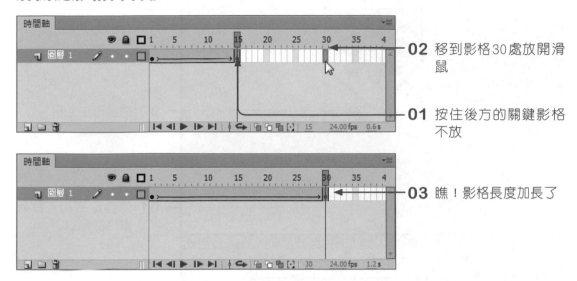

02 移到影格30處放開滑鼠

01 按住後方的關鍵影格不放

03 瞧！影格長度加長了

按右鍵插入影格

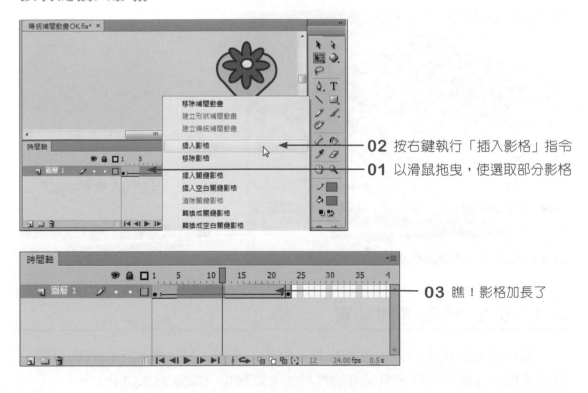

02 按右鍵執行「插入影格」指令

01 以滑鼠拖曳，使選取部分影格

03 瞧！影格加長了

剛剛兩個關鍵影格，可讓圖案做直線的移動，如果希望圖案可以做弧狀的移動，那麼只要在中間地方再加入關鍵影格就可以了。設定方式如下：

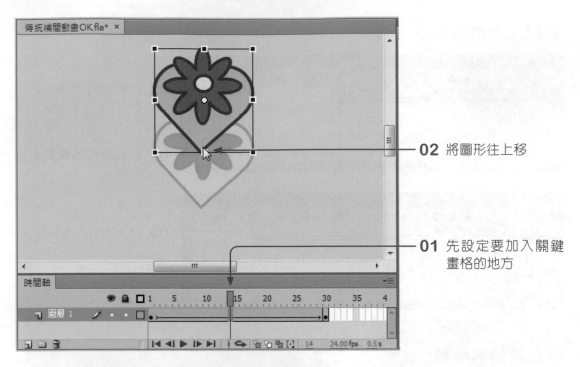

02 將圖形往上移

01 先設定要加入關鍵畫格的地方

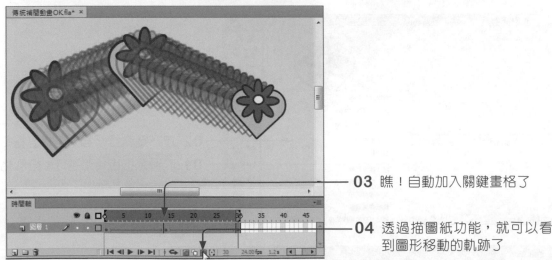

03 瞧！自動加入關鍵畫格了

04 透過描圖紙功能，就可以看到圖形移動的軌跡了

➪ 11-9-2 移動補間動畫

傳統補間動畫主要做元件的移動、色調、透明等屬性變化，而移動補間動畫則是把元件當作物件，直接在物件屬性上做變化。設定方式如下：

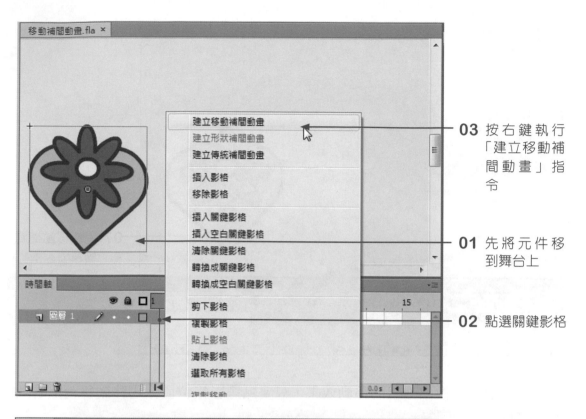

03 按右鍵執行「建立移動補間動畫」指令

01 先將元件移到舞台上

02 點選關鍵影格

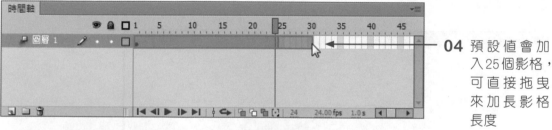

04 預設值會加入25個影格，可直接拖曳來加長影格長度

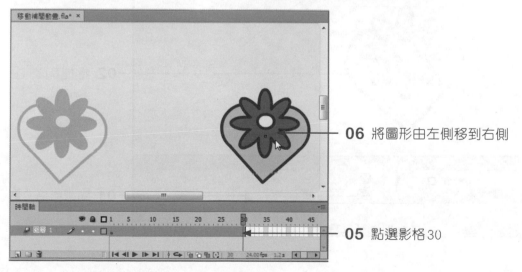

06 將圖形由左側移到右側

05 點選影格30

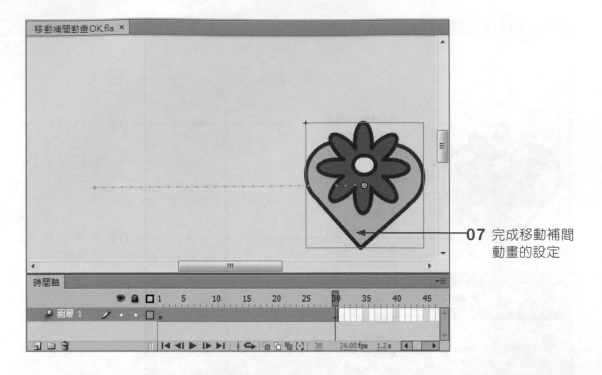

07 完成移動補間
動畫的設定

同樣地若要做出弧狀的移動效果,只要點選影格位置,再移動舞台上的圖
案就可以了,如圖示:

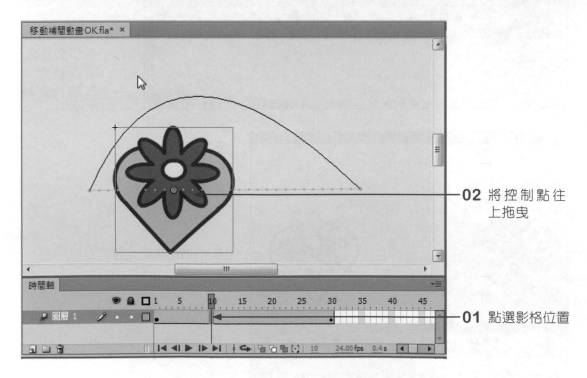

02 將 控 制 點 往
上拖曳

01 點選影格位置

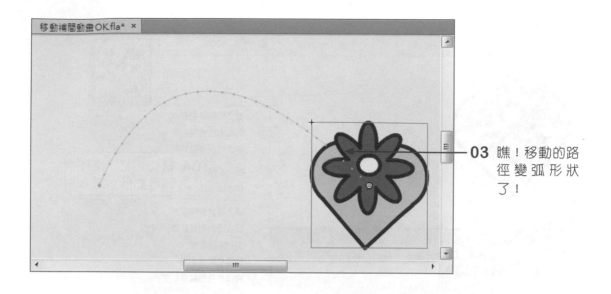

03 瞧！移動的路徑變弧形狀了！

⇨ 11-9-3 形狀補間動畫

形狀補間動畫可以將某個造型圖案的外形變化成另一個造型圖案，它的特點是圖形必須是繪圖物件而非元件。這裡我們以圖案變成愛心文字為各位做說明。

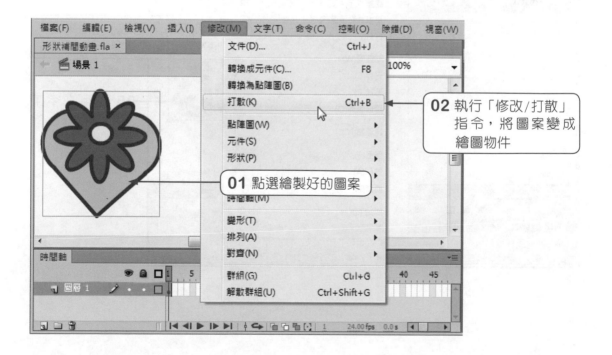

02 執行「修改/打散」指令，將圖案變成繪圖物件

01 點選繪製好的圖案

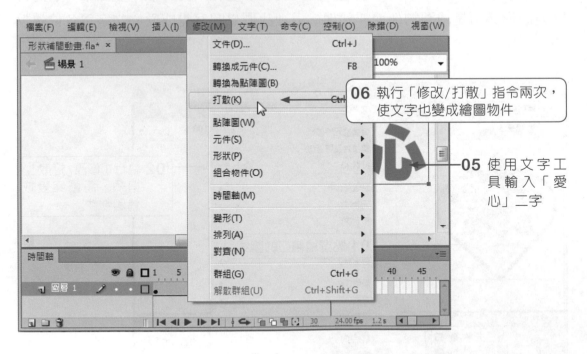

08 執行「插入/形狀補間動畫」指令

07 點選影格1

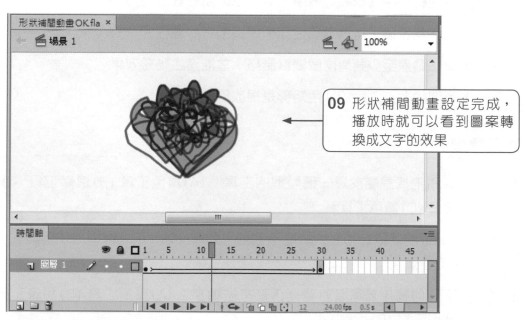

09 形狀補間動畫設定完成，播放時就可以看到圖案轉換成文字的效果

自我評量

●是非題

1. (　) 在繪製造型圖案前，必須先調整好筆畫與填色等屬性，才可開始繪製圖案。

2. (　) 墨水瓶工具是用來為造型加入筆畫效果的。

3. (　) 要設定矩形的圓邊效果時，可使用屬性面板來設定。

4. (　) 當文字區塊中有多個文字時，必須要2次的打散指令，才能將文字轉成圖案。

5. (　) 元件加入到舞台後，一般稱為「實體」。

6. (　) 作用中的圖層通常會以藍色反白顯現。

7. (　) 時間軸是由圖層和影格所組成，是編輯動畫的地方。

8. (　) 元件建立後，可透過屬性面板來調整它的屬性。

9. (　) 一個動畫至少要有兩個關鍵影格，才能產生動態效果。

10.(　) 時間軸上方刻度的紅色矩形是播放磁頭。

●選擇題

1. (　) 筆刷工具是屬於哪一種類型的工具？ (A)填色工具 (B)線條工具 (C)變形工具 (D)調色工具。

2. (　) Flash 的「組合物件」功能不包含下列哪一項？ (A)聯集 (B)交集 (C)差集 (D)打洞。

3. (　) 下列何種工具可以對路徑外形來做調整？ (A)筆刷工具 (B)鉛筆工具 (C)選取工具 (D)線段工具。

4. (　) 下列何種動畫是利用造型外形的變化而產生的動畫效果？ (A)傳統補間動畫 (B)形狀補間動畫 (C)移動補間動畫 (D)路徑移動動畫。

5. (　) 下列哪種元件可以設計移動或縮放的動畫效果？ (A)按鈕元件 (B)影片元件 (C)圖像元件 (D)音樂元件。

● 實作題

1. 請利用 Flash 的矩形工具、橢圓形工具、顏色面板、色票工具、漸層變形工具、選取工具、自由變形工具，繪製完成如下的動物造型。

   ▶ 完成檔案：動物設計 .fla

   ▶ 步驟提示

   1. 臉形：圓形，自訂放射性漸層。

   2. 前腿 / 後腿：圓角矩形，以選取工具變更編修。

   3. 耳朵 / 鼻子：圓形，以選取工具編修外形。

   4. 尾巴：兩個圓形，採異色修剪。

2. 請將設計完成好的動物造型，轉換成圖形元件，並命名為「小狗」。

   ▶ 完成檔案：建立元件 .fla

   ▶ 步驟提示：將圖形全選後縮小，執行「修改 / 轉換成元件」指令。

3. 延續上面的範例，加入舞台背景，以傳統補間動畫的方式做出小狗淡入後做放大縮小，再淡出的變化。

   ▶ 完成檔案：動畫.fla、動畫.swf

   ▶ 步驟提示

1. 小狗、雲、草分置不同圖層。

2. 雲朵以橢圓形工具繪製而成。

3. 草的部分先繪製一矩形，以多邊形工具繪製三角形，以選取工具編修造型後，複製並加入圓弧狀的坡道上。

12

3D免費動畫軟體-Blender

　　3D動畫（3D Animation）就是具有3D效果的動畫，製作方式有別於二維動畫的平面圖形繪製處理，3D動畫圖形是在三度空間中所繪製出來的立體物件，於影像的製作過程中，必須考量場景深淺，精準地掌握雙眼視差的特性。由於3D圖形是在虛擬的3D環境繪製，對於電腦來說只是儲存於記憶體的一大堆數據，並不具有實體，每次要變換影像時都必須重新運算，因此在軟體技術與硬體設備的要求就非常高。不過如果能找到一套好的3D動畫製作軟體，各位只要輕鬆繪製好3D物件，並設定好燈光、攝影機以及物體的運動路徑，其他的工作就交給動畫製作軟體來處理。例如底下網址（http://www.sweethome3d.com/zh-tw/）展現了許多製作相當精美的3D物件。

12-1　3D動畫簡介

　　3D是數學上的三維，就是立體的意思，立體效果來自於有深度的知覺。由2D空間增加到3D空間，則物件由平面變化成立體，因此在3D空間的圖形，必須比2D空間多了一個座標軸，簡單來說，與2D最大的差異在於多了「深度」，以座標系統來看，是以X、Y、Z三個參數來表示物件的位置，如下圖所示。

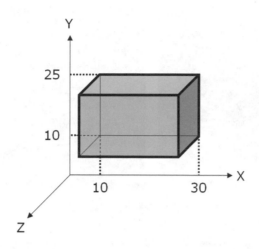

電腦科技的興起，加上《玩具總動員》、《史瑞克》等影片的大受歡迎，3D動畫似乎成了當今動畫藝術的主流。製作3D圖形雖然辛苦，卻可以讓使用者感受空間與立體感的虛擬實境，因此常應用於產品設計、建築設計、室內設計等方面，包括目前熱門的線上遊戲及電玩遊戲，為了吸引玩家，也幾乎都是以3D技術來製作了。

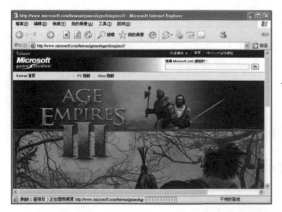

➡ 許多相當知名的遊戲軟體都是以3D動畫來呈現

現在市面上的3D動畫軟體，諸如3D Studio Max 、Maya、Zbrush、Mudbox、Blender、Lightwave 等等，可謂琳瑯滿目。例如：3DSMax為Autodesk公司所生產之3D動畫軟體。功能涵蓋模型製作、材質貼圖、動畫調整、物理分子系統及FX特效功能等等。應用在各個專業領域中，如電腦動畫、遊戲開發、影視廣告、工業設計、產品開發、建築及室內設計等等，為全領域之開發工具。3DSMax已經歷數次改版，每次改版在功能上都有令人驚豔之亮麗表現，目前最新的版本是3DS Max 2015，是一套需要付費購買的軟體。

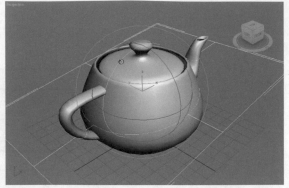

➡ 3DSMax的精彩繪圖效果

12-2 Blender初體驗

　　Blender是一套免費的3D動畫軟體，是一套開放原始碼的自由軟體，它可以建構模型、彩繪輸出，也可以製作動畫短片或視覺特效，相較於一般價格昂貴的3D軟體，Blender不但可以輕鬆建模，製作動畫跟遊戲，而且有許多「免費又大碗」的外掛模組。其實任何動畫工具其使用的目的只有一個，就像運用不同工具來蓋房子一樣，最終的結果都是一樣，有了Blender後，不用花任何金錢就可製作超水準的3D物件，因此近幾年來已成為專業動畫設計師的最佳選擇。想要下載Blender的最新版程式，可到它的官方網站去下載。（網址：http://www.blender.org/download/ ）

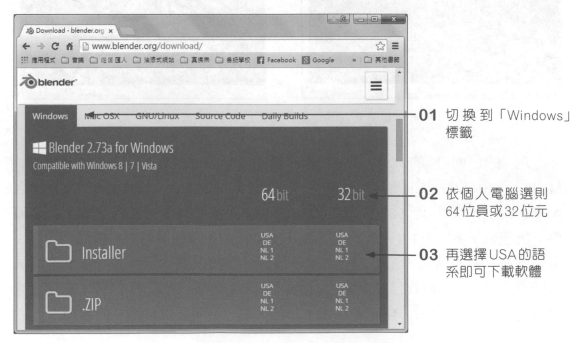

01 切換到「Windows」標籤

02 依個人電腦選則64位員或32位元

03 再選擇USA的語系即可下載軟體

　　下載之後啓動EXE執行檔，即可進行軟體的安裝。軟體安裝完成後，由桌面上按下 圖示，即可進入Blender的視窗環境。這一小節我們先來熟悉Blender的視窗介面以及基本的操作技巧，以便下一節可以進行模型的建構。

⇨ 12-2-1　進入視窗環境

　　由桌面上按下 圖示將會啓動Blender程式，首先映入眼簾的是位在視窗中間的廣告版權頁，在廣告版權頁以外的地方按下左鍵即可跳離，同時顯現完整的操作介面。如下圖所示：

功能表選單

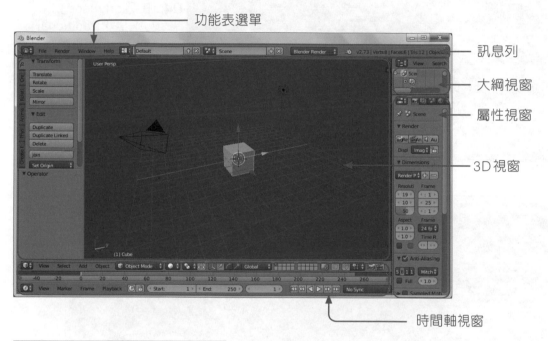

訊息列
大綱視窗
屬性視窗
3D視窗
時間軸視窗

⇨ 12-2-2　中文化設定

　　映入眼簾的全是英文化的介面，這對英文不好的使用者來說可能有點緊張，各位不用擔心，透過以下的方式，就可以把Blender變更爲中文化介面。

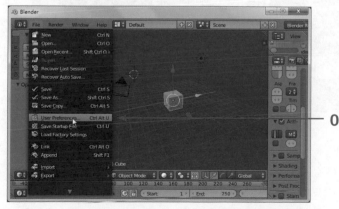

01 執 行「File/User Preferences」指令

02 切換到「System」標籤

03 勾選「International Fonts」的選項

04 由「Language」下拉選擇「Traditional Chinese(繁體中文)」

05 按一下「Interface」鈕

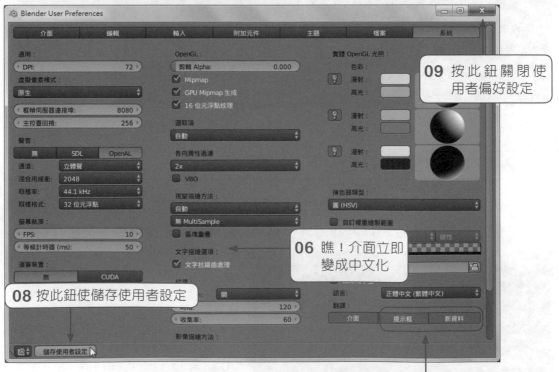

09 按此鈕關閉使用者偏好設定

06 瞧!介面立即變成中文化

08 按此鈕使儲存使用者設定

07 依序按下此二鈕,使翻譯提示框與新資料

10 瞧！除了介面中文化外，聯提示框也都變成中文

⇨ 12-2-3 基本3D操作技巧

在視窗畫面中央，各位會看到幾樣東西，這裡簡要說明一下：

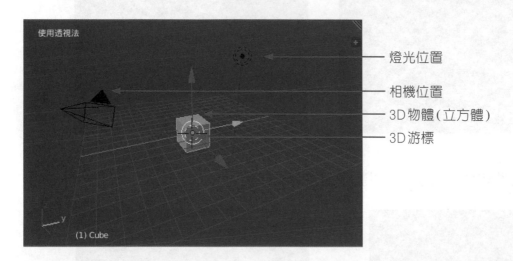

— 燈光位置
— 相機位置
— 3D物體(立方體)
— 3D游標

視窗中間所放置的是一個3D立方體，透過以下的方式改變3D的呈像結果與視角，或是做物件的選取。

⊙ 按下「F12」鍵會顯示相機呈像的結果，而按「Esc」鍵則可跳離。

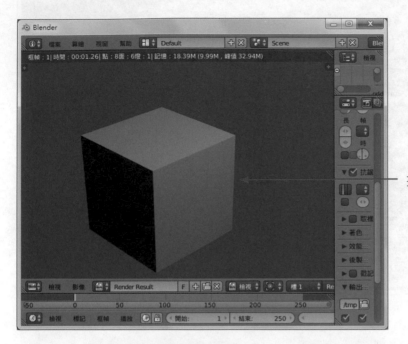

→ 按「F12」鍵所顯示的效果

⊙ 按住滑鼠中間的滾輪不放，並做左右移動可以旋轉左右視角。

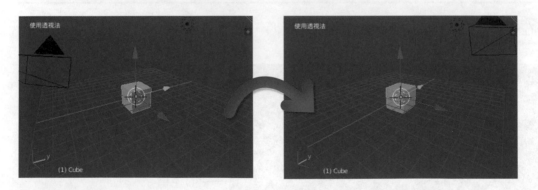

⊙ 將滾輪做前後的滾動，可以將畫面拉近或移遠。

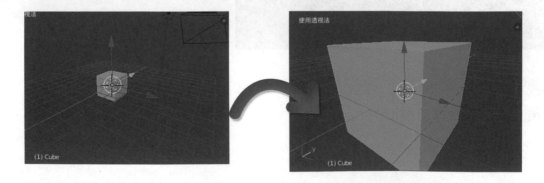

☻加按「Shift」鍵，並按住滑鼠中間的滾輪不放，然後做左右的移動，即可平行移動。

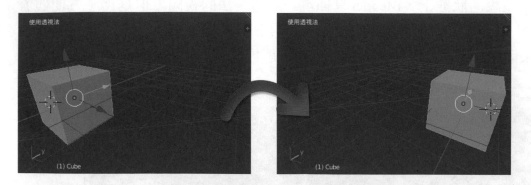

☻按右鍵用以選取3D物件、攝影機或燈光，而按下鍵盤上的「A」鍵則是全選/取消選取物件。

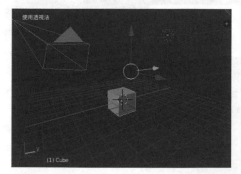 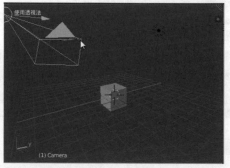

➡ 按「A」鍵會全選或取消攝影機、3D物件、燈光的選取

➡ 按右鍵用以選取想要編輯的物件

⇨ 12-2-4 視圖的切換與設定

在預設的狀態下，Blender只顯現一個透視法的視圖，但是爲了方便觀看
3D物件的造型，一般都要不斷地從造型的上/下、前/後、左/右、或是透視等
角度來觀看。要切換到其它的視圖，可透過下方的「檢視」功能表做切換。

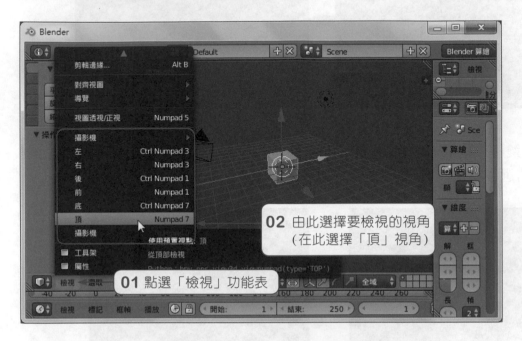

02 由此選擇要檢視的視角
（在此選擇「頂」視角）

01 點選「檢視」功能表

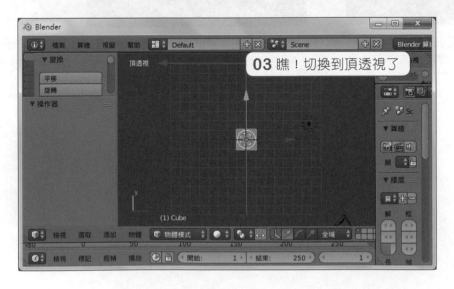

03 瞧！切換到頂透視了

各位可以透過功能表選單中的快速鍵來做切換，像是「頂」透視的快速鍵為數字鍵7，「前」透視的快速鍵為數字鍵1，以此類推，記住快速鍵的用法可以加快各位編輯的速度。

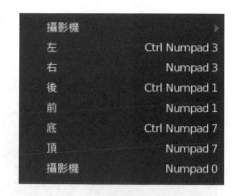

假如想要一次就可以看到四個視圖的效果，那麼可以考慮用以下的方式來切換檢視。

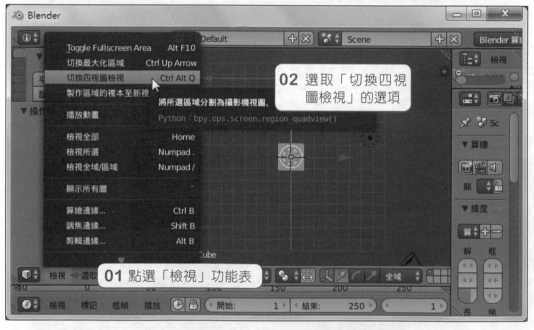

02 選取「切換四視圖檢視」的選項

01 點選「檢視」功能表

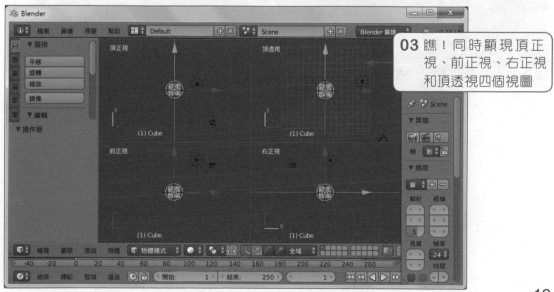

03 瞧！同時顯現頂正視、前正視、右正視和頂透視四個視圖

各位也可以用手動的方式來設定視圖的分割方式。請在視圖右上角按下█鈕然後拖曳，即可看到新的視圖。

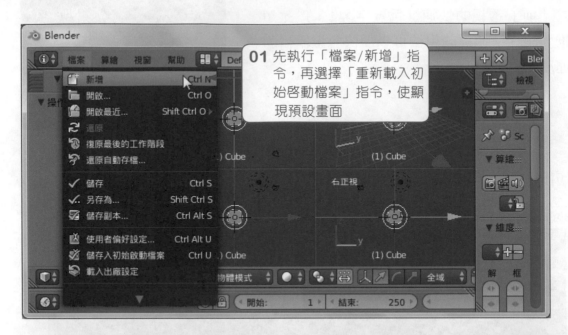

01 先執行「檔案/新增」指令，再選擇「重新載入初始啟動檔案」指令，使顯現預設畫面

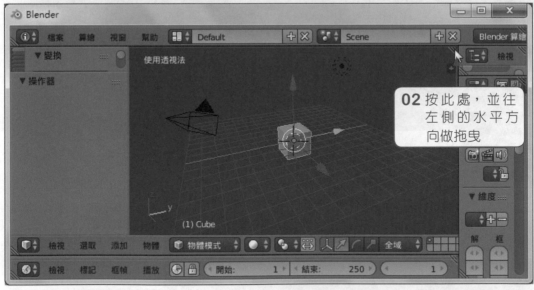

02 按此處，並往左側的水平方向做拖曳

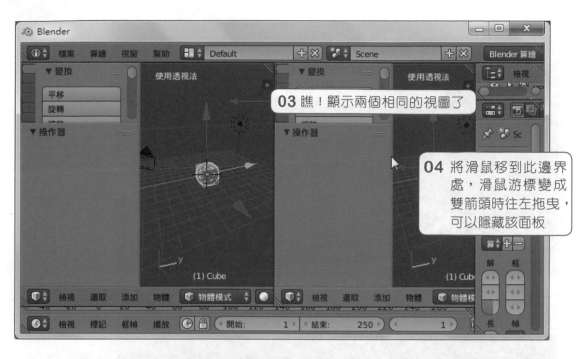

03 瞧!顯示兩個相同的視圖了

04 將滑鼠移到此邊界處,滑鼠游標變成雙箭頭時往左拖曳,可以隱藏該面板

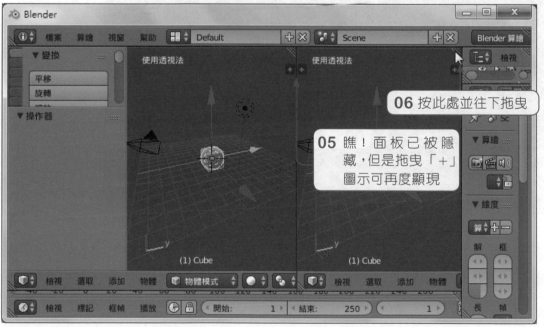

06 按此處並往下拖曳

05 瞧!面板已被隱藏,但是拖曳「+」圖示可再度顯現

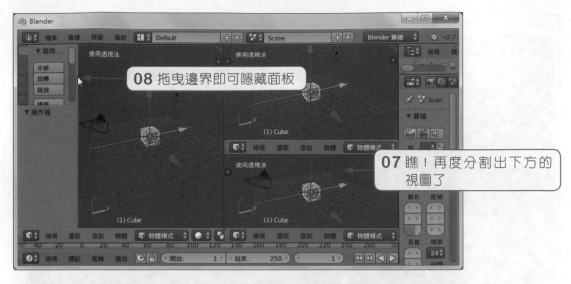

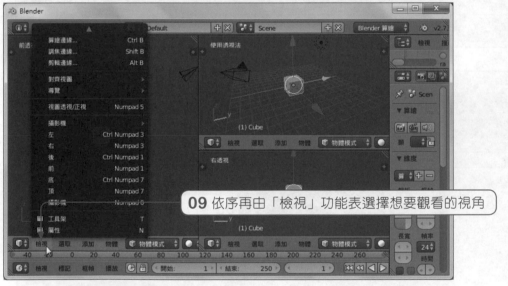

　　學會了Blender的視窗環境與操作技巧後，待會的章節則要告訴各位如何新增基本模型。

12-3 模型的建立與刪除

在這個小節中,我們將告訴各位如何建立或刪除幾何造型的3D物件,同時學會模型檔案的儲存。

⇨ 12-3-1 新增幾何物件

立方體、球體、圓柱體、圓錐體、環體、猴頭等立體造型,都是Blender程式中所預設的模型。如圖示:

只要先利用滑鼠左鍵在視圖中設定要加入的位置,再由視窗左側的「建立」標籤點選想要加入的形狀按鈕,即可新增模型。

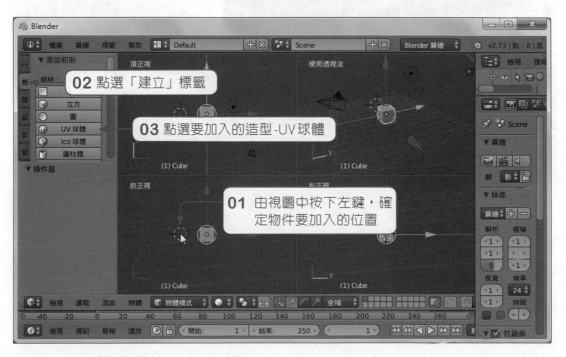

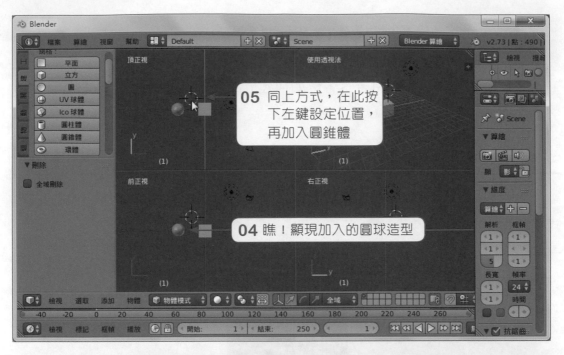

05 同上方式，在此按
下左鍵設定位置，
再加入圓錐體

04 瞧！顯現加入的圓球造型

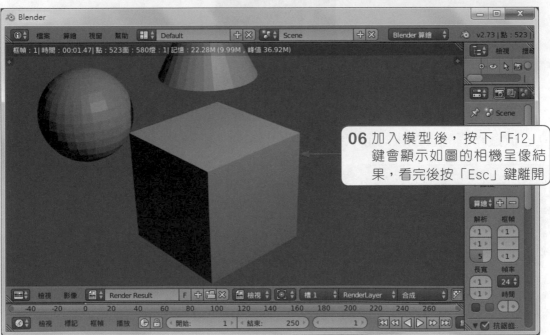

06 加入模型後，按下「F12」
鍵會顯示如圖的相機呈像結
果，看完後按「Esc」鍵離開

⇨ 12-3-2 儲存模型檔案

加入的模型如要儲存起來，可執行「檔案/儲存」或「檔案/另存為」指令，然後設定檔案要放置的位置，輸入檔案名稱，再按下「儲存Blender檔案」或「另存為Blender檔案」鈕，即可儲存3D模型，以利將來再度編修。

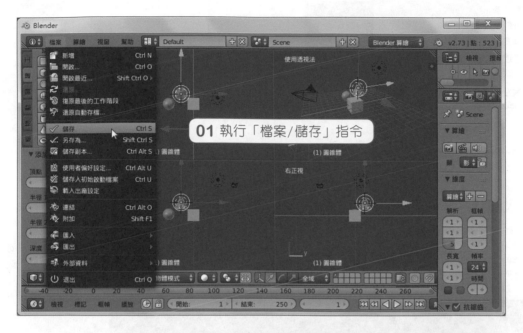

儲存完畢後，開啟該資料夾，即可看到儲存的檔案圖示了！

⇨ 12-3-3　刪除多餘的模型

加入幾何模型後，如果覺得不適宜而想刪除，只要按滑鼠右鍵選取要刪除的模型，再下「Del」鍵，由快顯功能表中選擇「刪除」指令，即可刪除多餘的模型。

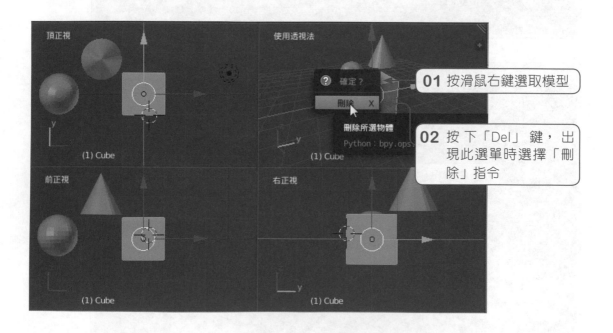

01 按滑鼠右鍵選取模型

02 按下「Del」鍵，出現此選單時選擇「刪除」指令

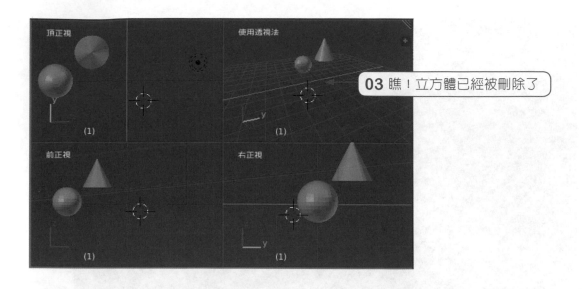

03 瞧!立方體已經被刪除了

12-4 編輯3D模型

基本的幾何模型建立後,接下來就是透過物體模式來做編輯,像是移動、縮放、再製、旋轉等處理方式,都可以輕鬆做到。

⇨ 12-4-1 以物體模式做移動

在建立3D模型時,各位可以把造型盡量簡單化,想像一個戰車是由多個大小不同的立方體與多個環體或圓柱體所組合而成的;雪人可以由球體堆疊出身體/頭/眼睛,再加入圓柱體或圓錐體當做鼻子;而桌子則是由立方體和圓柱體所組成。

要組和各式各樣的造型,可以透過頂視圖、前視圖、右視圖或透視圖等不同角度的視圖來移動幾何模型的位置。如「幾何造型2.blend」為例,我們準備將圓球體移到圓錐體的正上方,可以透過以下的方式來處理。

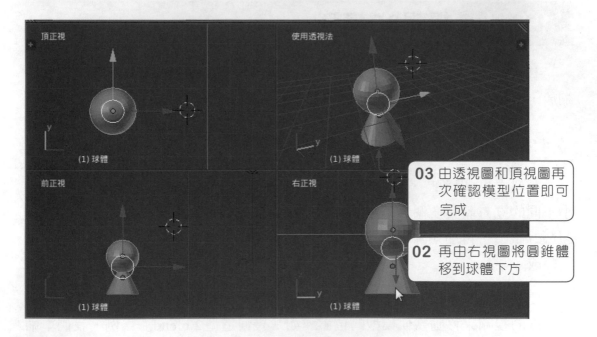

01 先由前視圖將圓錐體移到球體的正下方

03 由透視圖和頂視圖再次確認模型位置即可完成

02 再由右視圖將圓錐體移到球體下方

⇨ 12-4-2以物體模式做縮放

堆疊後如果需要針對其中的物件做放大縮小處理，可以在選取物件後加按快速鍵「S」鍵即可做縮放處理。

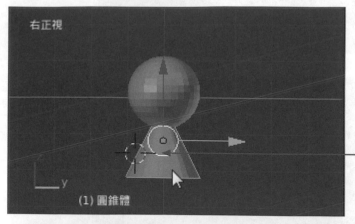

按右鍵點選右視圖中的圓錐體，然後按下鍵盤上的「S」鍵

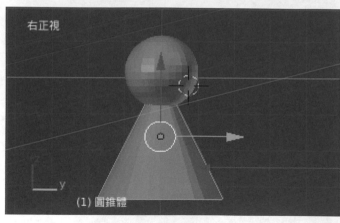

移動滑鼠即可縮放造型了

⇨ 12-4-3 以物體模式做再製

除了利用快速鍵做模型的縮放外，也可以透過視窗左上角的「工具」標籤，舉凡平移、旋轉、縮放、鏡射、製作複本、刪除等功能，都可輕鬆辦到。

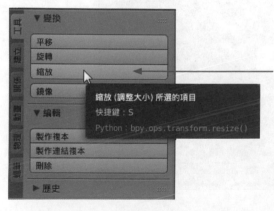

移到按鈕上方，也可以知道它的快速鍵用法喔！

這裡就示範如何將頭部縮小,再做複製,使完成兩個眼睛的設定。

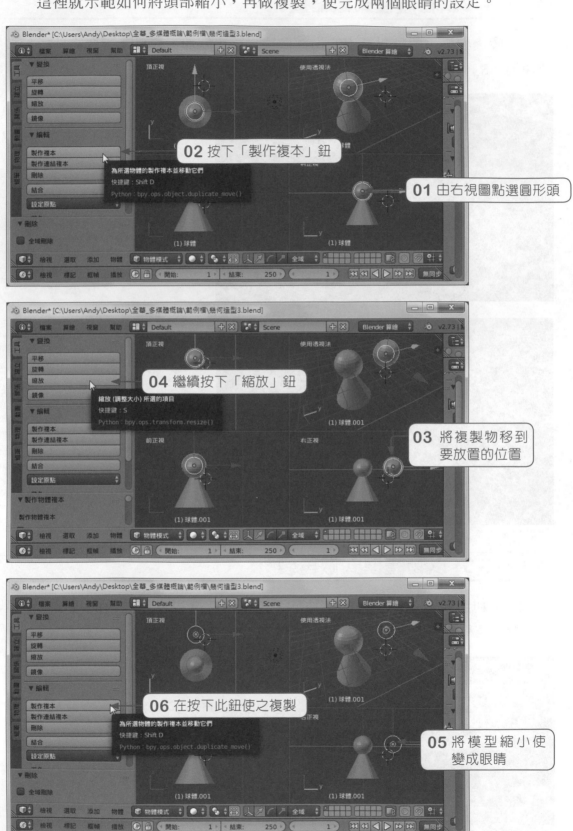

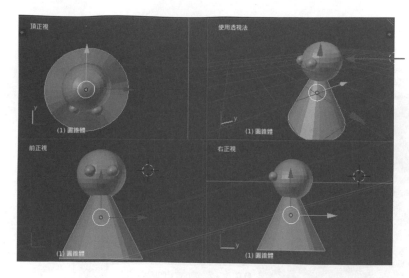

07 透過四圖調整兩個眼
睛的位置，即可顯現
如圖的3D模型

12-5 材質顏色的設定

當各位3D模型製作完成後，可以考慮爲它加入顏色或材質效果，讓模型也可以擁有美麗的外表。要加入模型的顏色，主要是透過視窗右側的面板來處理，請按下 ◎ 鈕，我們準備爲剛剛製作的玩偶加入色彩。

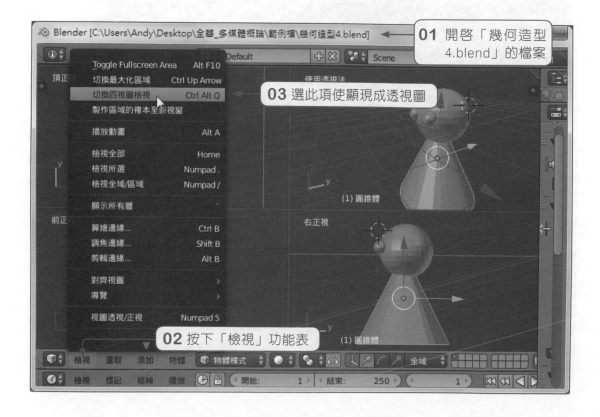

01 開啓「幾何造型4.blend」的檔案

03 選此項使顯現成透視圖

02 按下「檢視」功能表

04 開啓右側面板,並按下材質鈕

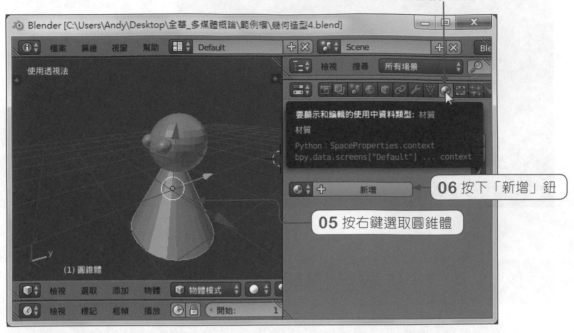

06 按下「新增」鈕

05 按右鍵選取圓錐體

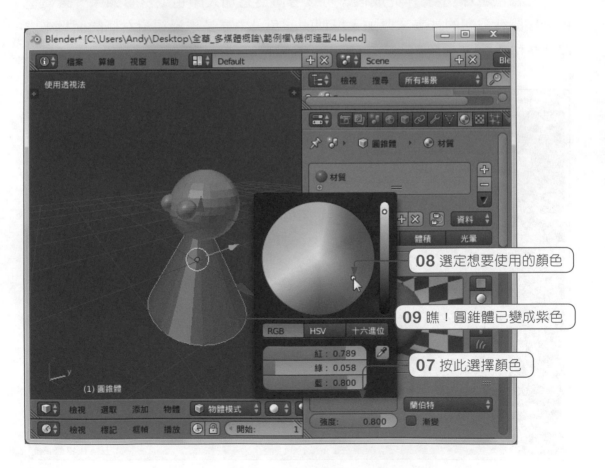

08 選定想要使用的顏色

09 瞧!圓錐體已變成紫色

07 按此選擇顏色

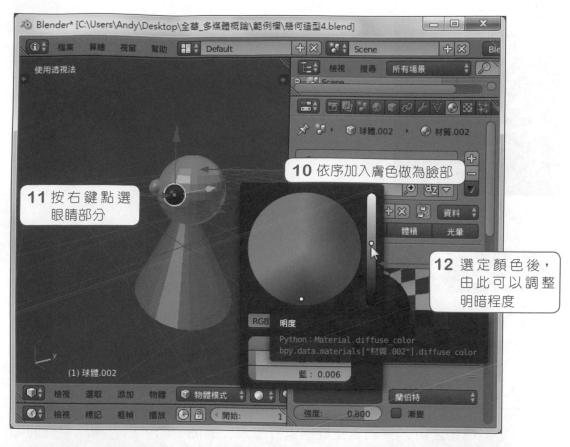

11 按右鍵點選眼睛部分

10 依序加入膚色做為臉部

12 選定顏色後，由此可以調整明暗程度

13 已設定過的顏色，可由此直接做選擇

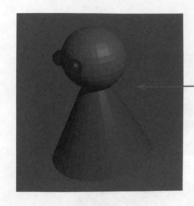

14 按「F12」鍵可看到相機呈像的結果

12-6　光線設定

　　剛剛的相機呈像看起來比較黯淡無光，不過可以透過環境光或燈光的設置來改變畫面的效果。延續上面的範例繼續進行以下的環境光設定。

⇨ 12-6-1　環境光設定

　　設定環境光之前，我們先在玩偶下方加入一個地平面，以方便環境光的顯現。

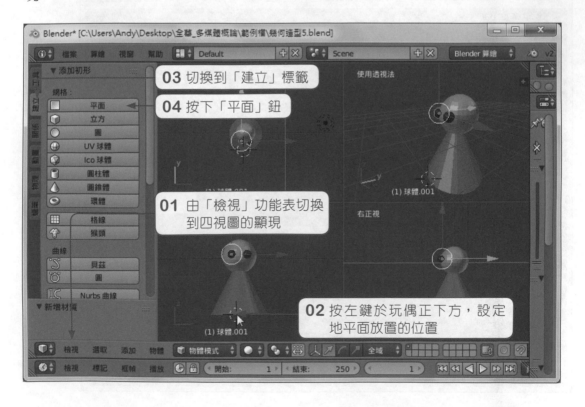

接下來切換到透視圖，我們準備加入環境光照。

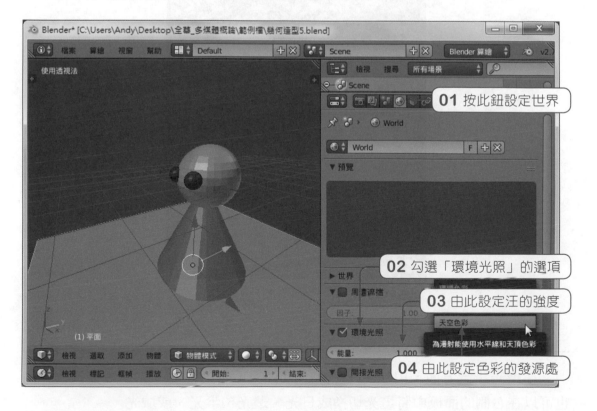

各位可以比較一下白色、天空色彩、天空紋理三種效果的變化。

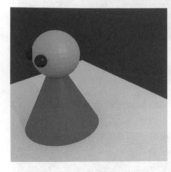
➡ 白色

➡ 天空色彩

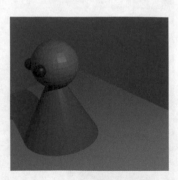
➡ 天空紋理

除了「環境光照」的勾選外，各位也可以試著改變「周遭遮擋」或其它屬性的設定，再按「F12」鍵來瞧瞧它的效果，就可以感受到環境光的變化效果。

⇨ 12-6-2 燈光設定

在燈光設置方面，Blender已加入「點光」，如果各位有點選燈光的物件，也可以在右側的面板中將燈光切換成日光、聚光、半光、或域光。

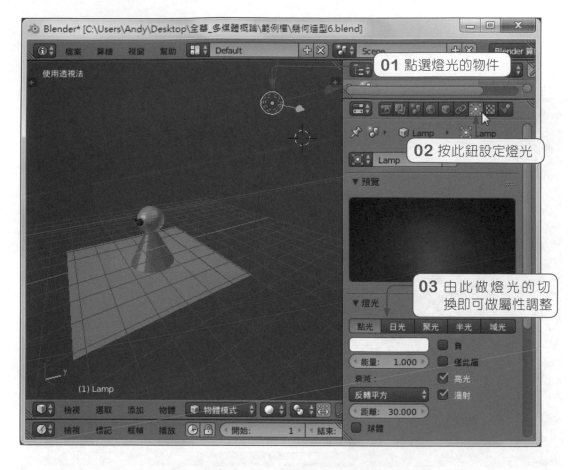

想要改變預設燈光的位置，可以透過四個視圖來做移動，操作方式和一般物件操作的方式一樣。

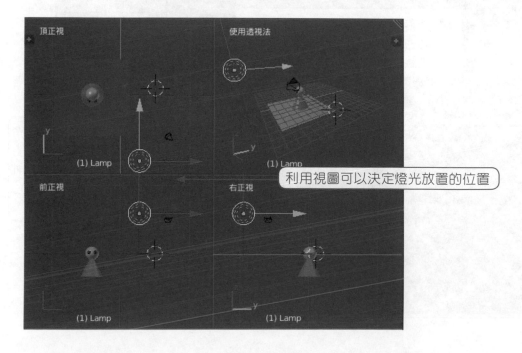

利用視圖可以決定燈光放置的位置

預設的狀態下只有一個點光，如果想要加入第二盞燈光或第三盞燈光，則可以透過「添加」功能表來添加。

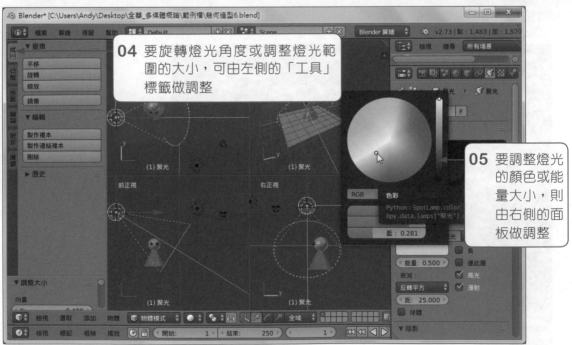

12-7 攝影機設定

3D模型除了需要燈光來照亮外,攝影機的拍攝也很重要,因爲它會影響到取景的效果。通常要在透視圖中知道相機拍攝的範圍,可以利用「檢視」功能表中的「攝影機」指令來觀看,如圖示:

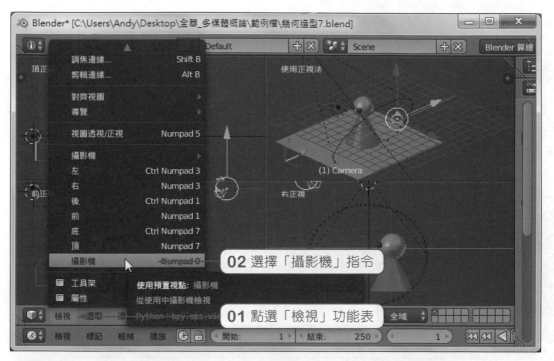

02 選擇「攝影機」指令

01 點選「檢視」功能表

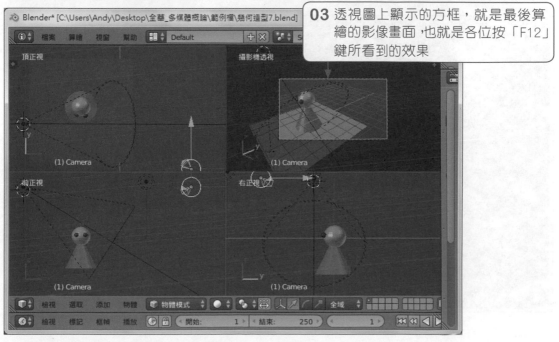

03 透視圖上顯示的方框,就是最後算繪的影像畫面,也就是各位按「F12」鍵所看到的效果

⇨ 12-7-1 鎖定攝影機至視圖

當 3D 模型所顯示的位置不是在各位預期的位置時，就必須調整攝影機的位置和角度。很多時候你可能會覺得相機位置不好操控，因為調整了老半天還是照不到你要的模型。這裡要告訴你一個小技巧，只要鎖定攝影機至視圖，就可以輕鬆操控相機。設定方式如下：

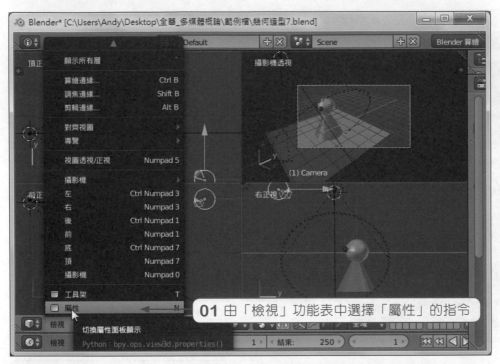

01 由「檢視」功能表中選擇「屬性」的指令

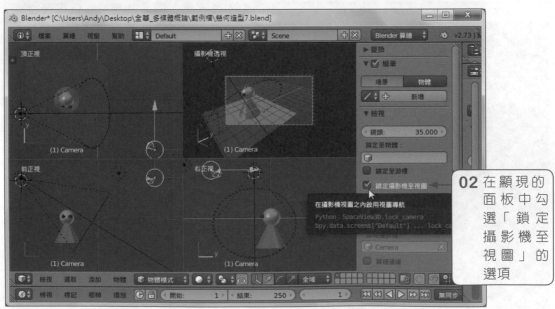

02 在顯現的面板中勾選「鎖定攝影機至視圖」的選項

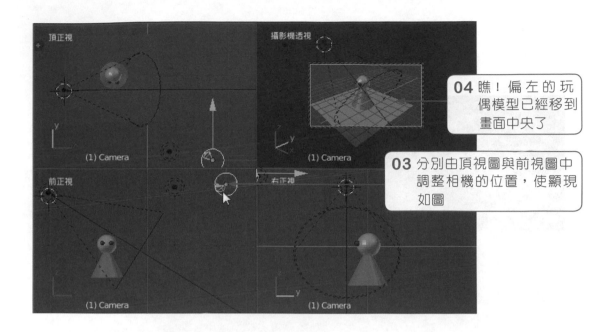

04 瞧！偏左的玩偶模型已經移到畫面中央了

03 分別由頂視圖與前視圖中調整相機的位置，使顯現如圖

⇨ 12-7-2 攝影機與鏡頭設定

在點選攝影機的情況下，各位還可以在Blender右側面板中設定攝影機和鏡頭。

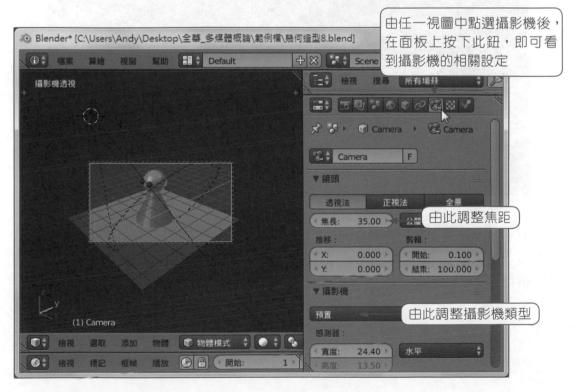

由任一視圖中點選攝影機後，在面板上按下此鈕，即可看到攝影機的相關設定

由此調整焦距

由此調整攝影機類型

　　各位可以切換到「正視法」或「全景」的鏡頭去瞧瞧畫面的效果，也可以修改焦距的大小，通常焦距值越大影像也越大，反之則看到的區域範圍越大。

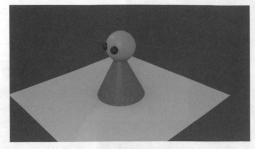

➡ 焦長 35

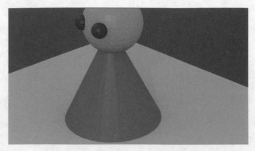

➡ 焦長 35

　　另外，程式中也有許多的攝影機類型可以選用，各位不妨試用看看，如圖示：

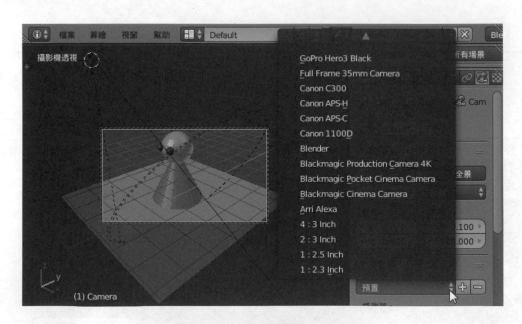

　　限於篇幅的關係，有關 Blender 的功能就介紹到這兒，相信在我們的引導下，各位應該對 3D 軟體不會再感到複雜難懂。如果想要再深入 3D 動畫的世界，請自行購買 Blender 專書來研究。

·自我評量·

● 是非題

1. （　　）按快速鍵 F12 可以顯示相機呈像的結果。

2. （　　）按住滑鼠中間的滾輪不放，並做左右移動可以旋轉左右視角。

3. （　　）加按「Shift」鍵，並按住滑鼠中間的滾輪不放，然後做左右的移動，即可平行移動。

4. （　　）按住滑鼠中間的滾輪不放，可以將畫面拉近或移遠。

5. （　　）在預設的狀態下，Blender 只顯現一個透視法的視圖。

6. （　　）Blender 專有的檔案格式為 *.blend。

7. （　　）一個場景中只能設定一個燈光。

8. （　　）要建立幾何物件，可由視窗左側的「建立」標籤點選想要加入的形狀。

● 實作簡答題

1. 請說明將 Blender 變更為中文化介面的方式。

_____

_____

_____

2. 請說明如何做切換，才可一次看到四個視圖的效果。

_____

_____

_____

3. 請說明如何鎖定攝影機至視圖。

_____

_____

_____

12-35

4. 請利用本章所教授的技巧，完成如下的8人座的大餐桌3D配置。

➡ 攝影機透視圖

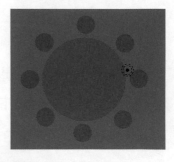

➡ 頂正視圖

13

多媒體網頁製作-Dreamweaver CS6

　　近年來網際網路的席捲全世界，從電子商務網站到個性化網頁，幾乎所有的資訊都得連上網際網路，想要在網海中吸引瀏覽者的目光，就非得要比其他網站更精緻完美才行。隨著網路技術的進步，原先單純的文字、圖片、及超連結已經無法滿足設計者和瀏覽者的需求。因為在浩瀚的網際網路上，各式各樣的網站何其多，想要在網海中吸引瀏覽者的目光，就非得要比其他網站更精緻完美，本章中我們將學會網頁設計的第一步。

✪ 網址：http://www.lihpaoland.com.tw/mala/park-map.php）

➡ 讓人眼睛為之一亮的麗寶樂園網頁

✪ 網址：http://www1.leofoo.com.tw/village/

➡ 網頁設計的好壞是網站成功與否的關鍵

13-1　網頁設計入門

　　透過瀏覽器在WWW上所看到的每一個頁面都可以稱為網頁（Web Page），進入一個網站時所看到的第一個網頁，通稱為首頁（Home Page）。每個網頁都是藉由HTML（HyperText Markup Language，超文字標記語法）標記語言，將文字、圖像、聲音和視訊等多種媒體結合在一起，經由瀏覽器的解讀而將該文件呈現在電腦上。瀏覽者在瀏覽器的「網址」列上打入網址，所連結到的第一個畫面通稱為「首頁(Home Page)」-亦即每一個網站的起始頁面，所以「網站」事實上就是多個網頁的集合。

⇨ 13-1-1　網頁的基本元素

　　一般說來，網站中的網頁往往會因設計的主題不同而呈現多元化面向。不過構成網頁的基本元素，包含了文字、圖形和超連結三種，透過「文字」可以傳達知識訊息，如果文字不易描述或說明的部分，可以「圖片」來輔助說明，另外藉由「超連結」的功能，讓瀏覽者快速找到並連結到想要了解的主題上。簡單說明如下：

文字

　　由於網際網路上的資訊相當多，為了方便瀏覽者可以快速讀取網頁的重點，通常在處理文字內容時，都會盡量以簡潔明瞭為上策，諸如：文字設置在容易閱讀的字體和大小，可利用項目符號或標號來強調文章重點，或是以條列式來傳達訊息，甚至以表格方式呈現…，諸如以上等方式，都可以讓瀏覽者在最短時間內取得重點。如下圖所示，旅遊的相關資訊若以條列式或表格的說明則會變得簡單明瞭又易懂。

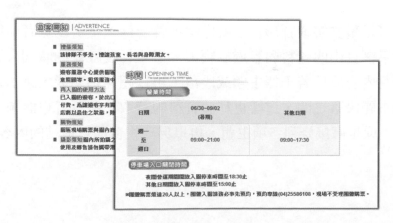

圖片

　　圖片主要用來補足文字說明的不足，讓不易表達的抽象概念變得簡單些，或是讓複雜的數據資料變得簡單易懂，這樣的圖片在網頁上的效益就很大。另外，網頁設計師也會將圖片當作裝飾的元素，讓網頁看起來更美觀更具特色，以吸引瀏覽者的目光。如果當作背景圖案來使用，那麼還必須考慮到圖片與文字的顏色對比是否強烈，對比不夠強烈，這樣網頁內容閱讀起來就會顯得吃力些。如下圖為例，透過地圖的指引說明，想要瀏覽哈瑪星的相關文化景點就變得簡單容易了！

高雄市文化公車：
http://culturalbus.khcc.gov.tw/internet/route/route_hamasen.htm

超連結

　　超連結可以是文字或圖形，它就像指示牌一樣，指引瀏覽者前往想要觀看的主題。如果網頁中的資料內容過於龐大，需要耗費較多的時間來讀取時，最好適時地分割內容成為若干個主題或段落，再以超連結功能，讓瀏覽者可以往返於主頁和主題段落之間，這樣更利於資料的讀取，瀏覽者也能夠有效率的理解網頁內容；或是直接條列各項主題，再以另一視窗顯示連結的內容。

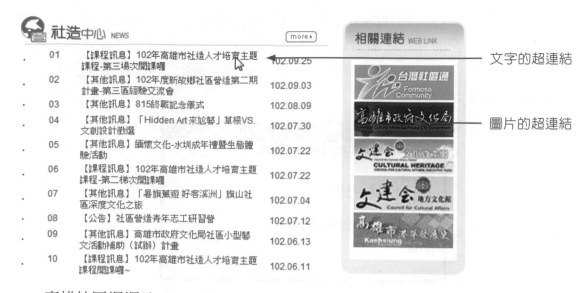

文字的超連結

圖片的超連結

高雄社區網網址：http://community.khcc.gov.tw/home01.aspx?ID=1

⇨ 13-1-2　HTML與HTML5

　　HTML（HyperText Markup Language，超文字標記語法）並不算是一種「程式」語言，而是利用簡易的英文語法來定義網頁上文字、圖片的顯示方式，以及建立文件間的連結。因為這類HTML構成的網頁文件並不具有動態變化能力，所以也稱之為「靜態網頁」。通常網頁的主檔名為index或default，副檔名則為htm或html。

　　HTML文件主要藉由標記(tags)來標示文件中語法的開始與結束。除了 <p>、
、<hr>、<img> 等標記之外，大部分的標記都是成雙成對，分別宣告該語法的開始與結束，在使用上並無大小寫之分。

標籤	說明
<HTML></HTML>	表示HTML文件的起始與結束。
<HEAD></HEAD>	這是HTML的起頭符號，讓閱讀文件者了解此為程式的開頭。
<TITLE></TITLE>	網頁的標題名稱，它會顯示在瀏覽器的標題列上。
<BODY></BODY>	文件的主要內文部份，在 <BODY></BODY> 之間的HTML標記經瀏覽器解讀之後，會顯示在瀏覽器中，也就是瀏覽者所看到的畫面。

當各位建立好一份HTML文件之後，只要開啓瀏覽器讀取該檔案，就可以依HTML標記的指示，將HTML文件以網頁的方式呈現在瀏覽器中。要建立一份HTML文件，可以直接開啓記事本，依據一般的文字輸入即可。如以下HTML程式碼：

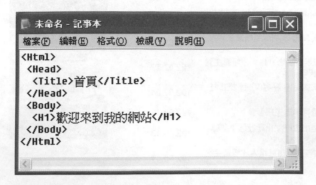

畫面呈現結果如下：

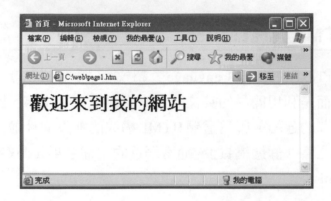

⇨ 13-1-3　HTML 5

全球資訊網協會(W3C)於2009年發表了「第五代超文本標示語言」（HTML5）公開的工作草案，是HTML語法下一個的主要修訂版本，H不同於現在我們瀏覽網頁常用的標準HTML4.0，HTML5提供了令人相當期待的特色。HTML5是目前現代瀏覽器必定要支援的最新網路標準，透過HTML5的發展，將是網路上的影音播放、工具應用的新主流，雖然還不是正式的網頁格式標準，不過新增的功能除了可讓頁面原始語法更爲精簡外，還能透過網頁語法來強化網頁控制元件和應用支援。以往HTML需要加裝外掛程式才能顯示的特效，例如播放FLASH需要再裝Adobe Flash Player的元件，目前都能直接透過瀏覽器開啓直接在網頁上提供互動式360度產品展現。目前網頁主流設計軟體Adobe Flash雖然廣泛應用在各種社群、遊戲及影音網站，而Apple情有獨鐘的HTML5未來絕對俱有分庭抗禮的實力。

　　HTML5是基於既有語法基礎再發展而成，並沒有捨棄HTML4的元素標籤，實際包括了HTML5.0、CSS3和JavaScript在內的一套技術組合，特別是在錯誤語法的處理上更加靈活，對於使用者來說，只要瀏覽軟體支援HTML5，就可以享受HTML5的特殊功能，而且開放規格統一了video語法，把影音播放部份交給各大瀏覽器競爭。隨著行動裝置的普及，會寫PC上瀏覽的網頁已經不夠，越來越多人想學習行動裝置網頁設計開發，HTML5也為了讓網頁程式設計者開發網頁設計應用程式，提供了多種的API供設計者使用，例如Web SQL Database讓設計者可以離線存取本地端（Client）的資料庫，當然要使用這些API，必須熟悉JavaScript語法！此外，jQuery Mobile提供了行動裝置跨平台的使用者介面函式庫，它的頁面是以HTML5標準及CSS3規範組成，製作出來的網頁能夠讓大多數行動裝置的瀏覽器支援，並且在瀏覽網頁時，能夠有操作App一樣的觸碰及滑動效果。

13-2 網站的建立與基本操作

要想輕鬆建立網站，並能有效管理與編修網站內容，那麼運用好的工具軟體就不可或缺。這裡跟各位推薦的網頁編輯程式-Dreamweaver，是Adobe公司所開發完成的，由於功能完備且容易學習，編輯網頁就如同使用Word在編輯文書一樣簡單，所以大多數的網頁設計師都會採用這套軟體來設計網站。

當我們使用工具設計網頁之前，必須先在自己的電腦上建立一個資料夾，用來儲存所設計的網頁檔案，而這個檔案資料夾就稱為「網站資料夾」。當所有的網頁設計完成後，接下來就要讓別人可以經由網際網路的連線，然後到我們所設計的網頁上瀏覽，此時放置頁面的「網站資料夾」就是一個「網站」了。

這裡我們將以Dreamweaver CS6版本作介紹，從網站的建立、圖文的編排、表格的製作、超連結的設定，以及動態的多媒體元件，我們都將一一跟各位作說明，讓各位在網站設計的學習過程，輕鬆達到事半功倍的效果。

首先請各位先將Dreamweaver CS6安裝完成，接著由「開始」功能表選擇「Adobe Dreamweaver CS6」指令，即可開啟該軟體。這一小節我們先針對視窗的基本操作與本機網站資料夾建立方式作說明，好讓各位可以快速熟悉介面的操作技巧。

⇨ 13-2-1 認識Dreamweaver的視窗環境

首先各位必須預先在紙上作業，詳細規劃出網站架構圖，確定沒問題後再使用Dreamweaver來設定網站資料夾，這樣Dreamweaver才會依照使用者所設定的位置來存放相關檔案。要注意的是，設定網站資料夾或網頁檔時，最好不要使用中文名稱，或是大寫的英文字母，否則網站上傳到遠端伺服器時，可能會發生連結錯誤的情況。請先啟動Dreamweaver CS6程式後，各位將看到以下的視窗畫面：

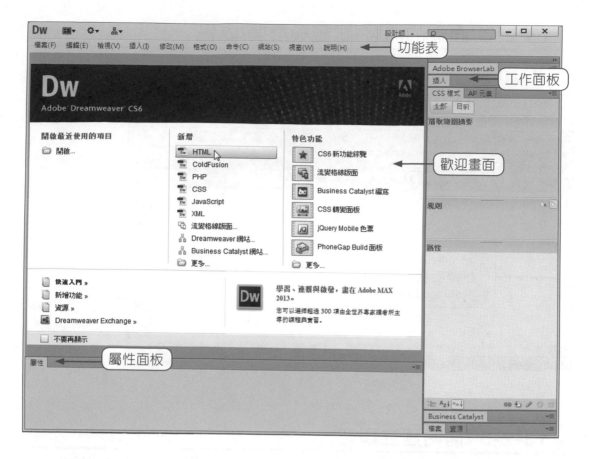

在歡迎視窗中先點選中間的「HTML」選項，就會開啟空白的網頁文件，由此文件即可開始編修網頁內容。

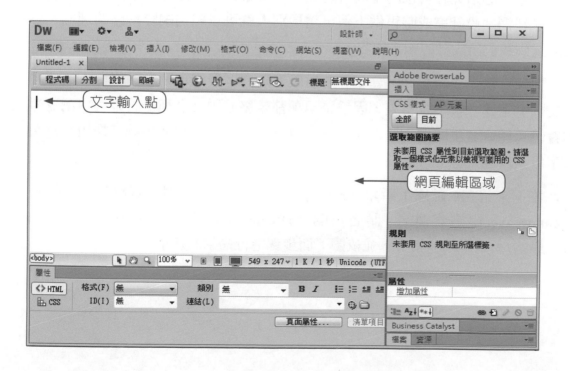

⇨ 13-2-2 面板的開啓/隱藏與展開/收和

由於Dreamweaver提供的面板相當多，若要增加網頁編輯區域，可以將面板加以隱藏，等需要使用時再予以開啓。

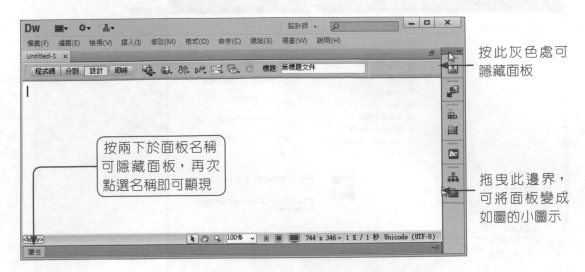

按此灰色處可隱藏面板

按兩下於面板名稱可隱藏面板，再次點選名稱即可顯現

拖曳此邊界，可將面板變成如圖的小圖示

⇨ 13-2-3 開始建立網站

所謂的「網站」，簡單而言就是用來放置網頁及相關資料的地方，在開始設計網站前，必須先在自己的電腦上建立一個資料夾，以便儲存所設計的網頁檔案，等到網站設計完成時再做上傳，這樣別人就可以經由網際網路的連線，然後瀏覽到我們所設計的網頁內容。

在建立網站資料夾時，建議在C磁碟下建立，最好不要在「桌面」或「我的文件」下建立網站資料夾，因爲這兩項都是屬於中文名稱，將來使用瀏覽器預覽時可能會發生問題。另外網頁命名也不要使用中文檔名，統一採用小寫英文字母，以避免產生問題。

接下來請在C磁碟下新增「Kaotravel」資料夾作爲網站資料夾，然後在Dreamweaver中定義網站。請各位開啓Dreamweaver程式後，由功能表中執行「網站/新增網站」指令，並依照下面步驟進行網站的新增。

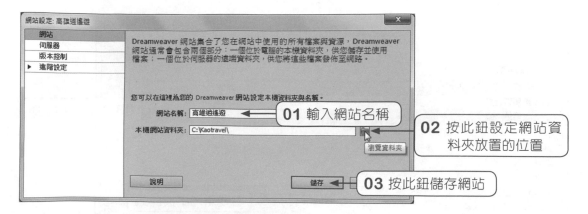

⇨ 13-2-4　管理多個網站

　　在 Dreamweaver 裡允許各位同時管理多個網站,如果要新增或切換到其他網站,可利用以下方是做切換。

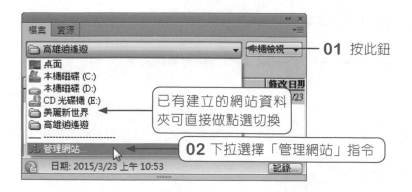

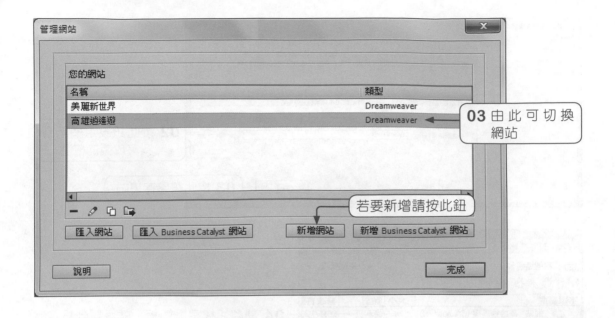

03 由此可切換網站

若要新增請按此鈕

13-3　網頁檔的建立

　　剛剛只是在 Dreamweaver 中建立網站資料夾，接下來要在資料夾中新增所需的網頁檔，以及放置圖片的「images」資料夾。如此一來，就可以快速透過「檔案」面板來進行網頁的編輯。

⇨ 13-3-1　新增網頁檔

　　要在「檔案」面板上新增網頁檔案，只要透過滑鼠右鍵即可進行新增。

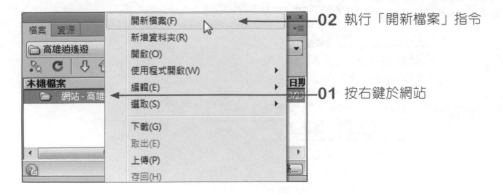

02 執行「開新檔案」指令

01 按右鍵於網站

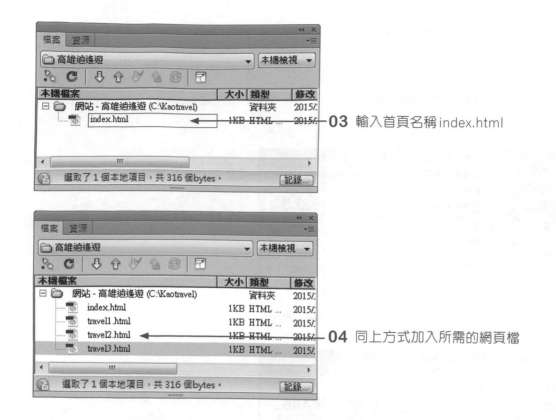

03 輸入首頁名稱index.html

04 同上方式加入所需的網頁檔

如果新增的網頁名稱有誤，想要再次修改名稱，可直接按「F2」鍵，或是在網頁名稱上按右鍵，執行「編輯/重新命名」指令即可重新修正。

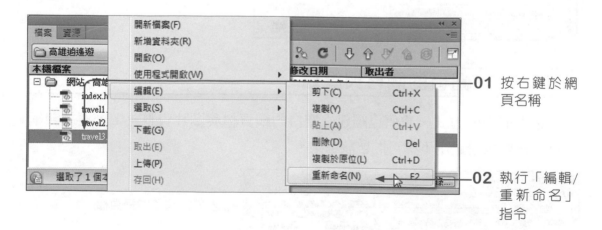

01 按右鍵於網頁名稱

02 執行「編輯/重新命名」指令

⇨ 13-3-2 新增網站資料夾

為了網站管理的方便，網頁會用的圖片，通常都使用「images」資料夾來存放，如果你有其他類別的檔案需要存放，也可以利用以下的方式來新增資料夾。

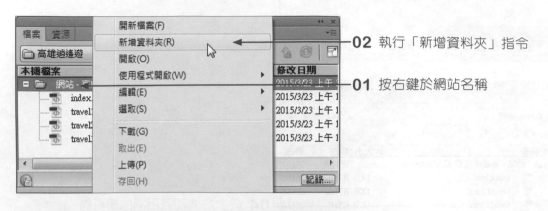

02 執行「新增資料夾」指令

01 按右鍵於網站名稱

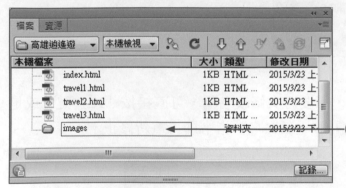

03 輸入名稱「images」，完成資料夾設定

⇨ 13-3-3 網頁的開啟與編輯

透過前面的方式，我們已經建立空白的網頁檔與圖片資料夾，若要編輯網頁檔，只要按滑鼠兩下即可開啟該檔案。

02 顯示開啟的網頁檔

03 文字輸入點在此，由此開始編輯圖文

01 按滑鼠兩下於網頁名稱

➭ 13-3-4 設定網頁背景

在網頁背景方面,可以選用單色或影像檔案,各位可以透過「修改/頁面屬性」指令,再選用CSS外觀或HTML外觀的類別來做設定。要使用的網頁圖片,建議先將檔案放置在「images」資料夾中,再從網頁檔中做設定。如果尚未儲存到「images」資料夾,那麼請依照下面的方式做設定。在此我們以「外觀(CSS)」做示範說明。

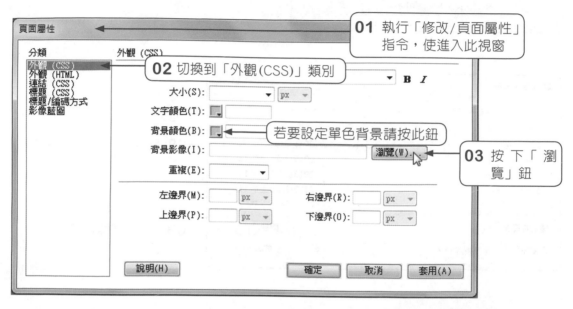

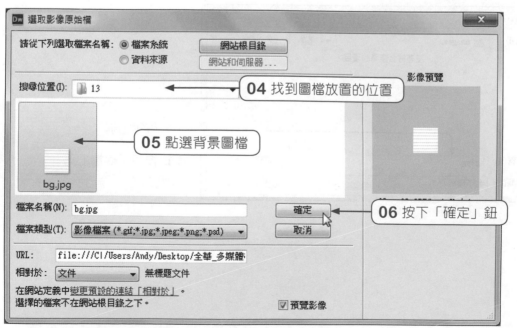

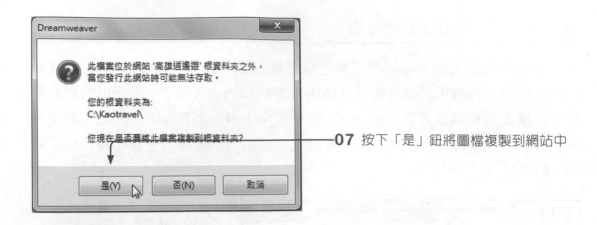

07 按下「是」鈕將圖檔複製到網站中

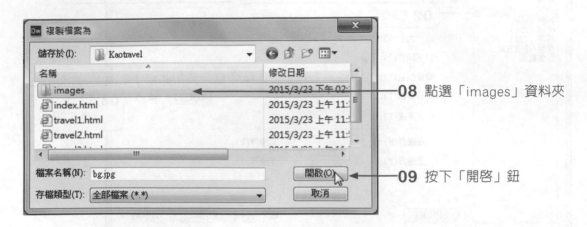

08 點選「images」資料夾

09 按下「開啟」鈕

10 確定名稱

11 按下「存檔」鈕

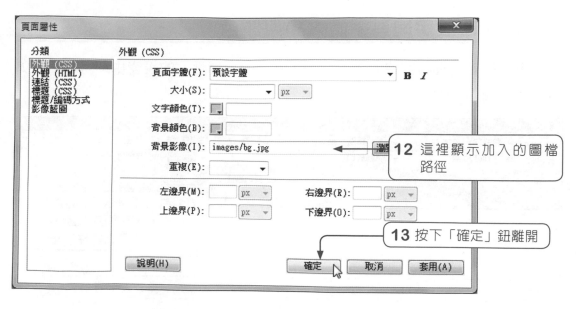

12 這裡顯示加入的圖檔路徑

13 按下「確定」鈕離開

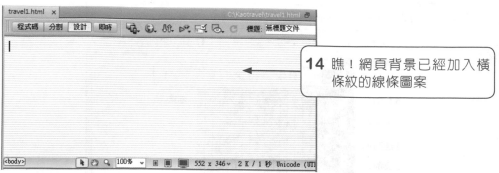

14 瞧！網頁背景已經加入橫條紋的線條圖案

　　除了在「外觀（CSS）」類別中設定背景色或背景圖案外，也可以由「外觀（HTML）」做設定，設定視窗如下：

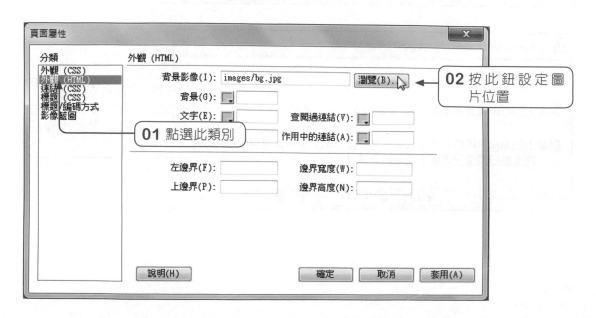

02 按此鈕設定圖片位置

01 點選此類別

⇨ 13-3-5 設定網頁字體大小與顏色

想要指定網頁的字體大小與顏色，在「頁面屬性」的視窗中即可辦到，如圖示：

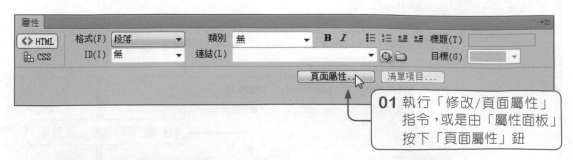

01 執行「修改/頁面屬性」指令，或是由「屬性面板」按下「頁面屬性」鈕

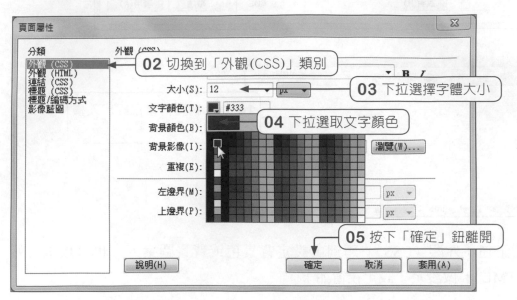

02 切換到「外觀(CSS)」類別
03 下拉選擇字體大小
04 下拉選取文字顏色
05 按下「確定」鈕離開

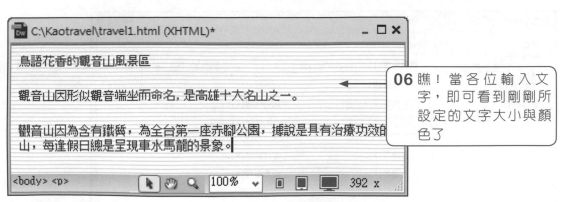

06 瞧！當各位輸入文字，即可看到剛剛所設定的文字大小與顏色了

⇨ 13-3-6　　　預覽網頁效果

編輯網頁過程中，各位可以按快速鍵「F12」來預覽網頁在瀏覽器上的效果，或是在「文件」工具列上按下 🌐. 鈕，再下拉選擇想要瀏覽的瀏覽器名稱。如圖示：

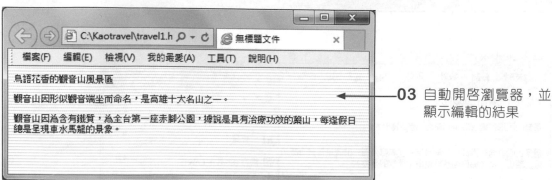

03 自動開啟瀏覽器，並顯示編輯的結果

13-4 文字設定與樣式處理

學會網站建立方式與基本操作技巧，接下來要來探討特殊文字的加入與樣式的設定。

⇨ 13-4-1　加入特殊符號

以Dreamweaver編輯網頁，就如同各位使用Word程式來編輯文書內容一樣，當文字超出一行時它會自動換行，若要分段落則是按「Enter」鍵，而換行不換段落則是按「Shift」+「Enter」鍵。如果需要加入特殊的符號，可以透過「插入」面板來處理。

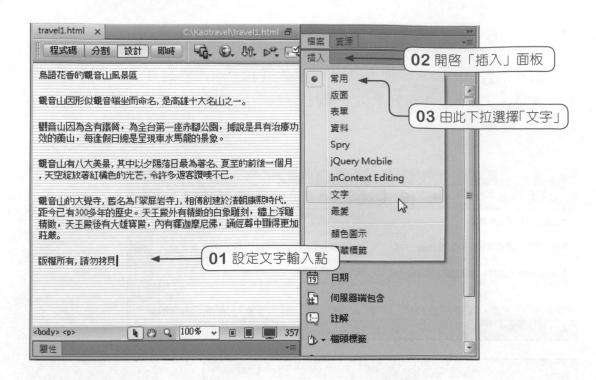

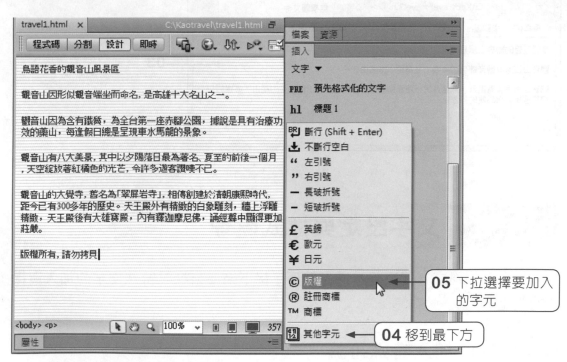

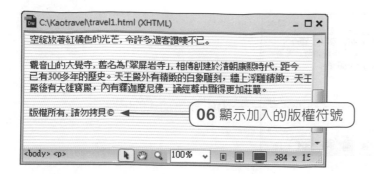

06 顯示加入的版權符號

⇨ 13-4-2 加入日期時間

網頁中若要加入更新頁面的時間，由「插入」面板的「常用」類別即可加入「日期」選項，或是執行「插入/日期」指令也可辦到。

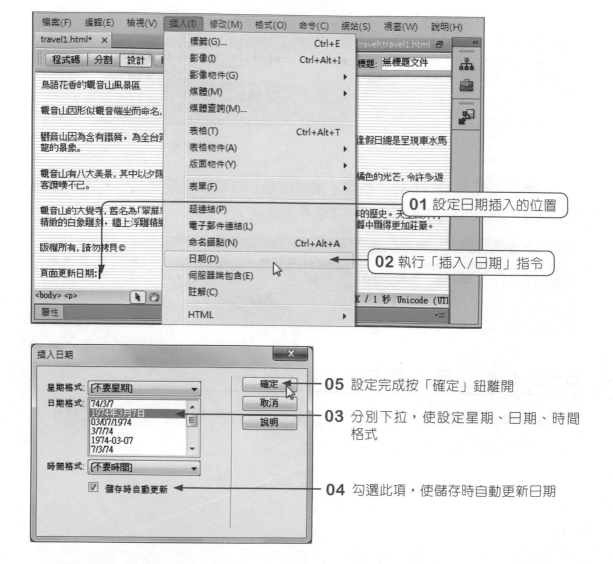

01 設定日期插入的位置

02 執行「插入/日期」指令

05 設定完成按「確定」鈕離開

03 分別下拉，使設定星期、日期、時間格式

04 勾選此項，使儲存時自動更新日期

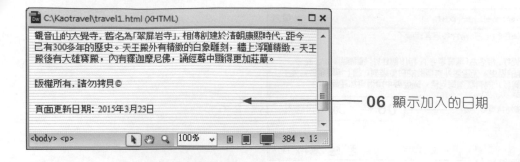

06 顯示加入的日期

⇨ 13-4-3 由頁面屬性設定文字格式

網頁文字想要設定它的格式,諸如:粗體、斜體、項目清單、縮排/凸排效果,可利用「屬性面板」的「HTML」標籤作設定。

標題1-6及段落等格式設定　　　　粗體　斜體　項目清單　凸排

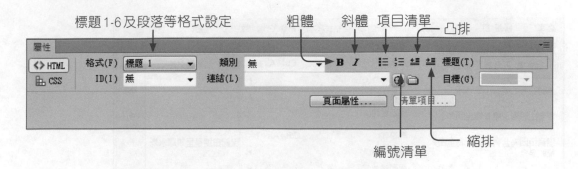

編號清單　　　　　縮排

另外,若切換到「CSS」標籤,則是透過CSS與法來設定文字格式,這必須先新增CSS規則,才可以從選項中做格式設定。

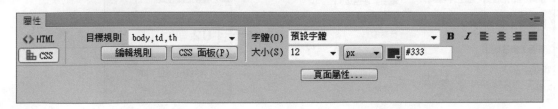

⇨ 13-4-4 由屬性面板設定文字格式

由「屬性」面板按下「頁面屬性」鈕,則可以在「標題(CSS)」類別中分別設定標題層次的字體與顏色喔!

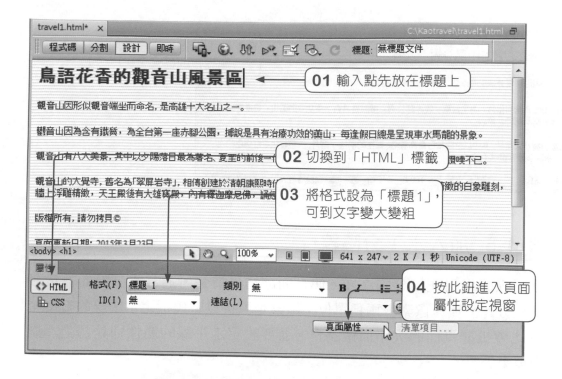

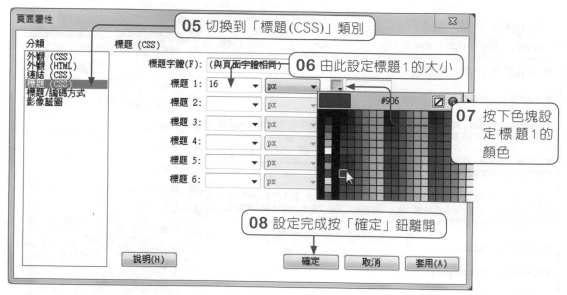

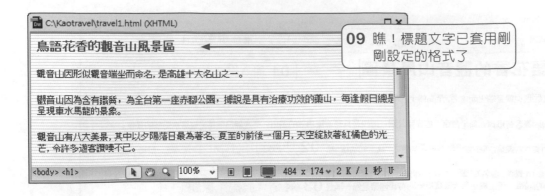

⇨ 13-4-5 加入水平分隔線

水平線的作用在於分隔區域，使頁面結構更清楚。通常水平線的寬度設定有「百分比」與「像素」兩種單位；像素是直接以數值指定水平線的寬度，而百分比會根據頁面的大小而做調整。若要設定水平線的屬性則是透過「屬性」面板來調整。

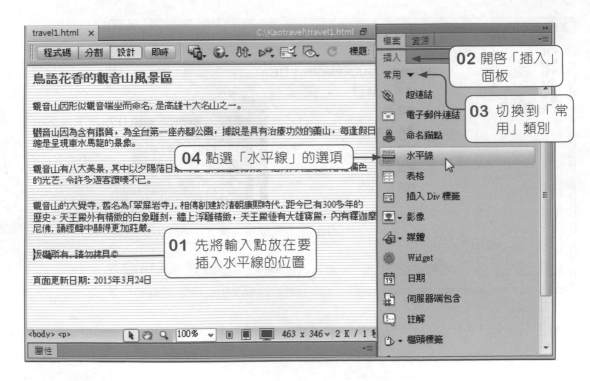

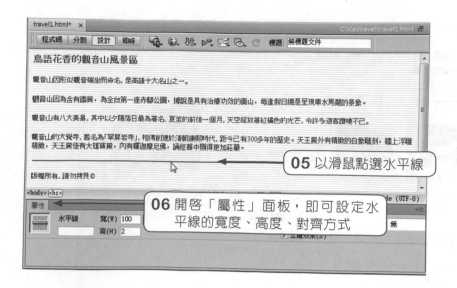

13-5 圖片的加入與編輯

文字設定大致了解後，接著來探討圖片的加入與編輯技巧，我們將針對圖片大小、圖片邊框、圖片超連結、滑鼠變換影像等設定做說明。

⇨ 13-5-1 加入網頁圖片

要在網頁中插入輔助圖片或裝飾圖案，利用「插入」功能表即可做到。如果圖片不在「images」資料夾，那麼請透過以下方式，將圖片一併儲存到該資料夾中。

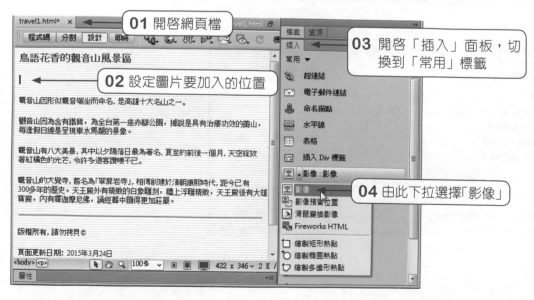

多媒體實務與應用

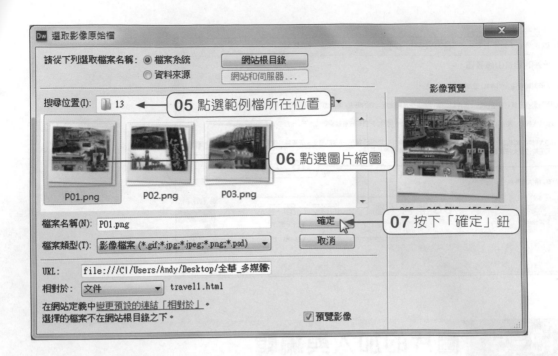

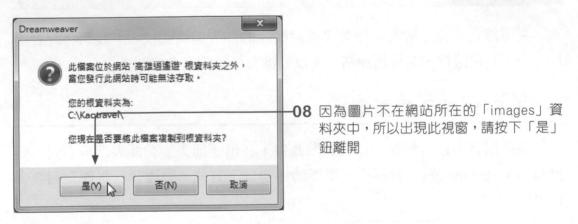

08 因為圖片不在網站所在的「images」資料夾中，所以出現此視窗，請按下「是」鈕離開

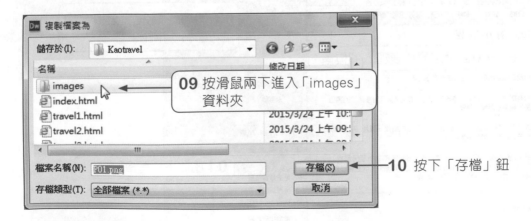

09 按滑鼠兩下進入「images」資料夾

10 按下「存檔」鈕

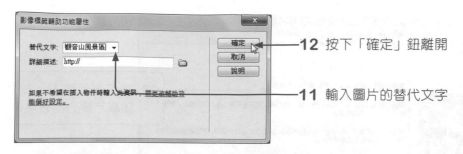

12 按下「確定」鈕離開

11 輸入圖片的替代文字

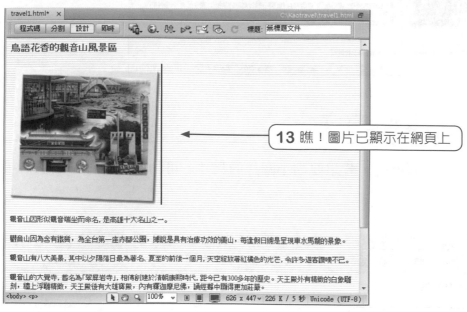

13 瞧！圖片已顯示在網頁上

⇨ 13-5-2 設定圖片對齊方式

　　預設的狀態，圖片都是靠左對齊，文字排列在圖片之下。如果想要做出圖片在左，而文字在右方的文繞圖效果，或是圖片在右側，而文字在左側的文繞圖，可利用滑鼠右鍵辦到喔！

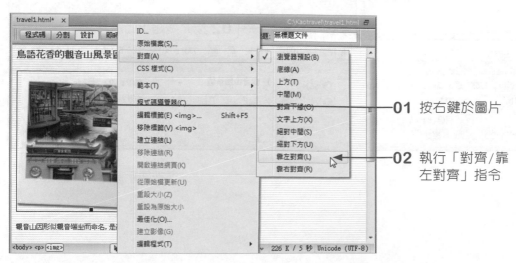

01 按右鍵於圖片

02 執行「對齊/靠左對齊」指令

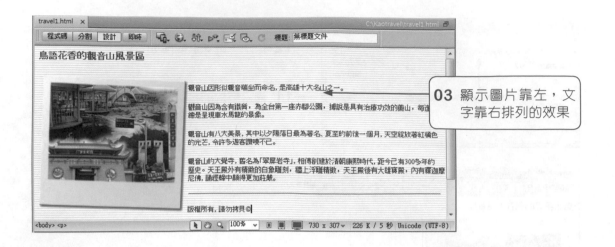

⇨ 13-5-3 調整圖片大小

當圖片與文字編排後，若想要縮小圖片的尺寸，可利用「屬性」面板直接調整。

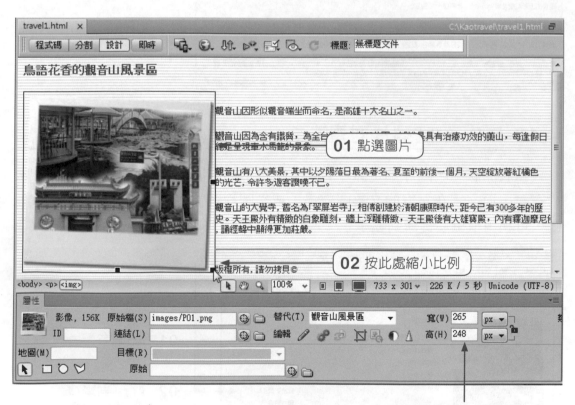

這裡顯示原本圖片的大小

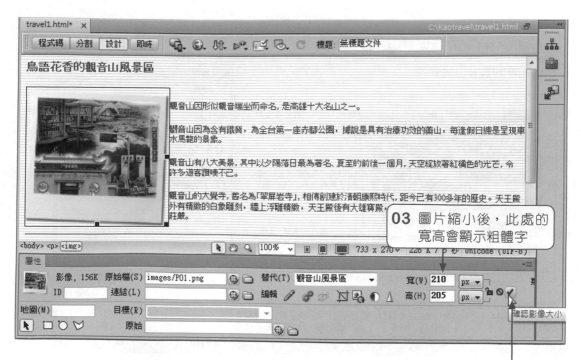

鳥語花香的觀音山風景區

觀音山因形似觀音端坐而命名,是高雄十大名山之一。

觀音山因為含有鐵質,為全台第一座赤腳公園,據說是具有治療功效的藥山,每逢假日總是呈現車水馬龍的景象。

觀音山有八大美景,其中以夕陽落日最為著名,夏至的前後一個月,天空綻放著紅橘色的光芒,令許多遊客讚嘆不已。

觀音山的大覺寺,舊名為「翠屏岩寺」,相傳創建於清朝康熙時代,距今已有300多年的歷史。天王殿外有精緻的白象雕刻,牆上浮雕精緻,天王殿後有大雄寶殿,莊嚴。

03 圖片縮小後,此處的寬高會顯示粗體字

04 按此鈕可確認影像大小

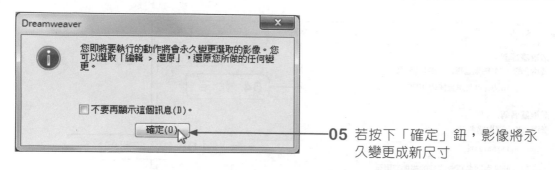

05 若按下「確定」鈕,影像將永久變更成新尺寸

做此變更後,影像檔將以此大小做儲存。若寬高仍然在粗體的情況下,想要回復原先的尺寸,可在屬性面板上按下 ⊘ 回復原來的大小。

⇨ 13-5-4 以CSS設定圖片邊沿

眼尖的讀者可能發現到,圖片與文字的距離似乎太接近,看起來有些擁擠。關於這個部分,必須透過CSS標籤才能設定,這裡就告訴各位如何透過「CSS樣式」面板來做設定。

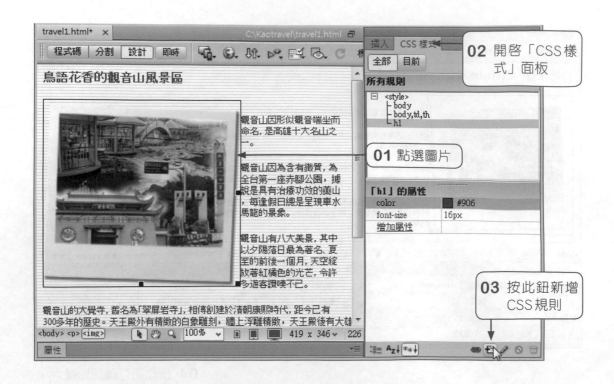

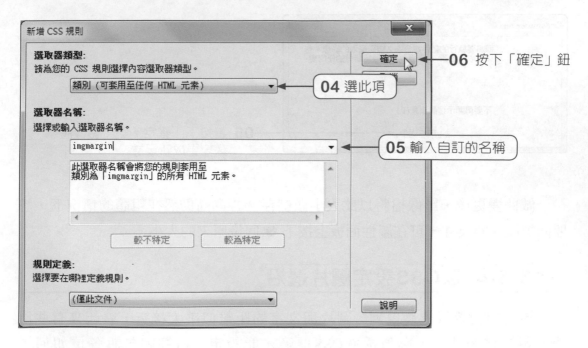

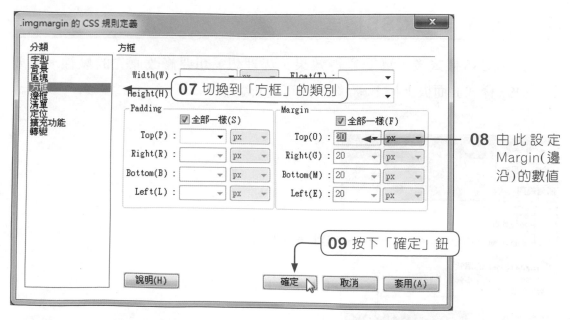

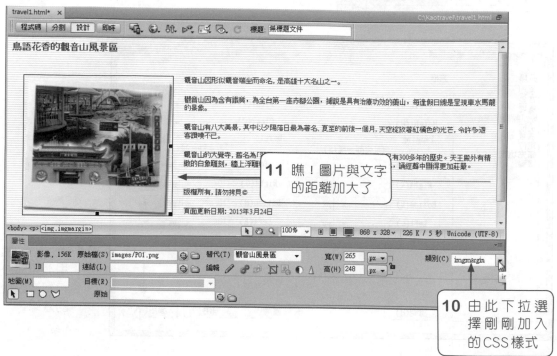

⇨ 13-5-5　編修CSS樣式

加入CSS樣式後，萬一覺得效果不盡理想，想要修改原先的屬性，只要在「CSS樣式」面板上按下 ✏ 鈕，即可重新編修。

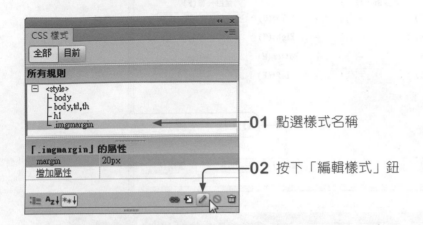

01 點選樣式名稱

02 按下「編輯樣式」鈕

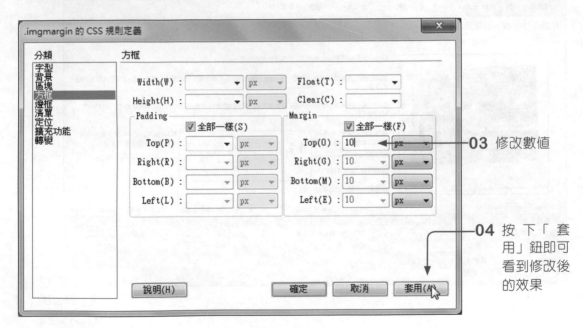

03 修改數值

04 按 下 「 套用」鈕即可看到修改後的效果

⇨ 13-5-6　滑鼠變換影像

「滑鼠變換影像」是指滑鼠移到圖片上方，它會自動變成另一張影像畫面，這裡我們以首頁跟各位做說明。

01 由「檔案」面板按滑鼠兩下於「index.html」檔,使之開啟

02 開啟「插入」面板,由此下拉選擇「滑鼠變換影像」

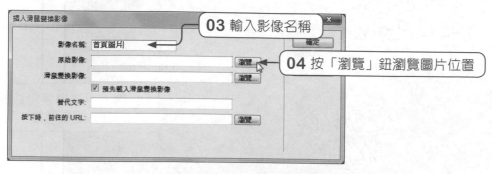

03 輸入影像名稱

04 按「瀏覽」鈕瀏覽圖片位置

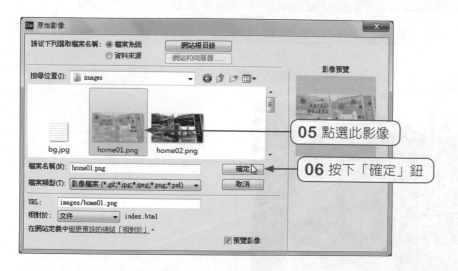

05 點選此影像

06 按下「確定」鈕

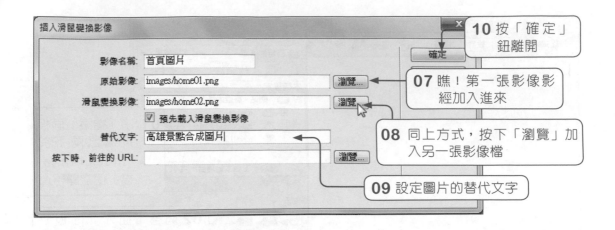

插入滑鼠變換影像

影像名稱: 首頁圖片

原始影像: images/home01.png　瀏覽...

滑鼠變換影像: images/home02.png　瀏覽...
　☑ 預先載入滑鼠變換影像

替代文字: 高雄景點合成圖片

按下時，前往的 URL:　瀏覽...

10 按「確定」鈕離開

07 瞧！第一張影像影經加入進來

08 同上方式，按下「瀏覽」加入另一張影像檔

09 設定圖片的替代文字

12 按下「即時」鈕即時預覽畫面

11 瞧！滑鼠變換影像已加入到首頁當中

13 滑鼠移到畫面當中，就顯現另一張影像畫面

13-6 超連結設定

網頁中圖文並茂是不夠的,因為只能針對該網頁瀏覽,而無法前往到其他網頁。想要網網相連而沒有障礙,就得靠超連結,各位可以使用文字做連結,也可以使用圖片做連結,另外,連結至電子郵件、網站以外的網頁也都可以辦到喔!這一小節就針對這些功能技巧做說明。

⇨ 13-6-1 文字超連結

網頁之間的連接,以文字做超連結是最簡單不過的,只要選取文字,執行「插入/超連結」指令就可輕鬆辦到。

01 先輸入要做超連結的文字內容

02 由「屬性」面板按下「頁面屬性」鈕,可在「外觀(CSS)類別中設定頁面字體的大小

媒體實務與應用

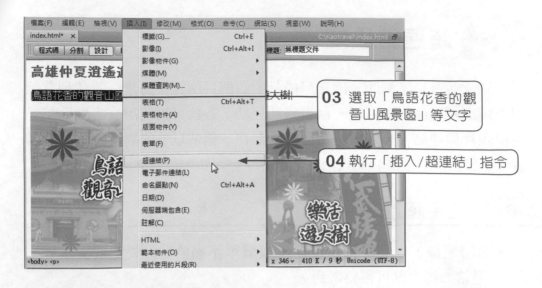

03 選取「鳥語花香的觀音山風景區」等文字

04 執行「插入/超連結」指令

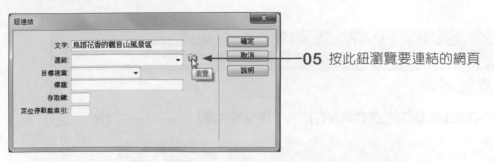

05 按此鈕瀏覽要連結的網頁

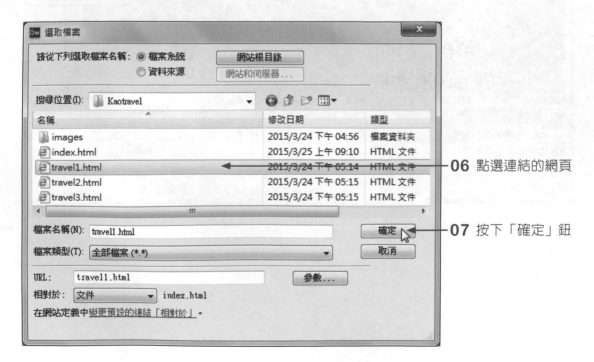

06 點選連結的網頁

07 按下「確定」鈕

13-36

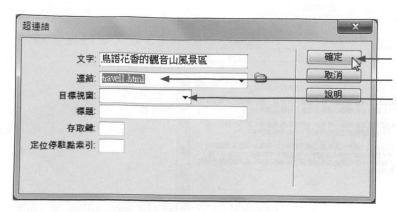

10 按下「確定」鈕離開

08 連結的網頁顯是於此

09 「目標視窗」不做設定,就會在原視窗顯現連結的網頁

11 設定完成的文字超連結,就會顯現下底線的效果

連結的網頁會顯示在此

各位也可以按此鈕設定要連結的網頁

設定完成後,按下「F12」鍵,就會看到以下的效果。

01 按下「F12」鍵使開啟 IExplore 瀏覽器

02 按下此超連結

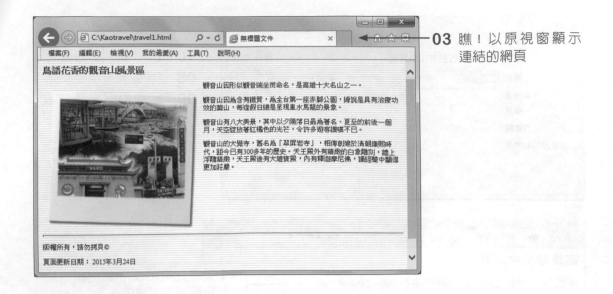

03 瞧！以原視窗顯示
連結的網頁

⇨ 13-6-2加入圖片超連結

剛剛我們已經順利地由首頁「index.html」連結到觀音山風景區的網頁「travel1.html」，當然此頁也必須有超連結，才能夠回到首頁中再去選擇其他網頁。這裡我們就以圖片做示範說明，告訴各位如何加入圖片的超連結。

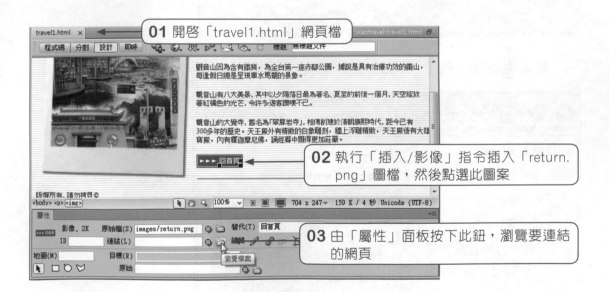

01 開啓「travel1.html」網頁檔

02 執行「插入/影像」指令插入「return.png」圖檔，然後點選此圖案

03 由「屬性」面板按下此鈕，瀏覽要連結的網頁

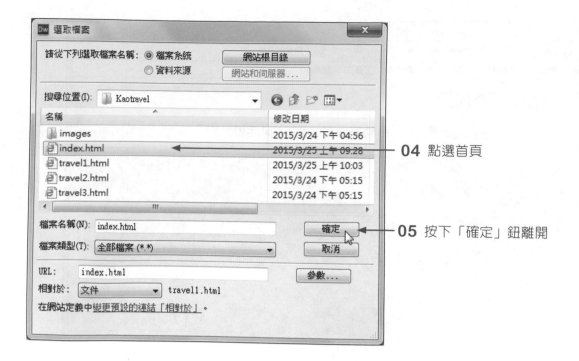

04 點選首頁

05 按下「確定」鈕離開

設定完成按下「F12」鍵測試效果，就可以透過「回首頁」的圖片返為首頁了。

01 按「F12」鍵開啟 IExplore瀏覽器

02 按下「回首頁」的圖片

瞧！返回首頁了

⇨ 13-6-3 電子郵件的連結

電子郵件提供一個方便的通訊管道，方便瀏覽者有意見或疑問時，可以和網站相關人員做聯繫。設定時可利用「插入/電子郵件連結」指令，或是「插入」面板的「電子郵件連結」鈕來做設定。

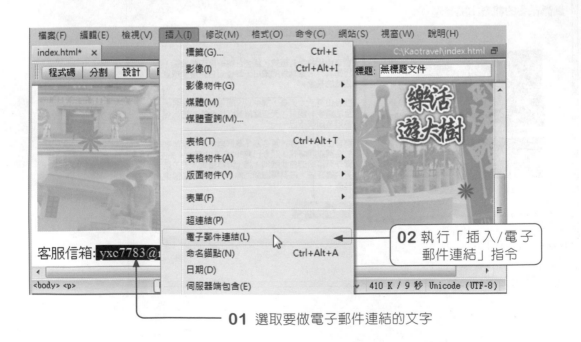

02 執行「插入/電子郵件連結」指令

01 選取要做電子郵件連結的文字

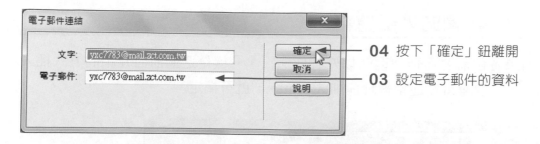

04 按下「確定」鈕離開

03 設定電子郵件的資料

05 完成電子郵件的超連結設定

若要在此直接輸入連結的信箱，記得在前方加入「mailto:」喔！

　　設定完成後，當瀏覽網頁者按下該超連結，就會自動開啟郵件程式，方便瀏覽者寫下聯絡的資料。

⇨ 13-6-4 網站外部連結

如果各位需要連結到網站以外其他網頁，一樣是透過前面介紹的方式插入超連結，只要記得在連結網址前加入「http:」就可搞定。

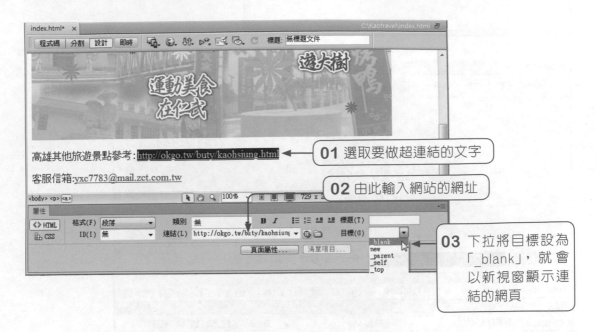

01 選取要做超連結的文字

02 由此輸入網站的網址

03 下拉將目標設為「_blank」，就會以新視窗顯示連結的網頁

⇨ 13-6-5 檔案下載連結

如果網站中有檔案要提供給網友做下載，一樣是透過「屬性」面板上的「連結」指令做連結。這裡以 *.rar 的壓縮檔做說明：

01 選取要做超連結的文字

02 按此鈕瀏覽檔案

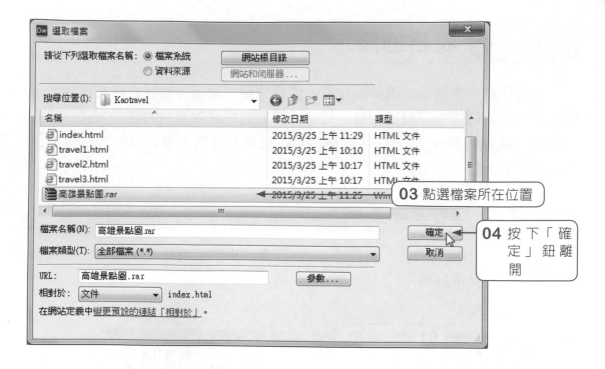

設定完成後，一旦網友按下該超連結，就會在網頁下方顯示如圖的視窗，以提供網友做開啟或儲存的動作。

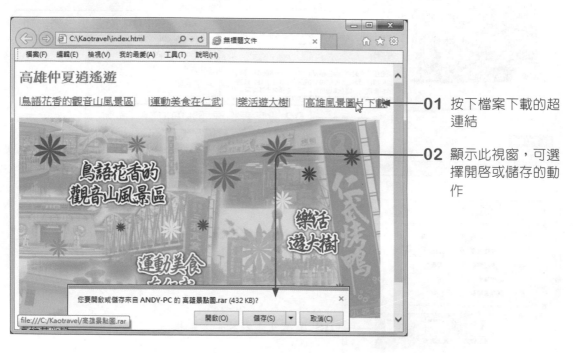

13-7 表格的設定

表格在網頁中使用的機率相當高,因為它除了顯示一般的表格文件外,也可以讓圖文的編排更顯整齊美觀。這一小節我們將針對表格的建立方式、表格的調整、儲存格的分割/合併、表格的CSS樣式做說明,讓各位的表格也可以顯現美麗的外貌。

⇨ 13-7-1 建立基本表格

要在網頁中插入表格,執行「插入/表格」指令,或是從「插入」面板按下「表格」鈕就可辦到。

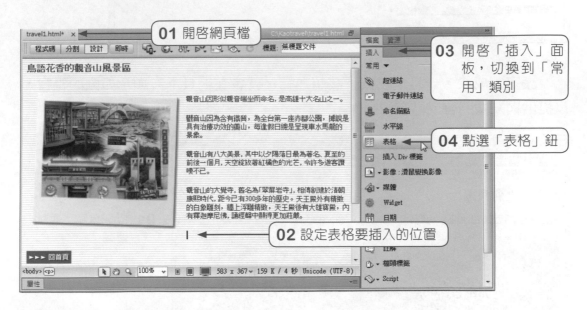

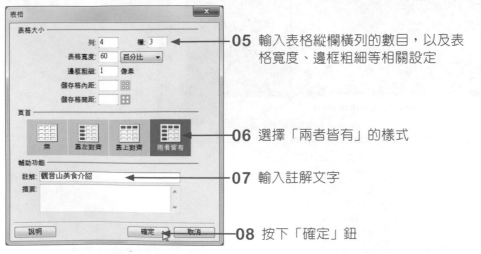

05 輸入表格縱欄橫列的數目,以及表格寬度、邊框粗細等相關設定

06 選擇「兩者皆有」的樣式

07 輸入註解文字

08 按下「確定」鈕

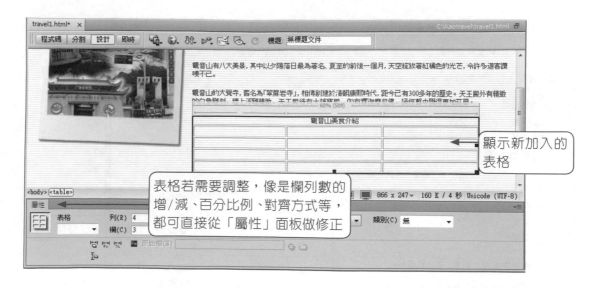

顯示新加入的表格

表格若需要調整，像是欄列數的增/減、百分比例、對齊方式等，都可直接從「屬性」面板做修正

　　基本表格建立後，只要依序點選儲存格，即可在儲存格中輸入文字或插入圖片。

⇨ 13-7-2 匯入表格式資料

　　如果各位有現成的表格資料，像是表格式資料、Word文件、或是Excel文件，都可以利用「檔案/匯入」指令來匯入。限於篇幅，這裡我們以表格式資料做說明。如下圖所示：

以「Tab」鍵分隔同一列的資料，以「Enter」鍵分隔上下列的資料

　　要注意的是，儲存*.txt文字檔時，編碼方式請選擇「UTF-8」的方式，這樣匯入網頁後才不會變成亂碼喔！

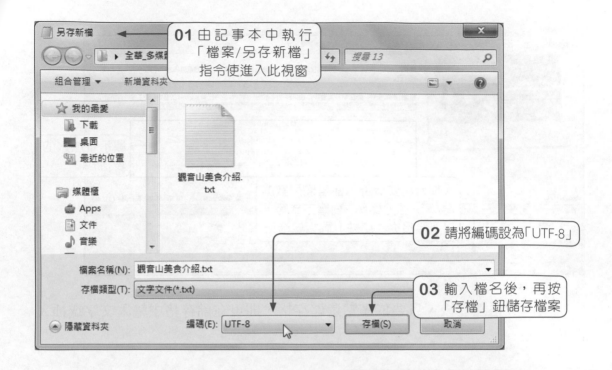

接下來我們在 Dreamweaver 中匯入表格式資料。

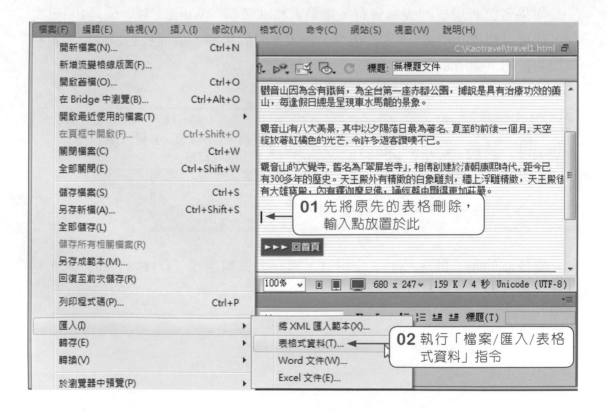

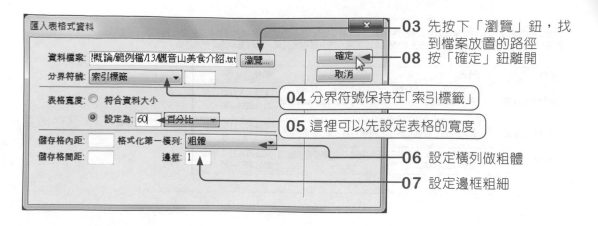

03 先按下「瀏覽」鈕，找到檔案放置的路徑

08 按「確定」鈕離開

04 分界符號保持在「索引標籤」

05 這裡可以先設定表格的寬度

06 設定橫列做粗體

07 設定邊框粗細

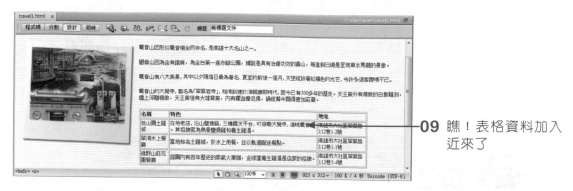

09 瞧！表格資料加入近來了

⇨ 13-7-3 調整表格欄寬列高

表格加入後，如需調整欄的寬度或列的高度，利用滑鼠拖曳即可做調整。

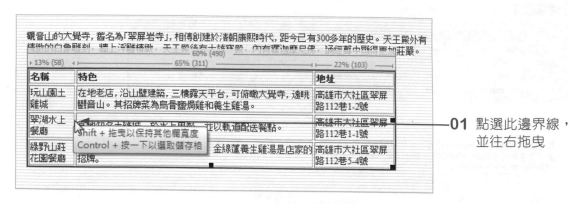

01 點選此邊界線，並往右拖曳

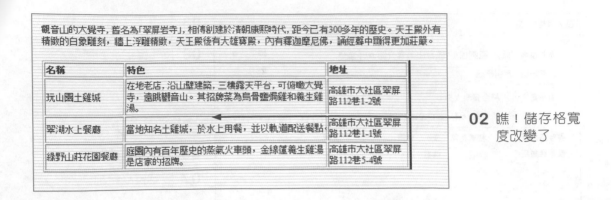

觀音山的大覺寺，舊名為「翠屏岩寺」，相傳創建於清朝康熙時代，距今已有300多年的歷史。天王殿外有精緻的白象雕刻，牆上浮雕精緻，天王殿後有大雄寶殿，內有釋迦尼佛，誦經聲中顯得更加莊嚴。

名稱	特色	地址
玩山園土雞城	在地老店，沿山壁建築，三樓露天平台，可俯瞰大覺寺，遠眺觀音山。其招牌菜為烏骨鹽焗雞和養生雞湯。	高雄市大社區翠屏路112巷1-2號
翠湖水上餐廳	當地知名土雞城，於水上用餐，並以軌道配送餐點。	高雄市大社區翠屏路112巷1-1號
綠野山莊花園餐廳	庭園內有百年歷史的蒸氣火車頭，金線蓮養生雞湯是店家的招牌。	高雄市大社區翠屏路112巷5-4號

02 瞧！儲存格寬度改變了

⇨ 13-7-4 儲存格的合併與分割

表格加入後，如需將多個儲存格合併成一個，或是單一儲存格想要分割多個儲存格，運用「屬性」面板上的 鈕和 鈕就可做到。這裡以合併儲存格做示範。

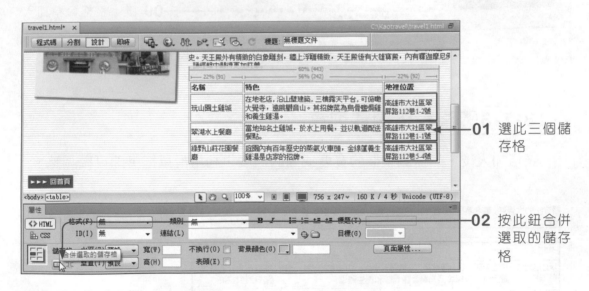

01 選此三個儲存格

02 按此鈕合併選取的儲存格

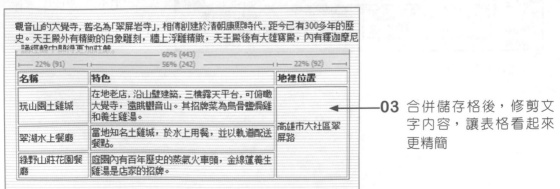

03 合併儲存格後，修剪文字內容，讓表格看起來更精簡

⇨ 13-7-5 設定儲存格背景顏色

表格沒有顏色，看起來似乎單調了些。事實上從「屬性」面板就可以更改儲存格的背影顏色，方法很簡單，如下所示：

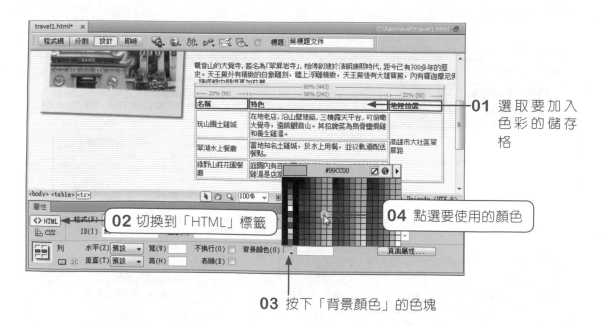

01 選取要加入色彩的儲存格

02 切換到「HTML」標籤

04 點選要使用的顏色

03 按下「背景顏色」的色塊

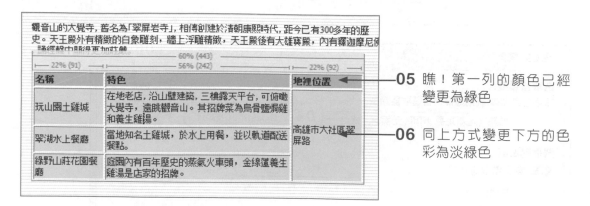

05 瞧！第一列的顏色已經變更為綠色

06 同上方式變更下方的色彩為淡綠色

⇨ 13-7-6 表格的CSS樣式

剛剛我們是透過「屬性」面板的「HTML」標籤做設定，如果要利用CSS標籤來做設定，那麼必須透過編輯規則來建立CSS規則。這裡我們以建立表格的邊框樣式做說明。

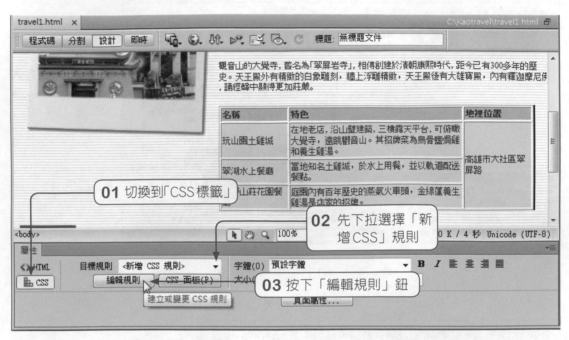

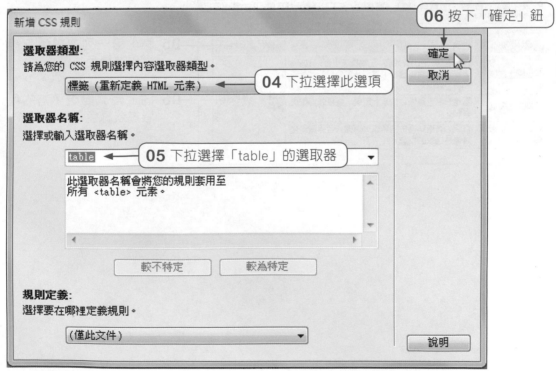

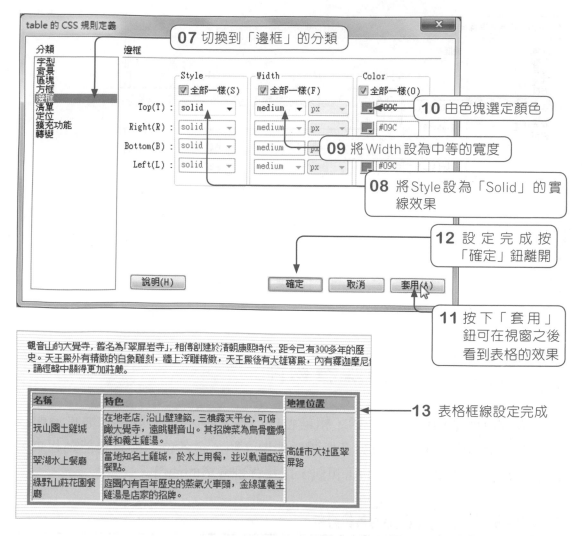

13 表格框線設定完成

設定完成後，萬一不滿意剛剛設定的結果，可利用以下方式回到原先視窗作修改。

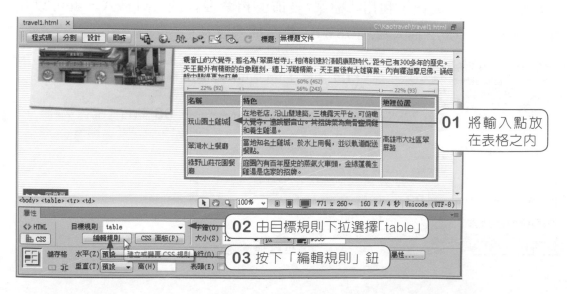

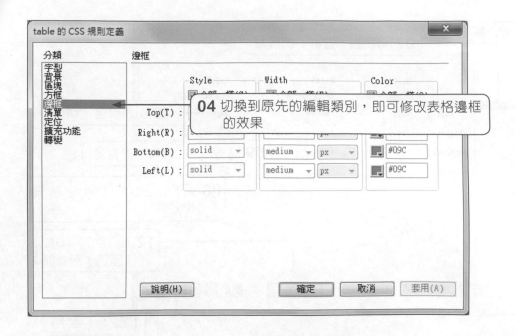

13-8 　插入多媒體物件

　　透過前面章節內容的介紹，相信各位已經掌握到一半以上的網頁編輯技巧，這個章節則要進一步針對多媒體物件做介紹，讓各位的網頁也能動起來，包括如何加入Flash影片、Flash視訊、以及背景音樂的使用。

⇨ 13-8-1　加入Flash影片

　　要在網頁中加入Flash影片，各位可以使用Dreamweaver的家族產品-Flash來製作。製作完成後，利用「檔案/發佈」指令發佈成*.wf格式，就可以在Dreamweaver中以「插入/媒體/SWF」指令插入進來。

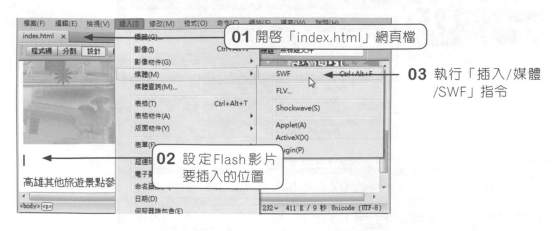

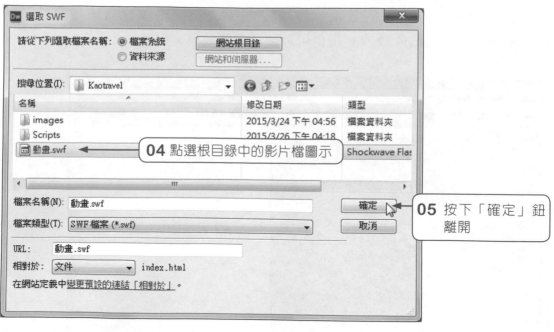

04 點選根目錄中的影片檔圖示

05 按下「確定」鈕離開

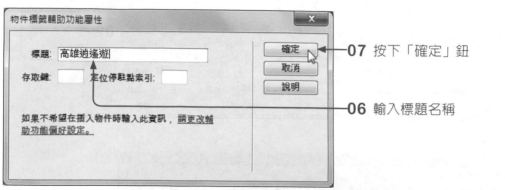

07 按下「確定」鈕

06 輸入標題名稱

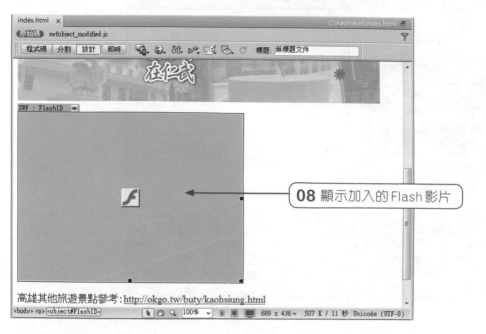

08 顯示加入的Flash影片

高雄其他旅遊景點參考：http://okgo.tw/buty/kaohsiung.html

若要預覽Flash影片的效果，除了按「F12」鍵開啟瀏覽器來預覽外，利用「屬性」面板上的「播放」鈕也可以快速預覽效果。如圖示：

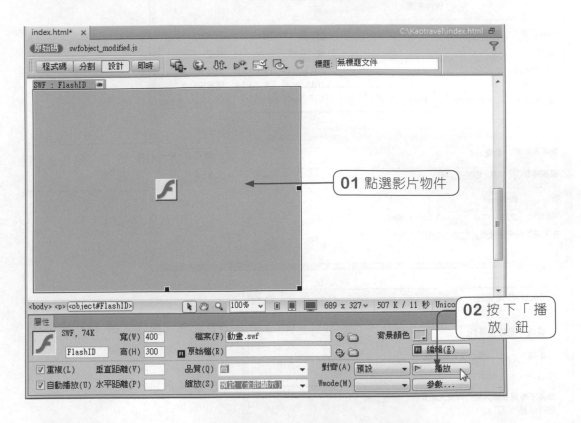

01 點選影片物件

02 按下「播放」鈕

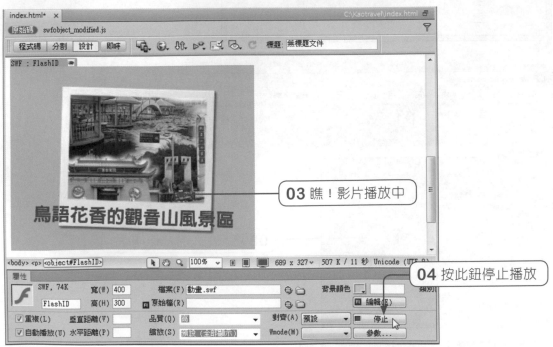

03 瞧！影片播放中

04 按此鈕停止播放

⇨ 13-8-2 加入Flash視訊

Flash視訊也是Flash檔案的一種,其檔案格式為*.flv,因為檔案較原有的視訊影片來的小,所以很多人會選用此格式。要將視訊影片轉換成Flv格式,必須電腦中有安裝Adobe Medai Encoder程式,如果電腦裡已安裝了Flash程式,那麼就可以在「開始」功能表中找到此程式。這裡將示範Avi視訊檔轉換成Flv的方式,執行過程如下:

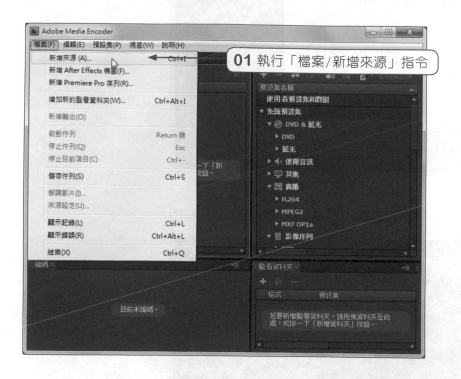

01 執行「檔案/新增來源」指令

02 選取視訊檔

03 按下「開啟舊檔」鈕

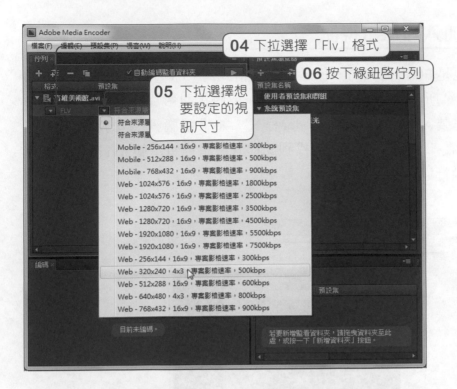

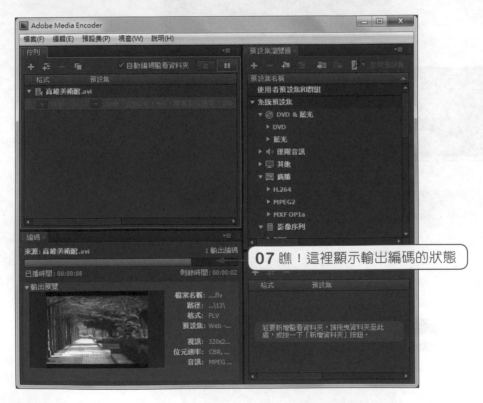

　　完成轉檔後，各位就可以在原先的資料夾中看到轉換成Flv格式的檔案了。利用Adobe Medai Encoder程式除了做Flv視訊的轉檔外，其它像是Android、Apple、平板裝置、YouTube上所要使用的視訊，都可以利用它來轉檔喔！

　　有了Flv視訊後，準備在Dreamweaver中插入Flv的視訊影片。

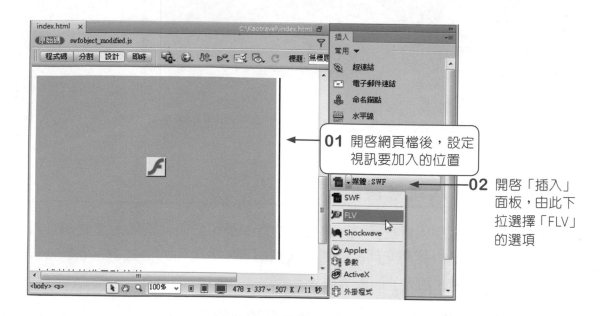

01 開啟網頁檔後，設定視訊要加入的位置

02 開啟「插入」面板，由此下拉選擇「FLV」的選項

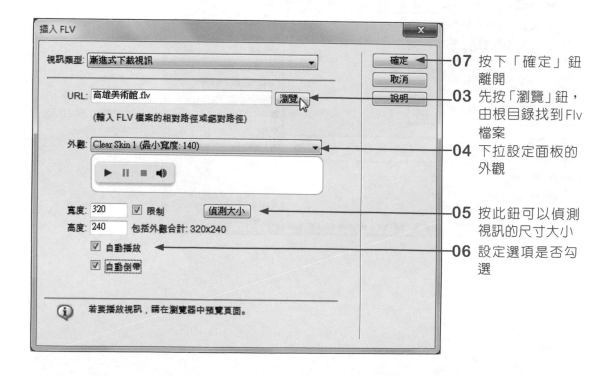

07 按下「確定」鈕離開

03 先按「瀏覽」鈕，由根目錄找到Flv檔案

04 下拉設定面板的外觀

05 按此鈕可以偵測視訊的尺寸大小

06 設定選項是否勾選

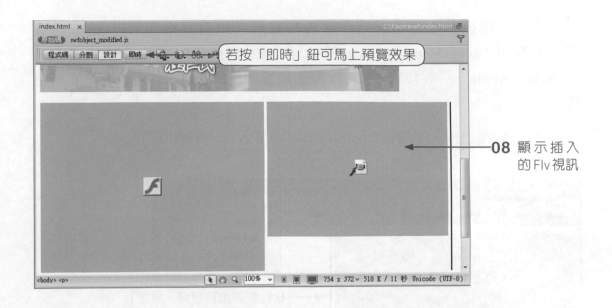

08 顯示插入的 Flv 視訊

⇨ 13-8-3 加入背景音樂

　　網頁中也可以加入背景音樂，讓優美的音樂聲可以陪伴瀏覽者瀏覽網頁內容。加入的聲音是以外掛元件的方式加入到網頁中，常用的格式有 midi 或 wav 格式，一樣是透過「插入」面板來插入。

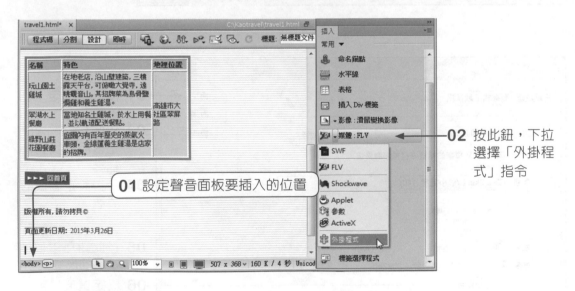

01 設定聲音面板要插入的位置

02 按此鈕，下拉選擇「外掛程式」指令

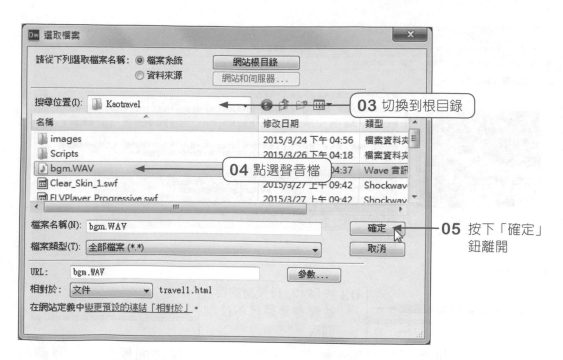

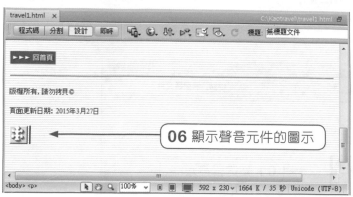

加入聲音元件的圖示後,可以透過「屬性」面板來調整控制面板的大小。
設定方式如下:

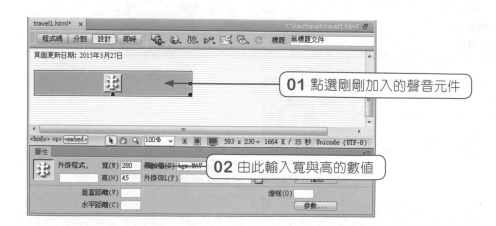

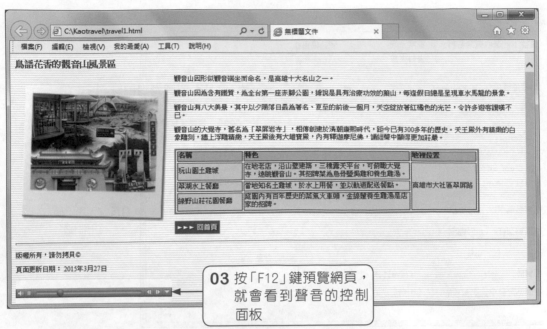

如果各位不想讓面板出現在網頁上，也可以透過屬性面板來將它隱藏起來。設定方式如下：

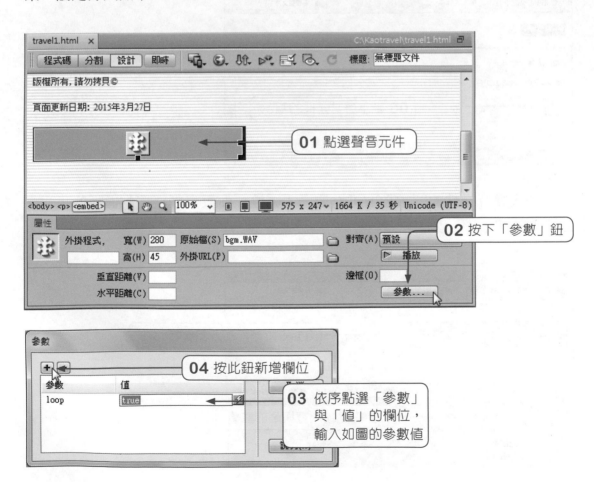

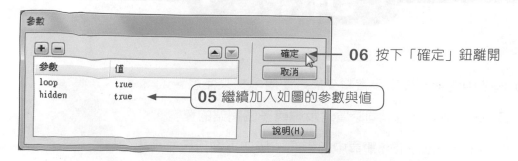

06 按下「確定」鈕離開

05 繼續加入如圖的參數與值

設定完成後，儲存網頁檔並按「F12」鍵預覽網頁，網頁上就不會在顯示該面板了！如下圖示：

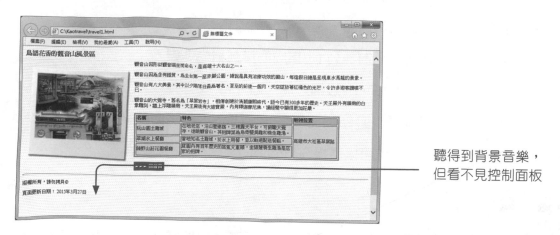

聽得到背景音樂，但看不見控制面板

在參數設定部分，「Loop」參數是設定聲音是否要做循環播放，而「hidden」則是設定是否隱藏播放面板。除此之外，還有下列參數可以使用。

屬性名稱	功能
AutoStart	設定元件內容是否會自動播放。(True/False)
ShowControls	設定是否顯示元件上的播放控制。(True/False)
ShowDisplay	設定是否顯示元件上的媒體資訊。(True/False)
ShowPositionControls	設定是否顯示元件上的播放片段控制。(True/False)
ShowTracker	設定是否顯示元件上的播放進度。(True/False)
PlayCount	設定元件內容的播放次數，可直接輸入次數值。

在有效的篇幅中，我們已經將Dreamweaver重要且常用的功能介紹給知道，期盼各位都能快速進入網頁設計的殿堂。

· 自我評量 ·

● 是非題

1. (　) 網站中的網頁檔案及資料夾最好使用中文來命名。

2. (　) Dreamweaver可以同時管理及編輯多個網站的資料。

3. (　) 插入Dreamweaver網頁中的影像，無法再進行尺寸大小的調整。

4. (　) 為影像設定靠左或靠右對齊，可做出文繞圖效果。

5. (　) 滑鼠變換影像的功能必須使用2個圖檔來作為按鈕效果。

6. (　) 連結到其他網站的超連結，是屬於外部連結。

7. (　) 表格中縱向的排列稱為「列」，橫向的排列稱為「欄」。

8. (　) 表格中的每一個方格，一般稱之為「儲存格」。

9. (　) 加入到頁面編輯區中的Falsh檔案，可直接在Dreamweaver中預覽播放。

10. (　) 加入的swf影片，也可以直接在Dreamweaver中編輯影片。

● 選擇題

1. (　) 下面哪個區域是編輯文字、圖片及網頁元件的地方？ (A)功能表區 (B)文件編輯區 (C)面板群組區 (D)檔案面板區。

2. (　) 要預覽網頁，可按哪個快速鍵？ (A)F11 (B)F12 (C)F10 (D)F9。

3. (　) 對於網頁檔的命名，下列何者的說明有誤？ (A) 不要使用中文名稱 (B)不要使用特殊符號 (C)不要使用全形的英數字 (D)不要使用小寫的英文字母。

(　) 建立完成的網站資料會顯示在何處？ (A) 網站面板 (B)檔案面板 (C)管理網站 (D)資料面板。

對網頁檔進行更名或刪除的動作，可透過哪個面板來進行？ (A)插入面
(B)檔案面板 (C)屬性面板 (D)CSS樣式面板。

頁的首頁會命名為？ (A)index.html (B)page.html (C)home.html
可。

字換行，但不分段時，要使用：(A)Enter鍵 (B)Alt + Enter
ter鍵 (D)Ctrl + Enter鍵。

8. (　　) 下面哪個面板或工具可以加入特殊的字元符號？ (A)插入面板 (B)文件工具列 (C)標準工具列 (D)屬性面板。

9. (　　) 要加入©、®、™…等特殊字元，必須從「插入」面板的哪個類別做設定？ (A)文字 (B)常用 (C)最愛 (D)版面。

10. (　　) 下列哪種圖文的對齊方式，可產生文繞圖的效果？ (A)文字上方 (B)靠右對齊 (C)基準線 (D)靠上對齊。

11. (　　) 電子郵件連結的前面要加上： (A)ftp: (B)http: (C)mailto: (D)file:。

12. (　　) 想要重設表格的欄數及列數，必須從哪裡做設定？ (A)屬性面板 (B)插入面板 (C)檔案面板 (D)表格面板。

13. (　　) 由Flash所製作的動畫，其副檔名為： (A)fla (B)swf (C)gif (D)avi。

14. (　　) 下列哪一種Flash元件可以直接利用Dreamweaver程式做出來？ (A)滑鼠變換影像 (B)FlashPaper (C)SWF (D)Flv。

● 實作題

1. 請在Dreamweaver中新增一個網站，並且將網站位置設在硬碟中的「practice13」資料夾之中，而網站名稱則命名為「13章習題」。

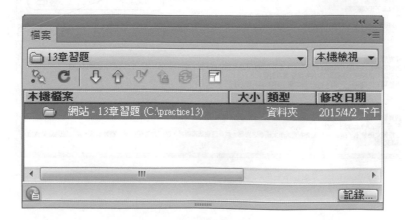

2. 延續上題內容，請在該網站中新增「practice02.html」網頁檔，並完成如下的文字超連結：

高雄旅遊網：http://khh.travel/tw/default1.asp

台北旅遊網：http://taipei.pgo.tw/

台中旅遊網：http://tc.pgo.tw/

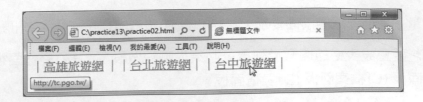

3. 延續前面的內容，請在該網站中新增「practice03.html」網頁檔，將所提供的「practice03.txt」文字檔複製到網頁中，並完成如下的標題與內文的設定。

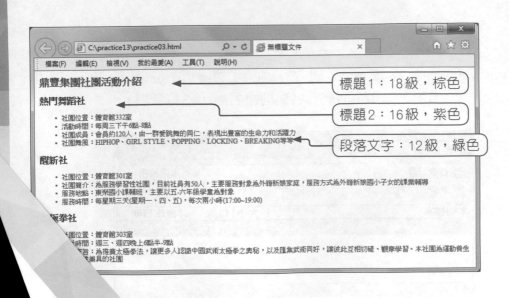

4. 延續上題的內容，請加入3個無形的表格，左側儲存格插入影像檔，完成如下的
   畫面效果，並將檔案儲存為「practice04.html」

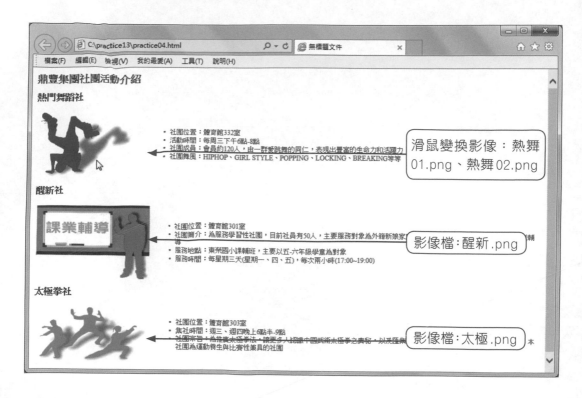

NOTE

國家圖書館出版品預行編目(CIP)資料

現代多媒體實務與應用 / 視覺文創工作室編著.
-- 初版. -- 新北市 : 全華圖書, 2015.09
面 ; 公分
ISBN 978-986-463-016-5(平裝附影音光碟)

1.多媒體

312.8 104016528

現代多媒體實務與應用(附範例光碟)

作者 / 視覺文創工作室

執行編輯 / 周映君

發行人 / 陳本源

出版者 / 全華圖書股份有限公司

郵政帳號 / 0100836-1 號

印刷者 / 宏懋打字印刷股份有限公司

圖書編號 / 06290007

初版一刷 / 2015 年 9 月

定價 / 新台幣 650 元

ISBN / 978-986-463-016-5 (平裝附光碟片)

全華圖書 / www.chwa.com.tw

全華網路書店 Open Tech / www.opentech.com.tw

若您對書籍內容、排版印刷有任何問題,歡迎來信指導 book@chwa.com.tw

北總公司(北區營業處)
23671 新北市土城區忠義路 21 號
(2) 2262-5666
6637-3695、6637-3696

市南區樹義一巷 26 號

南區營業處
地址:80769 高雄市三民區應安街 12 號
電話:(07) 381-1377
傳真:(07) 862-5562

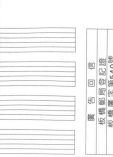

歡迎加入 全華會員

● 會員獨享
　會員享購書折扣、紅利積點、生日禮金、不定期優惠活動…等。

● 如何加入會員
　填妥讀者回函卡直接傳真 (02) 2262-0900 或寄回,將由專人協助登入會員資料,待收到
　E-MAIL 通知後即可成為會員。

如何購買 全華書籍

1. 網路購書
全華網路書店「http://www.opentech.com.tw」,加入會員購書更便利,並享有紅利積點
回饋等各式優惠。

2. 全華門市、全省書局
歡迎至全華門市(新北市土城區忠義路21號)或全省各大書局、連鎖書店選購。

3. 來電訂購
(1) 訂購專線:(02) 2262-5666 轉 321-324
(2) 傳真專線:(02) 6637-3696
(3) 郵局劃撥(帳號:0100836-1　戶名:全華圖書股份有限公司)
※ 購書未滿一千元者,酌收運費 70 元。

OpenTech.com.tw 全華網路書店

網路書店 www.opentech.com.tw
www.chwa.com.tw

一律請見諒。

讀者回函卡

※請詳填並書寫工整，謝謝！

姓名：＿＿＿＿＿＿＿＿　生日：西元＿＿＿＿年＿＿＿月＿＿＿日　性別：□男 □女

電話：（　　）＿＿＿＿＿＿　傳真：（　　）＿＿＿＿＿＿　手機：＿＿＿＿＿＿＿＿＿

e-mail：（必填）＿＿＿＿＿＿＿＿＿＿＿＿＿＿＿＿＿＿＿＿＿＿＿＿＿＿

註：數字零，請用 Φ 表示，數字 1 與英文 L 請另註明並書寫端正，謝謝。

通訊處：□□□□□

學歷：□博士　□碩士　□大學　□專科　□高中・職

職業：□工程師　□教師　□學生　□軍・公　□其他

學校 / 公司：＿＿＿＿＿＿＿＿＿　科系 / 部門：＿＿＿＿＿＿＿＿＿

· 需求書類：
□ A. 電子 □ B. 電機 □ C. 計算機工程 □ D. 資訊 □ E. 機械 □ F. 汽車 □ I. 工管 □ J. 土木
□ K. 化工 □ L. 設計 □ M. 商管 □ N. 日文 □ O. 美容 □ P. 休閒 □ Q. 餐飲 □ B. 其他

· 本次購買圖書為：＿＿＿＿＿＿＿＿＿＿＿＿＿＿＿　書號：＿＿＿＿＿＿＿

· 您對本書的評價：
封面設計：□非常滿意　□滿意　□尚可　□需改善，請說明＿＿＿＿＿＿＿＿＿＿
內容表達：□非常滿意　□滿意　□尚可　□需改善，請說明＿＿＿＿＿＿＿＿＿＿
版面編排：□非常滿意　□滿意　□尚可　□需改善，請說明＿＿＿＿＿＿＿＿＿＿
印刷品質：□非常滿意　□滿意　□尚可　□需改善，請說明＿＿＿＿＿＿＿＿＿＿
書籍定價：□非常滿意　□滿意　□尚可　□需改善，請說明＿＿＿＿＿＿＿＿＿＿
整體評價：請說明＿＿＿＿＿＿＿＿＿＿＿＿＿＿＿＿＿＿＿＿＿＿＿＿

· 您在何處購買本書？
□書局　□網路書店　□書展　□團購　□其他

· 您購買本書的原因？（可複選）
□個人需要　□屬公司採購　□親友推薦　□老師指定之課本　□其他

· 您希望全華以何種方式提供出版訊息及特惠活動？
□電子報　□DM　□廣告（媒體名稱）＿＿＿＿＿＿＿＿＿

· 您是否上過全華網路書店？（www.opentech.com.tw）
□是　□否　您的建議＿＿＿＿＿＿＿＿＿＿＿＿＿＿＿

· 您希望全華出版那方面書籍？＿＿＿＿＿＿＿＿＿＿＿＿＿

· 您希望全華加強那些服務？＿＿＿＿＿＿＿＿＿＿＿＿＿

~感謝您提供寶貴意見，全華將秉持服務的熱忱，出版更多好書，以饗讀者。

~請將讀者回函卡寄回　http://www.opentech.com.tw　客服信箱 service@chwa.com.tw

2011.03 修訂

親愛的讀者：

感謝您對全華圖書的支持與愛護，雖然我們很慎重的處理每一本書，但恐仍有疏漏之
處，若您發現本書有任何錯誤，請填寫於勘誤表內寄回，我們將於再版時修正，您的批評
與指教是我們進步的原動力，謝謝！

　　　　　　　　　　　　　　　　　　　　　　　　　　　　　全華圖書　敬上

勘 誤 表

書 號			
頁 數	行 數	書 名	作 者
		錯誤或不當之詞句	建議修改之詞句

我有話要說：（其它之批評與建議，如封面、編排、內容、印刷品質等...）